Fundament on Copper Smelting by Oxygen Bottom Blowing Process

氧气底吹炼铜基础

郭学益　王亲猛　田庆华　著

中南大学出版社
www.csupress.com.cn
·长沙·

图书在版编目（ＣＩＰ）数据

氧气底吹炼铜基础／郭学益，王亲猛，田庆华著.
--长沙：中南大学出版社，2018.12
ISBN 978 - 7 - 5487 - 3548 - 9

Ⅰ.①氧… Ⅱ.①郭… ②王… ③田… Ⅲ.①氧气底
吹转炉－炼铜 Ⅳ.①TF811

中国版本图书馆 CIP 数据核字（2018）第 298303 号

氧气底吹炼铜基础

郭学益　　王亲猛　　田庆华　　著

□**责任编辑**	史海燕	
□**装帧设计**	周基东	
□**责任印制**	易红卫	
□**出版发行**	中南大学出版社	
	社址：长沙市麓山南路	邮编：410083
	发行科电话：0731 - 88876770	传真：0731 - 88710482
□**印　　装**	湖南省众鑫印务有限公司	

□**开　　本**	710×1000　1/16 □**印张** 23 □**字数** 462 千字	
□**版　　次**	2018 年 12 月第 1 版 □2018 年 12 月第 1 次印刷	
□**书　　号**	ISBN 978 - 7 - 5487 - 3548 - 9	
□**定　　价**	208.00 元	

前　言

氧气底吹炼铜法是我国自主研发的铜冶炼新方法，因最初在水口山矿务局试验成功，称之为"水口山炼铜法"，简称"SKS炼铜法"。该方法具有原料适应性强、高效清洁、节能环保等优点，已在我国东营方圆有色金属有限公司、山东恒邦冶炼股份有限公司、河南豫光金铅股份有限公司、五矿铜业(湖南)有限公司、河南中原黄金冶炼厂有限责任公司等多家企业产业化应用。同时在此基础上，发展了底吹炉大型化与底吹连续吹炼等新方向，展示了良好的应用效果与发展前景。然而，由于氧气底吹炼铜相关基础研究薄弱，缺少指导工程设计和生产实践的系统理论，生产严重依赖操作经验、生产过程难以准确预判与精细调控，制约了该方法的进一步提升与推广应用。

本书作者长期从事有色金属高温冶金教学、科研及工程实践工作，针对氧气底吹铜熔炼和连续吹炼生产实际，开展了全面、系统的理论研究，形成了氧气底吹炼铜基础。为了给从事底吹炼铜研究的专家学者提供参考，同时也为相关企业生产实践提供理论指导，作者将最新研究成果归纳总结形成本书。

全书共4篇12章。第一篇背景与方法，主要介绍了氧气底吹炼铜技术现状与发展，以及开展本研究的相关思路与方法；第二篇氧气底吹炼铜过程机理与调控，主要介绍了氧气底吹铜熔炼机理、氧气底吹铜熔炼过程调控、多组元造锍行为及映射关系、多组元造渣行为及渣型优化、渣锍间多相多组元作用行为等内容；第三篇氧气底吹炼铜过程模拟与应用，主要介绍氧气底吹炼铜模拟软件SKSSIM开发及验证、多相平衡过程模拟与工艺优化、氧气底吹炉内多相流数值模拟与分析等内容；第四篇氧气底吹处理复杂含铜物料生产实践，主要介绍高铅砷复杂含铜物料氧气底吹熔炼与吹炼、底吹熔炼处理复杂物料过程中的物料与热量平衡等内容。

本书汇集了作者研究团队在氧气底吹炼铜方面的系统性研究成果。其中，氧气底吹铜熔炼机理模型、多组元映射关系和SKSSIM软件等已在相关生产企业实际应用，为生产过程元素定向分配调控、工艺条件和炉型优化等提供了指导，取得了良好的应用效果。作者希望本书的出版，能进一步促进氧气底吹炼铜理论深化与完善，推动该技术的发展与进步，加速氧气底吹炼铜法的推广和应用。

本书内容研究过程中，获得了国家自然科学基金重点国际（地区）合作研究项目"铜复杂资源富氧底吹混合熔炼清洁冶金基础研究"（51620105013）、湖南有色研究基金重点项目"富氧底吹熔池熔炼复杂物料处理及多金属回收关键技术研究"（YSZN2013YJ01）、东营方圆有色金属有限公司科技攻关项目"两步炼铜过程中有价金属定向捕集与有害组元强化脱除与回收的研究及调控机制"、河南豫光金铅股份有限公司科技攻关项目"双底吹连续炼铜过程砷分配行为调控研究"等科研项目支持，同时也得到了中国恩菲工程技术有限公司、五矿铜业（湖南）有限公司、河南中原黄金冶炼厂有限责任公司、山东恒邦冶炼股份有限公司等企业支持，在此致以诚挚的感谢！

本书是作者研究团队集体智慧的结晶，参与本书撰写的还有廖立乐、王松松、王双、闫书阳、田苗、唐鼎轩、李中臣等。同时也得到了蒋继穆大师、申殿邦教授、张传福教授、赵宝军教授、周谦教授等专家学者的支持，在此表示衷心的感谢！

由于作者水平有限，书中难免有疏漏和不妥之处，敬请读者批评指正。

作　者

2018 年于长沙

目　录

第三篇　氧气底吹炼铜过程模拟与应用

第四篇　氧气底吹处理复杂含铜物料生产实践

第一篇

背景与方法

第一章

公路工程概述

第 1 章 概 论

1.1 氧气底吹技术现状与发展

1.1.1 氧气底吹炼铜技术概况

铜冶金是我国有色金属领域的重要产业，随着铜矿品位不断降低，资源成分日益复杂，环保要求更加严格，开发清洁高效冶金方法是铜冶金的发展方向[1-3]。火法冶金是铜冶金的主要方法，约占全世界矿铜产量的80%，而传统的火法炼铜如反射炉、电炉、鼓风炉等，由于其冶炼效率低、能耗大、污染严重等问题，正逐步被现代强化熔炼工艺所取代[4]。

氧气底吹熔池熔炼是我国自主创新的强化冶炼新方法，具有完全的中国自主知识产权，是继奥托昆普炼铜法、诺兰达炼铜法、特尼恩特炼铜法、澳斯麦特/艾萨炼铜法、三菱炼铜法及白银炼铜法等之后的一种新型冶炼方法[5]，因其更加清洁高效，被誉为"世界新型炼铜法"[6,7]。国家工信部明确将氧气底吹熔池熔炼技术列为我国有色金属工业清洁冶金技术，要求加强其推广和应用[8]。目前该技术已成功应用于国内外十余家冶炼企业，如越南生权大龙冶炼厂、东营方圆有色金属有限公司(东营方圆)、山东恒邦冶炼股份有限公司(山东恒邦)、包头华鼎铜业发展有限公司、河南豫光金铅股份有限公司(豫光金铅)、河南中原黄金冶炼厂有限责任公司、五矿铜业(湖南)有限公司等，同时也在智利、秘鲁等南美国家进行推广应用，该技术正处于朝气蓬勃的发展阶段，表现出较强的生命力。

1.1.2 底吹技术发展历程

1.1.2.1 底吹技术在钢铁冶金中的应用

底吹技术最初应用于转炉炼钢[9]，如图1-1所示，用于脱除铁水中的硫、磷、硅等杂质及控制碳含量等。该技术从20世纪30年代开始研究，并于60—70年代实现工业应用，具有高效、节能、环保等显著优点，在世界钢铁领域得到广泛应用，大幅提升了钢铁冶炼的整体技术水平。

1.1.2.2 底吹技术在铅冶金中的应用

鉴于氧气底吹技术在炼钢过程中的成功应用及诸多优点，1973年，美国Paul

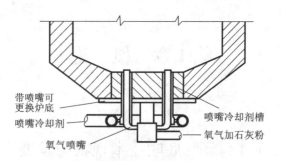

图 1-1 氧气底吹炼钢转炉炉底示意图

E. Queneau 教授和 Reinhart Schuhmann 教授提出将氧气底吹技术应用于铜冶金，并申请专利，称之为"Queneau-Schuhmann（QS）Process"，简称"QS 炼铜法"，但该技术中试试验并未获得成功。

1974 年，德国鲁奇（Lurgi）公司根据 Paul E. Queneau 和 Reinhart Schuhmann 两位教授的专利，进一步开发了氧气底吹直接炼铅法，并以鲁奇公司及两位教授名字命名为"Queneau-Schuhmann-Lurgi（QSL）Process"，简称"QSL 炼铅法"，该法于 1984 年进行了产业化示范试验，并曾在德国斯托尔伯格铅厂、韩国温山冶炼厂等成功使用。

QSL 炼铅法为富氧底吹熔池熔炼，其 QSL 炉为可转动的卧式长圆筒形炉，并向放铅口方向倾斜 0.5%，分为氧化区和还原区，如图 1-2 所示。在氧化和还原两个区域，分别配有浸没式氧气喷嘴和粉煤喷嘴。铅精矿经制粒后由顶部加入氧化区，与氧枪喷入的氧气在熔池中反应生成氧化铅和 SO_2，实现自热熔炼；氧化铅与硫化铅在氧化区发生交互反应生成一次粗铅由底部放出。炉渣由氧化区进入还原区，其中的 PbO 被粉煤喷嘴喷入的粉煤还原，渣含铅逐渐降低，同时还产出

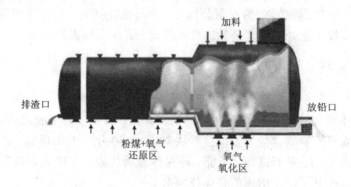

图 1-2 QSL 炉结构示意图

铅锌氧化物烟尘和二次粗铅。二次粗铅和一次粗铅合并一起放出，炉渣逆向运动由反应器的另一端放出。为解决铅渣混流，在氧化段与还原段之间增设一道隔墙，耐火材料采用熔铸铬镁砖。该技术大幅降低了铅冶炼对环境的污染。

20 世纪 80 年代，我国铅冶金普遍采用"烧结—鼓风炉"传统工艺，环境污染严重。为此我国提出"氧气底吹熔炼—电热还原炼铅"新思路，希望开发出清洁铅冶炼新工艺，并于 1983 年列为国家科技攻关计划，但由于配套硬件设备不足，难以满足试验要求等原因，该研究于 1987 年 11 月告一段落。为尽快解决铅冶炼污染问题，我国引进了"QSL 炼铅法"，并于 1994 年在白银有色金属公司建成试产，但由于技术及经济等原因，项目投产后不久即关闭。

此后，我国相继开发了"氧气底吹熔炼—鼓风炉还原炼铅""氧气底吹热渣直接还原炼铅"（图 1 – 3）等技术，成功地在国内获得了广泛应用和持续推广。截至 2014 年，全国已有 42 条生产线采用氧气底吹炼铅技术，总产能达到 400 万 t/a，占全国铅冶炼总产能的 87%，并已出口国外建厂成功投产。

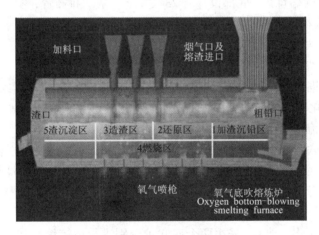

图 1 – 3 底吹热渣直接还原炼铅炉结构示意图

1.1.2.3 底吹技术在铜冶金中的应用

1）氧气底吹铜熔炼

（1）工业化试验

1990—1991 年，水口山有色金属集团公司（原水口山矿务局）联合中国恩菲工程技术有限公司（原中国有色工程设计研究总院，后简称中国恩菲），利用水口山日处理 50 t 炉料的氧气底吹试验炉进行炼铜试验，以铜精矿搭配处理水口山康家湾高砷含金黄铁矿进行"造锍捕金"，试验取得理想结果。该技术于 1992 年获得专利授权，称为"水口山炼铜法"（ShuiKouShan Process），简称"SKS 炼铜法"

(SKS Process)，现在也简称"BBS"（Bottom Blown Smelting）或者"BBF"（Bottom Blown Furnance）。

（2）首次工业化应用

2006 年，世界上首个氧气底吹铜熔炼工艺项目在越南生权大龙冶炼厂进行工业化设计，规模为 1 万 t/a 阴极铜，并于 2008 年初顺利投产。

（3）我国首次工业化应用

2008 年 12 月，设计规模为年产 5 万吨阳极铜的氧气底吹铜熔炼工艺冶炼厂，在东营方圆投产，经后期改造产能达到 10 万吨阳极铜。

（4）底吹铜熔炼规模大型化

河南中原黄金冶炼厂有限责任公司的底吹熔炼"造锍捕金"项目，设计年处理铜精矿 150 万吨，底吹熔炼炉尺寸为 $\phi 5.8\ m \times 30\ m$，底部设计有 28 支氧枪，成双排布置，项目于 2015 年 6 月正式投产运行。

东营方圆二期铜冶炼项目，设计年处理 150 万吨铜精矿，采用尺寸为 $\phi 5.5\ m \times 28.8\ m$ 的底吹熔炼炉，底部设计有 23 支氧枪，成双排布置，项目于 2015 年 10 月 23 日正式投料生产。

2）氧气底吹铜锍连续吹炼

（1）工业化试验

氧气底吹铜熔炼取得成功后，为了克服传统转炉吹炼技术的二氧化硫低空污染、制酸二氧化硫浓度波动大、间断作业炉衬热震频繁、炉寿短等问题，开始研发氧气底吹铜锍连续吹炼技术。

中国恩菲联合豫光金铅和东营方圆于 2012 年以冷态铜锍为原料，豫光金铅已有的底吹试验炉为设备，开展了氧气底吹连续吹炼半工业化试验研究，初步证明该工艺的可行性和可靠性。同年 12 月又以热态铜锍为原料进行工业化试验，取得理想结果。

豫光金铅在此基础上，采用两个底吹炉分别进行造锍熔炼和铜锍吹炼过程，提出双底吹连续炼铜工艺，设计了年产 10 万吨阳极铜的双底吹连续炼铜项目，并于 2014 年 2 月建成投产。

东营方圆在传统"造锍熔炼—铜锍吹炼—火法精炼"三步炼铜的基础上，结合"方圆一步法处理废杂铜"生产经验，开发了方圆两步炼铜法。

（2）工业化应用

①豫光金铅双底吹连续炼铜法

双底吹连续炼铜工艺使用氧气底吹熔炼炉—氧气底吹连续吹炼炉—回转式阳极炉三台炉子实现铜精矿冶炼生产粗铜。设备配置如图 1 - 4 所示。

氧气底吹造锍熔炼阶段，铜精矿与返料（吹炼渣、渣精矿、烟灰等）、熔剂经配料工序后从炉顶加料口加入，纯氧和空气分别经双层氧枪的内层和外层从炉底

图1-4　豫光金铅连续炼铜工艺示意图[10]

鼓入铜锍层，产出高品位铜锍和熔炼渣，熔炼渣定期从渣口排除，送往渣选矿工序。氧气底吹连续吹炼可以采用全冷态生产，即熔融铜锍经冷却、破碎后从吹炼炉上部加料口加入；也可以采用全热态生产，即高品位铜锍通过溜槽直接流入吹炼炉；还可以采用冷热结合生产。吹炼过程除了鼓入纯氧和空气，还添加了部分氮气用于保护氧枪。目前豫光金铅采用冷热结合的方式进行生产，搭配处理冷铜锍、废杂铜和残极等冷料，保护炉衬的同时实现资源综合利用。粗铜由粗铜包运送至回转阳极炉进行火法精炼生产阳极铜。其工艺参数及技术指标见表1-1。

表1-1　豫光金铅双底吹连续炼铜主要工艺参数及技术指标[11]

炉型	项目	单位	运行值
熔炼炉	投料量	t/h	75~77
	作业率	%	94~97
	铜锍品位	%	70~74
	铜锍温度	K	1453~1503
	烟尘率	%	2.0~2.5
	$w(Fe)/w(SiO_2)$		1.5~1.9
	渣含铜	%	2~3
	富氧浓度	%	70~78

续表 1 - 1

炉型	项目	单位	运行值
吹炼炉	投料量	t/h	18 ~ 30
	作业率	%	88 ~ 93
	烟尘率	%	0.4 ~ 0.7
	粗铜含铜	%	97 ~ 98.5
	粗铜含硫	%	0.2 ~ 0.6
	粗铜温度	K	1473 ~ 1573
	$w(Fe)/w(SiO_2)$		0.7 ~ 1.0
	渣含铜	%	20 ~ 30
	富氧浓度	%	35 ~ 40
阳极炉	冷铜率	%	20 ~ 30
	氧化还原时间	t	6 ~ 8
	吨铜天然气消耗	m^3	≤40
	阳极铜品位	%	≥99.0

②方圆两步炼铜法

方圆两步炼铜法采用一台多元炉 + 两台火精炉的工艺配置,设备连接如图 1 - 5 所示。2015 年 10 月,首个采用"方圆两步炼铜新工艺"的项目正式投产,实现铜精矿直接冶炼生产粗铜工艺。

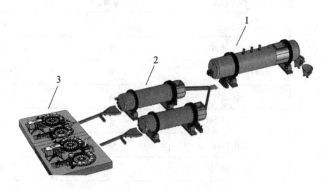

图 1 - 5 方圆两步炼铜法设备连接图[12]

1—多元炉;2—火精炉;3—浇注机

方圆两步炼铜法造锍熔炼阶段与双底吹连续炼铜工艺过程相似,混合物料在多元炉内发生分解、氧化等一系列反应,产出高品位铜锍和炉渣。炉渣送渣选矿,回收其中的铜。熔融铜锍经溜槽加入火精炉内进行铜锍吹炼和粗铜精炼,氮气、天然气、氧气和空气四种气体根据炉内生产情况随时切换。为满足多元炉连续放铜锍的要求,配备两台火精炉交替作业,产出炉渣和合格阳极铜(含 Cu 约 99.21%),阳极铜可直接用于浇铸。工艺过程如图 1-6 所示,技术经济参数见表 1-2。

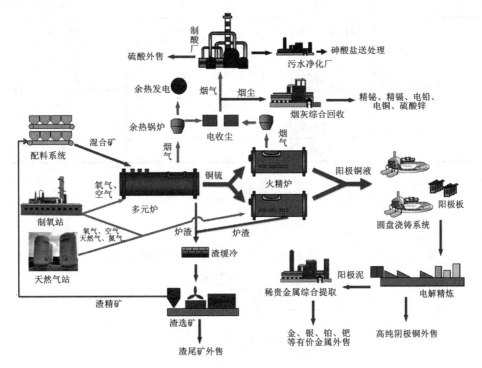

图 1-6 方圆两步炼铜工艺总貌图[13]

表 1-2 方圆两步炼铜法主要经济技术参数[12]

炉型	项目	单位	运行值
多元炉	综合矿加料量	t/h	180
	铜精矿加料量	t/h	158~170
	配煤率	%	0
	$w(Fe)/w(SiO_2)$		1.8~2.0
	渣含铜	%	1.9~3.1
	炉温	K	1453

续表 1-2

炉型	项目	单位	运行值
多元炉	烟尘率	%	1.7~2.0
	氧浓	%	73
	铜锍品位	%	73~75
	硫捕集率	%	>99.5
火精炉	加料量(不包括冷料)	t/h	53~57
	富氧浓度	%	21~35
	渣含铜	%	20~30
	气体压力	MPa	0.6
	浇铸能力	t/h	100
	硫捕集率	%	>99.5

1.1.3　氧气底吹铜熔炼工艺、装备及特点

1.1.3.1　工艺流程

主流氧气底吹炼铜工艺流程如图 1-7 所示。不同成分的高硫铜精矿、低硫

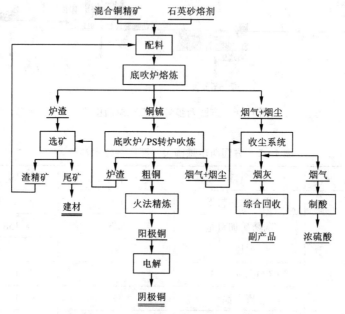

图 1-7　氧气底吹炼铜工艺流程[14]

铜精矿、高含贵金属精矿及返料,按照配料比例进行配料,获得混合铜精矿,不经过磨细、干燥或制粒,直接搭配一定量的石英砂熔剂,经传送皮带连续地从炉顶三个加料口加入到炉内,矿料自由落体坠入高温熔体并迅速卷入搅拌的熔体中,形成良好的传热和传质条件,使氧化反应和造渣反应激烈地进行,释放出大量的热能,使炉料很快熔化;氧气和空气通过炉体底部氧枪连续送入炉内的铜锍层,富氧浓度73%以上,氧枪分为两层,内层输送制氧站制造的纯度99.6%的氧气,外层输送空气,外层的空气对氧枪有降温保护作用,同时氧枪周围形成"蘑菇头",主要成分为 Fe_3O_4,可有效防止熔体对氧枪的侵蚀作用。

1.1.3.2 炉体结构及特点

富氧底吹熔池熔炼是一种高效的铜冶金熔炼方法。该方法通过一座可以转动的卧式圆筒炉来实现熔炼目的,生产过程中炉膛下部是熔体,其前段为反应区,后段为沉淀区。在反应区的下部有氧气喷枪将氧气吹入熔池,使熔池处于强烈的搅拌状态(图1-8)。

氧气底吹炉
三维示意图

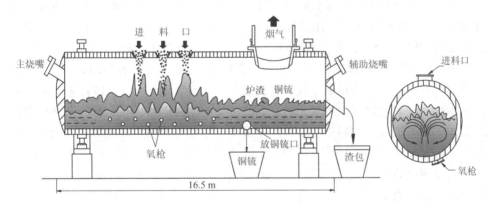

图 1-8　氧气底吹熔炼炉示意图[15]

氧气底吹熔炼炉作为该技术的核心装备,与诺兰达炉和特尼恩特炉类似,是一个密闭的卧式转炉,底吹炉外壳为钢板,不设水套,内衬长度为380 mm的铬镁耐火砖,炉体设有转动装置,可90°转动,设有加料口、排烟口、放渣口、放锍口、探测孔、测温孔,端墙设有燃油烧嘴,供开炉及保温使用,氧枪配置在炉子的底部,氧枪和砖套可更换。

该工艺最大的特点是:氧气是以许多微细的小气流从熔体底部吹入,弥散进入铜锍层,气液相接触面积大、历程长,气体在熔体内停留时间长,有较好的反应动力学条件,因此有较大的熔炼潜能;生成的熔锍能高效捕集矿物中的金银等多种贵金属,实现了"造锍捕金"目的。

1.1.3.3 工艺特性

（1）配料过程简单，原料适应性强

氧气底吹熔炼炉对精矿的干燥度及粒度要求不高，可以处理含水8%的精矿，不需要干燥，也无须混合制粒，烟尘率2%左右。其对原料成分的适应性也很强，该技术不仅能处理铜、金、银等精矿，还可以处理低品位铜矿和复杂难处理的多金属矿以及含金银高的贵金属伴生矿，对含砷高的矿，氧气底吹熔炼砷的挥发率大于80%，氧气底吹熔炼炉在处理这些矿时显示了很强的适应性。

（2）高富氧熔炼，强度大，自热熔炼程度高，能源消耗小

底吹熔炼的富氧浓度为73%以上，可以大大提高熔炼的速度和减少烟气量，大幅降低烟气带走的热量。实践表明，可完全实现自热熔炼，不需配入任何碳质燃料，能源综合消耗量小，富氧底吹熔池熔炼每处理1 t矿料可减少CO_2排放110~220 kg，每产1 t粗铜可减少CO_2排放约800 kg，年产20万t粗铜，则1年可减排CO_2约16万t[14, 16]。

（3）产出高品位铜锍，渣含铜适中，渣量小，铜直收率高

底吹熔炼产出的铜锍品位较高，基本维持在73%以上，高时可达到76%，渣含铜控制在2%~3%，产出的炉渣为高铁硅渣，$w(Fe)/w(SiO_2)$控制在1.7~2.0，渣率49%~55%，渣量小，铜的直收率高，炉渣选矿负荷较小。

（4）不易产生"泡沫渣"，易于操作，无粉尘，无烟害，工作环境好

氧气底吹熔炼炉的富氧空气从熔池底部直接鼓入铜锍层，气体首先与硫化物反应生成铜的氧化物和铁的氧化物，由于底吹搅拌的作用，生成的氧化物被翻腾到熔体上层与加入的炉料接触，熔炼中的Fe_3O_4被炉料还原，导致渣中含Fe_3O_4较低，能有效地避免"泡沫渣"的生成，操作较为安全，炉内维持一定的负压（低于大气压50~200 Pa），可有效避免烟尘外溢，工作环境好。常见铜熔炼工艺重要参数比较见表1-3。

表1-3 常见铜熔炼工艺重要参数比较[17]

项目	底吹熔炼	闪速熔炼	顶吹熔炼	诺兰达炉熔炼
处理能力/(t·h^{-1})	65~250	150~250	80~200	80~120
适用规模/(万t·a^{-1})	5~40	20~40	10~30	10~20
精矿处理方式	不干燥、不制粒	干燥	一般制粒	不干燥、不制粒
入炉精矿含水/%	7~10	0.3	8~12	7~10
富氧浓度/%	70~75	65~70	40~60	38~40
氧气压力/MPa	0.5~0.7	0.04~0.05	0.06~0.15	0.1~0.12
氧枪寿命/(d·支$^{-1}$)	30~150	中央喷嘴	6~15	传统风口

续表 1-3

项目	底吹熔炼	闪速熔炼	顶吹熔炼	诺兰达炉熔炼
烟气出口 SO_2 浓度/%	25~30	30~38	15~20	17~20
烟尘率/%	约2	6~8	3~4	2.5~4.0
熔炼渣含铜/%	2~4	2~3	0.8~1.5	4~6
$w(Fe)/w(SiO_2)$	1.6~2.0	1.2~1.6	1.1~1.4	1.5~1.8
渣率(弃渣、尾矿)/%	55~60	65~70	65~75	55~60
渣处理方式	选矿	选矿	选矿	选矿
弃渣含铜/%	0.3~0.4	0.3~0.4	0.35~0.4	0.3~0.4
Cu 回收率/%	98.5	98.3	<98.0	98.5
燃料率/%	0~1	1~2	2~5	2~3
粗铜综合能耗/(kgce·t^{-1})	180~220	230~280	230~320	约250
投资额	低	高	较低	较低

1.1.4 氧气底吹炼铜技术发展趋势

氧气底吹炼铜技术发展趋势为：

(1)复杂资源处理，多金属回收

随着优质高品位原生矿产资源逐渐枯竭，而各种含铜二次资源、低品位铜精矿大量存在，亟待清洁处理。因此，拓宽原料适应范围，处理各种复杂资源，进行多金属回收，将促进氧气底吹熔炼技术的推广应用[9]。

(2)底吹装备的大型化和智能化，提升自动控制化水平

氧气底吹熔池熔炼作为一种冶金新方法，在整体自动化控制水平上存在不足，大量依赖工人操作经验，因此迫切需要在底吹设备大型化的同时提高其自动化控制水平，提高该技术的整体核心竞争力。

1.2 计算机模拟在火法冶金中的应用

1.2.1 多相平衡热力学模拟

为了实现生产过程的可控操作，数学模型在冶金领域的研究比较早，特别是在钢铁冶金领域，且在冶金领域占有重要的地位。针对冶金领域的数学模型主要有三种[18]：一是基于物料和热量守恒的衡算模型；二是基于热力学原理的机理模

型,又包括平衡常数法与最小吉布斯自由能法;三是基于历史生产数据的数据模型。三种数学模型各有其优缺点,而以往的研究大都侧重单一种类的数学模型研究,在数学模型有效融合方面的理论研究与应用尚少。

1.2.1.1 多相平衡数学模型

（1）衡算模型

在铜冶炼过程中,日本的"东予模型"是一种典型的基于物料和热量守恒的衡算模型,而且目前国内大多数的计算机控制系统(如贵溪冶炼厂)采用的均是衡算模型[19, 20]。这种模型依赖于经验,模型中化学反应系数大多是依赖人工经验分配,模型本身并没有融合热力学条件约束,并不能反映多元素随工艺参数变化的行为分配规律,因而此模型对于要达到精细化控制的目的还存在一定的距离。另外,一些工艺流程模拟软件如 SYSCAD、METSIM 等仿真计算依据也是基于衡算模型,在处理主元素如铜、铁的情况下能够快速得到结果,这对于辅助工艺设计是不错的选择,但是涉及伴生元素如铅、砷、锌等则分配行为预测可靠性差。有报道,在豫光金铅双底吹连续炼铜工艺投产时,通过 METSIM 计算的结果应用于工艺调控,结果虽比较理想,但却是一种离线的调控。

郭先健[21]基于物料守恒定律,建立了铜精矿动态热平衡自热熔炼数学模型,表明精矿中硫含量必须高于 25% 才能够实现自热熔炼过程。同时,利用开发的模型建立了脱硫率和实现自热熔炼富氧浓度的关系,对于实际生产有一定的指导意义。

胡志坤等结合铜转炉的生产工艺特点,提出了基于物料、热量衡算和经验公式的铜转炉优化操作决策模型。在此基础上获得了最佳入炉铜锍量的计算公式和基于铜转炉热量衡算模型的冷料加入制度。

吴扣根等[23]在利用铜转炉吹炼铜锍过程中,开发了富氧吹炼节能模型、能量控制模型和动态物料模型,计算分析了富氧浓度对能量和物料收支的影响,同时预测富氧对冷料加入量、吹炼时间、转炉烟气在生成量的影响情况,计算结果与实践生产数据吻合较好。依据所开发的模型,进一步可以通过仿真实际生产过程寻求最优富氧浓度,优化吹炼工艺参数条件,指导铜锍富氧吹炼生产过程的操作。

鄢锋等[24]建立了可以预测吹炼剩余热的组合模型,能够准确依据剩余热确定冷料的加入量。首先根据吹炼的化学反应程度获取反应体系剩余热的计算公式,然后利用递推最小二乘法修正上述计算剩余热的经验公式,最后利用组合预测算法综合集成经验和非经验公式,综合集成后的模型作为剩余热的计算预测模型。预测结果表明其相对误差的波动范围能控制在 10% 以内,说明此预测模型具有较好的预测精度。

Chamveha 等[25]在 METSIM 软件中,利用相关计算单元模块模拟了特尼恩特铜冶炼过程,通过经验确定铜冶炼过程中各化学反应的反应系数,分析了氧气、铜精矿、回转料、熔剂等的加入速率对渣含铜以及铜锍品位的影响。在工程上,能够快速方便地实现工艺冶金计算是 METSIM 软件最大的特点,然而其严重依赖于设计人员的个人经验。

综上所述,衡算模型其内含的关系并不能解决在工艺参数变化条件下,过程中多元素的分布情况预测,它是基于一定的假设条件下(如 FeS 反应系数、S 氧化系数等)推导出的物料平衡和热平衡静态模型,而这些假设条件又依赖于人的经验,当实际过程偏离假设条件时会导致计算误差。因而随着入炉精矿成分、富氧浓度等因素的变化,这种静态的模型适应性变差。

(2)热力学模型

在热力学机理模型开发过程中,主要涉及两种方法,第一种是最小自由能法,第二种是平衡常数法。其中最小自由能法应用的范围较广,在石油、冶金、化工分离多相平衡分析中常用,而平衡常数法由于涉及反应过程中的化学反应,稍微偏复杂,应用范围不广。

上述两种热力学建模本质上是一致的,只不过是在平衡条件下表现形式不同。依据热力学原理建立的机理模型,是在假设恒定温度和压力较理想状态下的多相多组分平衡,当系统趋于平衡时,反应体系的吉布斯自由能处于最小状态,而此时同时达到化学反应平衡和相平衡,体系各部位温度和压力相等。因此各物质在各相中的分配与组成比例也可以确定。然而实际有色冶金反应过程中常常具有多场耦合效应和多相流,生产过程往往是处于一种强非线性和非均匀的动态平衡,对于求解基于热力学模型得到的结果还需结合具体的工艺过程以及实际工业生产数据或者融合其他模型来进一步修正热力学模型,以接近实际生产结果。

1947 年,Kandiner 和 Brinkley 等[26]针对多相多组分体系的平衡计算提出了第一个通用算法,用于基于平衡常数原理数学模型的求解,称之"Brinkley 原理"之后的学者在此基础上进一步完善和拓展,开展了深入研究。

Goto 等[27, 28]把 Brinkley 原理引入闪速炼铜的计算中,结合 Newton-Raphson 算法开发了包含多相平衡计算和热平衡计算的 Goto 热力学模型,并对转炉吹炼工艺和铜闪速熔炼工艺进行了相关模拟。然而,由于当时热力学数据缺乏,且模型考虑的因素也不全,模型的适用性并不好。

黄克雄、黎书华等[29]在 Goto 热力学平衡模型基础上,通过引入热损失参数和氧效率系数,修正了理想热力学平衡体系与贵溪冶炼厂闪速炉造锍熔炼实际过程之间的偏差。在分析大量的工业生产数据基础上,获得了热损失参数和氧效率系数的回归关系式,建立了热力学模型应用于贵溪冶炼厂闪速炉铜锍熔炼过程。相应的模拟结果表明,预测铜锍温度的误差小于 10℃,铜锍品位的误差小于1.7%。该热力学模型的建立对生产实践有一定的指导意义。

谭鹏夫等[30,31]开发铜冶炼过程热力学多相平衡模型，并在此基础上引入机械悬浮数学模型修正渣含铜，使硫化矿冶炼体系的数学描述与实际生产情况更加吻合。实现了硫化矿冶炼热量衡算模型和伴生元素的分配模型，探讨了各伴生元素分配在不同操作条件下的行为以及体系总的能耗关系，能够更好地应用于指导铜冶炼的生产实践。

程利平等[32]将平衡常数法引入艾萨炉的炼铜过程中，借助于计算机对铜锍熔炼过程进行仿真计算，并把设计值与仿真结果进行比较，其结果比较接近。模拟结果表明该模型可以用来分析炉内各种化学物质在连续稳定生产条件下的行为，当铜锍品位为 60% 时，渣含铜为 0.6%，而此时炉渣中 $w(Fe)/w(SiO_2) = 1.06$，渣中 Fe_3O_4 质量含量为 4.44%，这些参数对于确定生产技术指标具有重要意义。

在等温等压下达到热力学平衡时体系的吉布斯自由能 $G(T, p, n)$ 最小，等价于在等温定容下体系亥姆霍兹自由能 $F(T, V, n)$ 最小，或者等价于在绝热定容下体系的焓值 $H(S, p, n)$ 最小，或者等价于在定容无熵增下体系热力学能 $U(S, V, n)$ 最小，或者等价于在等压焓不变下体系熵值 $S(H, p, n)$ 最大。上述的状态函数可以相互间转化，实质是等价的，因而热力学平衡计算问题可以转化为最优化问题进行求解。

1958 年，White 等[33]首次提出了基于热力学的最小吉布斯自由能模型，根据在恒温恒压下，当反应体系趋于平衡时，其总的吉布斯自由能趋于最小的原理，同时结合质量守恒定律，把问题转换为带约束条件的最优问题求解。通过 Lagrange 待定系数法获得了平衡状态下各相的组成。

童长仁等[34,35]在铜闪速熔炼过程中，基于反应体系最小吉布斯自由能法建立了多相平衡数学模型，在此基础上结合质量守恒定律，同时通过元素势概念引入，得到了基于元素势的多相平衡计算方程，减少了求解方程的总个数，应用 Rand 算法获得了平衡状态下各物质分布，计算速度上明显提高。但是其计算结果的准确性很大程度上取决于算法的初值条件。基于元素势多相平衡计算结果与生产实际较为接近，铁硅比和铜锍品位，其计算的相对误差仅为 1.05% 和 0.067%，达到了实际生产过程中预测的要求。

Rossi 等[36]提出两种针对封闭多组分反应体系的化学平衡和相平衡计算方法，一种是恒定温度和压力条件下的基于体系最小吉布斯自由能法，另一种是等压焓不变条件下的基于体系总熵最大法。这两种方法本质上是等价的且都可以归于优化问题的求解其论文研究了固 - 液 - 气三相平衡体系各组分分配的计算问题，结果表明该方法对于求解平衡计算是可靠的。

Néron 等[37]通过讨论带有能量和动力学约束条件的热力学模型，基于最小吉布斯自由能原理的方法，通过 Newton 和 BFGS 算法分别实现了理想状态和非理想状态下达到平衡时各相的组成成分以及最终体系的温度。

Nagamori 等[38]基于熔池中两个相互独立反应点的概念开发出了一种应用于艾萨法炼铜的数学模型，这两个假设点分别是：迅速氧化、缓慢还原。但是这个模型假设氧化、还原反应在分开的过程中进行，而实际生产过程中氧化还原并不是分开而是同步的，因而模型适用性有限。

凌玲等[39]在分析典型的镍闪速熔炼体系基础上，设计了基于自由焓最小的多元多相平衡方法的平衡计算程序，用以计算平衡时三相中的物质组成及含量。模拟镍闪速熔炼工艺过程中在相同的氧量、炉料成分、熔炼温度等工艺条件下的行为，获取了熔炼体系的平衡组成，结果表明实际工业数据与仿真结果一致。

在实际过程中，由于压力和温度是较容易测量的变量，因而基于最小吉布斯自由能法比较常用。同平衡常数法相比，基于最小吉布斯自由能法适用于平衡计算中化学反应已知的体系，同样也适用无化学反应的体系或反应未知的体系，该方法并不需要知道体系中发生的具体反应，而只要列出体系各相中的组成即可。从软件平台实现的角度来看，最小吉布斯自由能法具有更好的易用性和通用性，它可以把平衡求解问题转化为带约束条件的优化问题。目前对于复杂系统的最优化求解难点在于计算易局部收敛而难获得全局最优值，但目前在优化理论研究方面也取得了较多成果，这方面的问题有相应的解决方案。平衡常数法实质是建立了一组非线性方程组，它能够直观反映体系的真实状态，但非线性方程组的求解复杂，且由于对初值的要求比较高，常存在精度差、收敛速度慢的问题。当方程数目和未知数数目较多的时候，求解更困难，因而其应用受限。

（3）数据模型

回归模型属于数据模型的一种，往往是通过对历史生产数据进行拟合实现，由于生产过程中很多变量都表现为多因素复杂非线性的关系，很难找到合理的函数去拟合，因而其应用往往受限。其他的一些如基于神经网络、基于最小二乘支持向量机的数据模型等在工业优化过程及参数预报过程中应用得比较多。数据模型由于是基于已有历史数据，而对于历史数据未充分覆盖的区域，其预测精度较差，一般情况下仅能够描述数据覆盖区域内所映射的关系。对于存在复杂机理的工业过程，且含有时变性、参数分布性和不确定性等因素时，仅仅依靠单一的数据模型难以满足复杂化、综合化的工业过程计算要求。

周俊[40]在采用多元线性回归方法对熔炼炉渣贫化电炉工业生产数据进行分析基础上，确定了电炉渣含铜及其影响因素的关系公式。方差分析表明，渣含铜同其影响因素之间存在线性关系。通过对回归方程的分析，确定了对电炉渣含铜影响的主要和次要因素并明确了各工艺操作参数对炉渣含铜影响作用的大小。其中最主要因素是电炉铜锍产出量、闪速炉炉况、块煤加入量、铜锍品位等，而炉渣的 $w(Fe)/w(SiO_2)$、炉渣在电炉中的停留时间、冷铜锍加入量、电炉的有效容积等为次要因素,对炉渣含铜的影响比较小。

马英奕等[41,42]考虑了在线冶金数学模拟系统的复杂性和整体性,采用规划求解的方法设计了一套用于验证在线系统的数学运算工具,经反复与原始模型对比测试,在线系统的结果与该结果比较吻合,这对于深入研究闪速炉冶金控制模型原理具有重要意义。

俞寿益等[43]在分析铜熔炼过程中三大核心工艺参数(铁硅比、铜锍品位和铜锍温度)的影响因素基础上,通过现场大量生产数据的收集,深入挖掘工艺参数中包含的隐含信息,开发了 BP 神经网络模型预测三大工艺参数。对这三大工艺参数预测的最大绝对误差仅为 0.051、0.630 和 6.680,预测结果与实际生产数据较接近,因而可应用该神经网络模型于铜闪速熔炼过程参数优化中。

谢永芳等[44]针对铜闪速熔炼生产过程中,由于生产数据存在一定的随机干扰和噪声而难以建立精确工艺参数预测模型的弊端,设计了一种预测工艺参数方法——小波去噪最小二乘支持向量机。最先用小波变换去噪处理原始数据,然后通过最小二乘支持向量机方法拟合获得工艺指标与熔炼过程之间的关系模型。模型中参数通过使用去噪后的样本数据进行辨识,从而实现预测铜闪速熔炼过程工艺参数变化。某冶炼厂实际生产数据仿真结果表明,铜锍品位、铁硅比和铜锍温度的最大预测相对误差为 0.72%、0.57% 和 2.24%,同时其相对均方根误差为0.36%、0.17% 和 0.91%,能够满足实际工业生产对精度的要求。

胡志坤等[45]将需要决策的操作参数和条件参数构成一个操作模式向量,基于操作模式采用 Sugeno 模型构造的模糊推理系统用来决策操作参数。首先初步分类海量数据集,然后采用基于相似矩阵和模式相似度的无监督聚类方法来识别模糊操作模式决策的结构,确定操作模式向量的值和数量。其仿真结果表明该方法可用于 PS 转炉熔剂加入量的优化决策。

张晓龙等[46]在铜冶炼节能过程中,设计了基于支持向量回归的参数优化学习方法,较好解决了铜冶炼过程中能耗预测难的问题。最先对影响铜能耗的各种参数进行深入分析,之后通过基于支持向量回归的算法训练输出能耗同输入参数之间所包含的关系。此方法相比传统 BP 神经网络算法,收敛性好且有更快的学习速度,同时其泛化能力强,对于铜冶炼过程中平均能耗预测的相对误差在 7%以内。

大数据时代的到来,意味着我们可以利用的数据量大大增加,同时数据的处理速度也越来越快,因而在各个领域开发合理实用的数据模型成为研究热点。因为数据模型不需要对过程机理有深刻的认识,利用数据挖掘技术,深入分析输出数据和输入数据来揭示其之间的关系。从数据输入输出角度来说数据模型是一个黑箱模型,在未来建模技术发展过程中数据模型将会占据重要地位。

（4）模型融合

模型融合也称为智能集成建模技术，是指两种或两种以上的建模技术协调集成后用以描述实际过程，以适应日益复杂的过程建模方法。它在处理复杂过程信息方面适应性好，有效避免了单一模型泛化能力不足、描述精度不足等缺点。复杂工业系统特别是冶金工业领域中的具有多变量、非线性、强耦合的特点，往往通过单一的模型难以全面描述复杂系统的全局特性，因而模型融合技术的应用使得解决复杂系统全局建模成为可能。模型融合包含多种融合方法：模型嵌套集成、并联补集成、串联集成、部分方法替代集成、结构网络化集成、加权并集成等[47]。这些模型融合方法都在实际工程中取得了一些成功应用。

桂卫华等[48]针对目前有色金属工业发展所面临的问题，为了改善现有控制模型的不足，在提出了描述集成建模的方法的同时归纳了模型的集成形式，最后提出了面向现代生产控制过程的集成建模理论框架。这一系列的理论已经在闪速炼铜、转炉吹炼以及铅锌生产过程中得到应用。

阳春华等[49]在铜闪速熔炼过程中，针对铜锍品位难在线检测的问题，在对各相组分成分分析的基础上，依据平衡常数法建立机理模型。但由于此过程存在复杂的反应机理且在机理建模时的假设简化，实际生产中对铜锍品位的预测精度难以满足要求。因而基于历史工业数据，同时建立了神经网络数据模型来预测铜锍品位。通过引入模糊协调器用于融合结合机理模型和数据模型，弥补了单一模型的局限性，提出使用该智能集成模型预测铜锍品位。最后，利用工业生产数据验证了模型的有效性。

杜玉晓等[50]对铅锌烧结研究过程中，借助专家系统、神经网络、主元分析等多种建模技术，获得了优化控制目标函数，建立了烧结块产量质量模型。所提出的智能集成建模与优化控制技术面向生产目标，有效解决了工业过程优化中所存在的强耦合性、强非线性、多输出以及多输入的难题，且最后达到了低耗、高产的生产目标。

王春生等[51]针对铅锌烧结配料过程中存在准确率低和成本高等问题，提出智能集成建模以及优化方法。引入信息论中熵值概念提出的烧结块成分集成预测模型，一方面能满足配料计算对数据完备性要求，另一方面也能保证预测精度。在此基础上，建立的烧结配料模型以成本最小为目标优化函数，使用改进免疫遗传算法和专家推理策略的定性定量综合集成方法优化配料结果，并利用工业生产数据验证了模型的可靠性。

张湜等[52]将数学回归分析方法和人工神经网络的人工智能方法结合起来，应用实例建立描述某类合成胶乳黏度特性的两参数半经验关联公式，取得了较为令人满意的结果。

集成建模技术是应对生产过程日益复杂化的一种手段，单一模型对过程描述的局限性将在未来更加复杂的工业控制过程中凸显，因而寻求可靠的模型集成技术也是今后研究的重点。

1.2.1.2　计算机求解算法

目前复杂体系多相平衡计算在有机试剂分离过程设计中研究得比较多，如萃取、蒸馏等方面。而随着计算机技术在硬件和软件方面的进步发展，涉及复杂化学反应的多相平衡计算成为可能。在求解算法中，传统以迭代计算为本质的优化算法包括共轭梯度法、牛顿法、Marquardt 法、序列二次规划算法和最速下降法等。由于其对精确的数学模型过于依赖，难以应用于解决日益复杂的有色冶金过程工程优化问题。而面向智能的优化方法如粒子群算法、遗传算法、蚁群算法等具有不依赖于精确目标数学模型的灵活性，且具有高效的寻优能力，因此得到了大范围的应用。

模型求解的算法对于工业过程控制是非常重要的。正是由于目前求解基于热力学的机理模型的过程烦琐且不稳定，对于过程控制技术最高的闪速炼铜技术，其工艺控制模型还是基于衡算模型开发的，因此开发鲁棒性强且高效的算法对于基于热力学的机理模型求解尤为重要。

（1）确定性算法

在最优求解的方法中 White 等[33]在 1958 年使用 Lagrange 待定系数法实现对约束极值问题的求解。Castillo 等[53]提出用非线性规划的方法求解基于最小吉布斯自由能建立的热力学模型，可以确定反应体系的相数以及各相中的组分。Capitani 等[54]开发了一种适用于包含非理想溶液的复杂化学平衡计算方法，这种方法是基于重复线性和非线性规划步骤的吉布斯自由能法。同时基于上述算法开发了 THERIAK 计算机程序求解大量的不一样实际问题。

Néron 等[37]通过讨论带有能量和动力学约束条件的热力学模型，基于最小吉布斯自由能原理的方法，通过 Newton 和 BFGS 算法分别实现了理想状态和非理想状态下达到平衡时各相的组成成分以及最终体系的温度。

Han 等[55]及徐辉林等[56]提出一种基于修正各相摩尔分数的多相平衡计算方法。在该方法中，通过构造目标函数，并不需要预先进行相稳定性分析以及相态和相数的估算。徐辉林及 Han 等分别使用修正的 Marquardt 法和连续的线性规划法求解模型。在 Marquardt 法中引入了阻尼因子，但其涉及数值求解导数较复杂，且对阻尼因子和初值的选取比较难；而连续的线性规划法中引入了人工变量，不可避免地涉及线性规划中有关基变量的处理，也比较麻烦。

谭鹏夫等[31, 57, 58]通过化学平衡法建立了硫化矿冶炼过程的机理模型，实质上是对一组非线性方程组的求解来获得平衡时的物质分配，他采用的是基于迭代的 Newton-Rapson 法，该算法对于初值的要求比较高，如果初值选择不合理，往往结果会偏离比较大。童长仁等[35]通过最小吉布斯自由能实现了闪速炼铜的过程描述，将吉布斯自由能表达式用二阶泰勒公式展开，结合质量守恒定律，通过引进 Lagrange 乘子将约束问题化为无约束问题，最终求解的是一组线性方程，虽然方程个数相对谭鹏夫的少了，但是最终还是使用牛顿法实现对非线性方程的求解。

确定性优化算法由于严重依赖精确的数学模型，在求解过程中往往需要模型能够有显示的解析式，且涉及偏导数的求解，难以适用于解决复杂体系下的多相平衡工程优化问题。且确定性优化算法一般对计算初值要求高，且有很大的可能性为计算出来的并不是全局最优解，而是某个局部最优解。因而越来越多的多相平衡计算转向随机性优化算法。

（2）随机性算法

针对基于热力学建模技术过程中多相平衡计算，在求解含有两个互溶液相的相平衡问题时，采用传统方法计算易收敛到局部解或根本不收敛。因此基于最小吉布斯自由能法，提出基于混合粒子群算法实现全局最优解的搜索方法。通过计算得到反应体系的最小吉布斯自由能，从而获得相平衡时各相的组分含量。混合粒子群算法对目标函数进行改建，且引入相分率和组分，从而将原先的问题转为规范型立方空间的优化问题。引入 Ncldcr-Mcad 单纯形操作到常规粒子群算法中，提高了搜索优化的速率和精度。将其应用在有机溶剂间的多相平衡计算结果表明了该算法的有效性。

韦钦胜等[59]提出了一种多相平衡计算的改进 τ 因子法。通过数学模型建立的方法原理的推导，转化相平衡计算问题为非线性规划带线性约束的问题；之后采取可行域编码方法保证优化变量搜索始终在可行域内进行，求取了模型的解。仿真计算结果与文献中数据比较接近。

林金清等[60]通过采用相分率和反应进度消去等式约束的方法，建立了一种求解含化学反应体系相平衡的方法，最后抽象出的问题为无约束条件的最优化问题。对于无约束优化问题，应用遗传算法进行求解，得到各相中组分的摩尔分数。应用于聚甲醛反应体系的气液平衡的计算，结果表明应用遗传算法在求解简单相平衡问题中是有效和可行的。

Lee 等[61]把直接随机寻优技术应用于基于最小吉布斯自由能的多相平衡求解过程中，该寻优算法是由 Luus 和 Jaakola 开发的，在处理全局优化问题时有优势。结果表明该 LJ 算法在处理带化学反应和不带化学反应的气 – 液平衡计算过程中能够精确快速地找到体系全局最小吉布斯自由能值。

由于计算方法理论的发展，随机性优化算法在很多方面的应用已经超越了传统的确定性优化算法。随机性优化算法在模型求解过程中由于不依赖于精确的数学模型，模型的解析性要求较低，随机化初始值，对计算初值无要求，已应用于越来越多的优化问题计算中，而本文也是选择随机性算法进行模型的求解。

1.2.2　数值模拟

数值模拟计算在国外起步较早，在 20 世纪 60—70 年代，科研工作者开始通过数值模拟的方法反映生产实际中冶金炉内难以监测的物理过程和化学反应。随着计算流体力学、计算传热传质学、计算燃烧学等学科的发展，工业炉反应工程学的研究越来越实用，进而逐渐完善。20 世纪 90 年代初，中南工业大学梅炽教授提出了一套完整的 CFD 仿真理论研究方法，即"数学模型—全息仿真—整体优化"[62, 63]。该方法提供大量、全面的信息，其结果可靠直观、形象生动，加快了研究速度，对工业炉的研究起到了重要作用。

CFD 技术在冶金领域已被广泛应用，虽然其起步较晚，研究时间短，但具有广阔的发展前景，同时被广大科研工作者支持和认可[64]。许多学者开始对冶金工业炉内流动化学反应速度、流体与传质、化学元素分布现象进行数值模拟研究，以达到研究冶金反应机理、改进生产工艺和产品质量的目的。

1.2.2.1　数值模拟常用数学模型和软件

（1）数值模拟常用数学模型

氧气底吹熔炼过程涉及多相流流动、热量和动量传递、复杂的化学变化等过程，要更加准确地描述其过程并为生产提供指导，常用的数学模型包括多相流模型、湍流模型、组分传输模型、传热控制模型等。

在多相流模型中，具有相同类别的物质被定义为相。材料相同但尺寸不同的固体颗粒、密度不同的液体，都要按照多相流模型来处理。多相流模型包括 VOF（Volume of Fluid）模型、欧拉模型和 Mixture 模型等三种，被广泛用于冶金过程中。由于 VOF 多相流模型可以有效追踪气液交界面运动变化，包括液面移动、气泡合并、破碎等过程，是目前模拟大气团运动过程最符合实际的一种方法。在气体喷吹冶炼过程中，研究熔池内部气泡运动行为、气—液界面处的气泡形态及气液界面波动情况是研究的关键内容，所以选择 VOF 多相流模型会更加准确。雷鸣等[65]针对常用的 VOF 和 Mixture 多相流模型比较了熔融还原炉的单底吹流动。从密度变化看，VOF 模型和 Mixture 模型的底吹气体上浮形式不一样，前者呈不连续气泡上浮，形成通道并冲破液面；后者以连续气柱形式向上运动。从流场变化看，VOF 模型中气液界面处流场分布不均匀，喷嘴处速度较大，而周围油相流速较小，中心和壁面处的流速差别也不大；Mixture 模型中气液界面处流场较均匀，流体从喷嘴处向四周扩散，靠近壁面处最小。与实际情况对比，发现 VOF 多相流模型可以准确模拟自由界面波动行为及规律。陈鑫等[66]对 VOF 和 Mixture 多相流模型进行了对比，研究发现 VOF 模型在考察空泡流场方面具有较大优势，而 Mixture 模型不利于精确捕捉相间交界面。王仕博[67]为了更深入地了解模拟两相流的一般规律，选择与物理模型的传质过程特质相适合的多相流模型，对比了

VOF 模型、Mixture 模型及 Euler 模型，研究发现 VOF 模型更适用于气-液两相流中气泡羽流的模拟研究。

湍流运动，即流动过程中流体的各种参数（如速度、温度、压力等）随时间和空间任意变化。气体从喷枪喷入熔池并快速搅拌熔体的过程高度复杂，具有运动不规则性、方向有旋性、空间三维性、成分扩散性和能量耗散性，这是自然界和工程技术领域中典型的湍流运动。湍流模型有多种改进方案，最常见的模型有标准 $k-\varepsilon$、RNG $k-\varepsilon$、Realizable $k-\varepsilon$ 和雷诺应力（RSM）模型等。这些模型各具特点，对于氧气底吹熔池熔炼过程的计算精度差别较大，根据实际情况选择合适底吹熔炼过程的湍流模型非常重要。闫红杰等[68]针对这四种模型从氧枪根部气泡形态、气泡尺寸以及气泡上浮速度三个方面与水模型结果进行了比较，发现 RNG $k-\varepsilon$ 模型和 RSM 模型模拟的根部气泡存在明显变形，与实际不符，Realizable $k-\varepsilon$ 模型模拟的气泡尺寸误差最小，仅为 2.7%；标准 $k-\varepsilon$ 模型和 Realizable $k-\varepsilon$ 模型计算的气泡上浮速度最接近真实数据。所以得出 Realizable $k-\varepsilon$ 模型计算能够更好地描述氧气底吹熔池熔炼过程的无规则运动的结论。

（2）数值模拟常用软件

模拟解决问题的一般步骤如图 1-9 所示，主要包括 3 个基本环节：前处理（建模划分网格）、求解和后处理，其核心在于求解计算。因此，一系列与 CFD 相关的模拟软件如雨后春笋，随即便产生了商用 CFD 软件。它们有其独特的优势，为科研工作者提供了方便，操作者不需要编写烦琐的函数和数值求解程序，只需根据自己的物理问题建立合理的物理模型，选择合理的 CFD 数学模型、设置准确

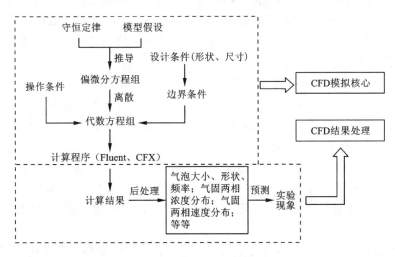

图 1-9 CFD 模拟一般步骤

的边界类型和操作条件判别结果的准确性，便可以获得精准度较高的流体流动分布结果。

目前使用频繁、认可度高、结果权威的求解器软件有 Fluent、Phentics、CFX、FINE、COMSOL 等。软件包有很多，各有所长，选择适合自己的软件和物理模型至关重要。比如 Phentics 主要以低速热流输运现象为模拟对象，多应用于暖通设计等领域；而 CFX 主要解决各种流体设备的多相流动、传热问题以及流体流动与化学反应、燃烧等耦合问题，主要用于航空航天领域；Fluent 由于灵活的非结构化网格、自适应网格技术及成熟的物理模型，可以适应几乎所有与流体相关的领域，从可压缩到不可压缩、从低音速到超高音速、从单相流到多相流以及化学燃烧、气液固混合等，功能全面、适用性广。在冶金熔池喷吹冶炼过程中，应用最为广泛的流场仿真软件就是 Fluent 软件。

CFD 软件和数学模型通过比较验证，可以非常准确和形象地描述冶金炉内的流动过程和搅拌现象，能够优化气体喷吹冶炼过程中的实际工艺操作条件和设备参数，为反应器的扩大化设计和工业生产控制提供合理依据。因此，工业技术不断发展，炉型设备不断更新，冶炼工艺不断改进，CFD 模拟技术在此快速前进的道路上起着不可磨灭的作用。

1.2.2.2 数值模拟在冶金中的应用

(1)冶金炉内流体流动与混合现象

气体喷吹冶炼过程与流体流动有密切的关系，过程中多伴随着封闭的炉型和高温多相反应体系，在实验室条件下很难完整地再现炉内实际过程。利用 CFD 模拟可以分析高炉中焦炭和气流的逆向运动、竖炉式和铁浴式的熔融还原炉内流体流动、氧气转炉炼钢内部钢液的搅拌现象及喷溅传热、艾萨顶吹炉和底吹熔池熔炼炉内的混合状况。研究熔炼炉内流线、压力、速度、气相分布规律等三维瞬态现象是一切研究的基础。

刘方侃[69]建立了底吹炼铅熔池熔炼炉的三维模型。研究发现，底吹炉内不存在搅拌死区，搅拌效果较好，烟气出口附近流动平稳，利于烟气排出；熔炼区域搅拌强烈，利于传质传热，加速反应进行；而沉降区搅动较弱，利于渣锍分离。Li 等[70]模拟了底吹氩气时钢包内气－钢液－渣三相流动现象。当氩气吹进钢包，不断产生气泡，气泡上升并间歇地冲击、突破渣层，产生渣眼；渣层发生有规律的波动，频率随着底气流量的增加而增加。气体喷吹期间，渣层发生变形，近渣眼处变薄，近钢包壁处变厚；渣眼附近流速较大，导致部分钢渣液滴被卷入钢液中。

CFD 数值模拟作为一种可视化的研究工具，为炉内流场的研究提供了便利。通过模拟描述气体喷吹进入熔池对熔体的搅拌作用，可以将炉内不能真切看到的现象通过图片或者视频的方式展现出来，通俗易懂，直观形象。此研究方法不仅可以解释某些物理实验现象和理论分析结果，也可以解析一些实验数据和过程分析所不能明确解释的现象。

(2)气体射流的流动特性和气泡搅拌机理

在气体喷射冶金过程中，熔池的搅拌作用程度决定了冶炼的效果，为了有效控制吹气过程并获得有利效果，有必要了解气体射流的流动特性及气泡搅拌机理。气体射流的流动特性是研究吹炼搅拌的理论基础，其重要性也不言而喻。

张贵等[71]、来飞等[72]比较了普通氧枪和聚合射流氧枪的射流特征。研究发现，聚合射流氧枪比普通超音速氧枪射流长、射流集中、轴向速度衰减慢，为集束射流氧枪的工业应用提供理论依据。刘威等[73]研究了供氧压力对熔池内流场的影响，随着供氧压力增大，O_2射流马赫数变大，高速段变长，但鼓吹O_2射流间干扰效应只有在处于设计氧压时最弱。Bisio等[74]、Xia等[75]模拟了炼钢等金属熔炼过程中气体射流搅拌特性，液相区的模拟结果与实验结果比较吻合，但在羽流区并不理想。张振扬等[76,77]模拟了富氧底吹熔炼炉内氧气－铜锍两相流体流动，研究了炉内气泡的生长、气含率分布情况、氧枪出口处压力变化规律以及液面波动频率。

刘柳[78]针对垂直上升管中的气泡动力学特性做了详细的研究。研究发现：气泡在水中的运动轨迹与气泡直径、喷嘴内径和气泡形状相关，气泡的形状受惯性力和表面张力控制。詹树华等[79,80]针对浸入式侧吹熔池搅拌现象进行研究，并对比了深侧吹和浅侧吹的射流行为，发现深侧吹搅拌能力更强。Dijkhuizen等[81]采用VOF和界面追踪的方法研究单个气泡在水中运动受到的阻力及体积力，分析了密度、黏度、表面张力、气泡直径对气泡形状的影响。J Hua等[82]采用3D－VOF模型研究多个气泡在黏性流体中的运动及交互作用。Yang等[83,84]研究了气液固多相流高压状态下气泡形成动力学。Annaland等[85]研究了孤立静止液体中的气泡在上升过程中形状和速度的变化。Liu等[86,87]研究了电弧炉炼钢过程中，采用相干射流提高超声波氧气喷射的搅拌效果和熔池中的反应速率；模拟超音速相干射流的流场特性，对比了在热(1700K)和冷(298K)条件下预热氧气的相干射流流场。结果表明，通过燃烧形成了围绕主氧气射流的低密度区域，从而抑制了环境气体向主射流中的夹带。他们还研究了超声波相干射流在冷热条件下的流场特征。

射流特性及氧压的基础理论研究，有利于了解熔池内部特性，开发和应用吹炼工艺；炉内的气泡流动现象的研究，可以帮助发现喷吹搅拌作用的强弱、炉内流动死区，研究流体混匀时间等，进而提出工艺改进的方法。

(3)喷枪结构改进和参数优化

基础理论研究能帮助直观认识气体喷吹冶炼过程中的现象并解释该现象，但解决实际生产遇到的问题却更具有现实意义。喷枪结构改进和工艺参数的优化可以帮助降低成本以进行最有效强度的搅拌，减少甚至去除死区，使得冶炼达到最佳效果。因此，考察喷枪倾斜角度、直径、流速对喷枪堵塞和熔体喷溅的影响一直都是研究的重点问题。

Chen 等[88]模拟了 DIOS 炉内的流场分布，优化了底吹气喷枪的位置、数量和气体流速，为工业应用提供一定指导。雷鸣等[89, 90]模拟了熔融还原炉内浸入式侧吹流体运动。研究发现当喷吹角度为 50°时，喷枪位置越低，炉内的喷溅越剧烈，易侵蚀炉衬；气体喷吹流速越小，喷枪越容易被堵塞。因此，气体流速适中，才能使得搅拌效果最佳。Liu 等[91]研究了六种喷枪底吹装置在熔池中的流场特性和搅拌效果，发现偏心底部攻击（EBT）区域的流量增加，侧壁阻力减弱，熔池熔化效果提高，搅拌时间缩短，搅拌能力提高，并确定了最佳的底吹布置。

为解决转炉钢铁冶炼时出现的实际生产问题，卢帝维等[92]、Lai 等[93]建立了喷枪的数学模型，并改进了喷头结构，优化了喷嘴数量、氧枪布置等，最终使用改进过的氧枪后，各项冶炼指标均有所改善。蓝海鹏等[94]、邵品等[95]建立底吹熔炼炉数学模型，描述了气体射流搅拌过程的气液两相流行为，研究了不同氧枪角度、喷吹直径、喷吹速度、多喷嘴下在熔池内形成的旋流特征，提出了氧枪工艺参数的最优结果。

喷枪结构改进和工艺参数优化若是通过冷态实验研究，就需要制作不同结构的氧枪、建立水模型试验台、购买其他辅助设备，将消耗大量的时间、器材和资金，而且也不一定能得到适合实际生产的研究结果。CFD 模拟可以通过软件建立不同的模型，按照实验研究方法对各种参数进行计算，再通过处理数据得出最佳参数结果。实际生产过程中可以根据 CFD 模拟的最优结果进行验证试验，减少了试验周期和成本。

（4）新型喷气式搅拌反应器开发

向冶金炉喷吹的气体在氧枪根部形成气泡，在浮力的作用下上浮并在氧枪根部断裂，形成一个个独立的气泡。熔池中的气泡具有良好的分散性，在熔池中合并或者破裂，可对熔池内的流体产生强有力的混合效果，增大气液固界面的接触面积。因此，开发新型喷气式搅拌反应器也成了许多科研工作者的重点，在冶金工业的搅拌和混合工序中应用较为广泛。但由于搅拌反应器的复杂性和多样性，其设备的设计和放大问题难以解决，目前仍然主要依靠生产实际的经验解决，其研究通常成本高、耗时长且效果不理想[96]。这些问题依然可以通过 CFD 模拟进行解决。

曹晓畅等[97]、赵连刚等[98]模拟了冶金过程中几种圆筒式新型反应器的流动现象，研究了气体停留时间分布（residence time distribution，RTD），分析了机械搅拌转速及气体喷吹流量等因素对 RTD 的影响；Sahle-Demessie 等[99]对环形搅拌反应器的气体停留时间做了系统研究，定性比较数值结果与实验结果，发现利用轴向或混流搅拌器可以提高剖面流量，缩小 RTD 曲线，并创建高雷诺数，避免混合不均的问题；樊俊飞等[100]针对连铸中间包等离子加热区域中温度积聚严重的现象，提出了底吹气体时的解决办法。在流体流动与传热耦合的基础上，自编程序，对底吹气体工艺参数进行优化，可明显改善中间包的熔蚀。

新型喷气式搅拌反应器种类较多，具有结构灵活、操作方式各异等特点，其研究也呈现多样化发展。结合机械搅拌与气流搅拌的特点和优势，能够提高化学反应效率，使传热传质更快。但液体流动方向受搅拌桨的旋转方向影响较大，受气泡上浮的无规则运动影响较小，从整体上看流体流向呈现出一致性，而与纯粹的喷入气体搅拌的流动方向紊乱性差别较大。通入的气体主要是参与反应，而搅拌作用较弱。利用气泡的运动可以减少机械搅拌的能量损耗，降低冶金成本。

(5)气体喷吹熔体脱杂

精炼过程中喷吹的气体可以通过气泡上浮对熔体进行强化搅拌，从而提高炉内的传热效率和传质速度，并起到去除杂质的作用。运用 CFD 技术研究脱除杂质主要体现在氧气侧吹精炼、钢包吹氩精炼、RH 炉真空脱气等中间包精炼金属过程，其研究内容主要集中于以下几个方面：精炼装置内气液两相流动行为、脱碳脱氮等脱气过程；夹杂物碰撞长大行为。[101]建立三维模型研究喷吹气体对炉内液体搅拌及其流动规律对研究杂质的去除具有重要的作用。Kitamura 等[102]建立了真空脱碳和脱氮过程的动态数学模型，计算结果表明，脱氮反应初期和后期分别主要发生在脱碳时生成的 CO 气泡表面和真空室钢液面。赖朝彬等[103]针对精炼炉熔池流动状态进行仿真计算，描述了钢液的流动、混合及出钢过程，探讨了喷吹气体对熔池流场和混匀效果的影响。Al-Harbi 等[104]使用耦合计算流体力学和热力学模型来研究炼钢精炼过程，预测了三相(钢/天然气/渣)系统和多组分元素分布。

第2章 研究方法

铜冶炼过程是一个高温、多相、多场耦合的复杂体系,很难直接开展实验研究。随着计算机在冶金中的广泛应用,模拟仿真已成为研究复杂体系高温冶金的有效方法。本文针对我国自主研发的氧气底吹炼铜技术,采用计算机模拟与生产实践相结合的方法,进行氧气底吹铜熔炼基础理论及工艺研究。

2.1 研究方案

2.1.1 具体研究方案

具体研究方案如下。

(1)理论研究与现场实践相结合。

(2)实验研究与热力学计算相结合,热力学模型计算结果指导实验研究,实验结果反馈验证模型的可行性。

(3)通过现场实践结合验证模型,不断改进优化研究方案。

在上述研究基础上逐渐完善含铜复杂资源富氧底吹熔炼过程,形成富氧底吹熔池熔炼复杂物料处理及多金属回收关键技术。总体技术路线如图2-1所示。

2.1.2 造锍熔炼

造锍熔炼是在国内某铜厂的氧气底吹炉中进行的。根据配料比例,不同成分的铜精矿混合配料后,不经过磨细、干燥或制粒,直接搭配一定量的石英砂熔剂,经传送皮带连续地加入到炉内,氧化反应和造渣反应激烈地进行,并通过间歇式放渣、放铜锍,使熔炼过程连续进行。底吹熔炼炉的尺寸为 $\phi 4.4\ m \times 16\ m$(图2-2);氧枪直径为0.03 m,共9支,分两排交叉布置,单排间距为1.0 m,分别与竖直方向成7°(5支)和22°(4支)夹角;熔池高度为1.2 m左右。氧气和空气通过炉体底部氧枪连续送入炉内的铜锍层,富氧浓度73%以上,氧枪内层输送氧气,外层输送空气,对氧枪有降温保护作用。

在现场实验研究过程中,通过调整工艺操作来改变工况,及时对铜锍、炉渣、烟灰等样品进行采集,并对样品进行化验分析,进行后续研究。

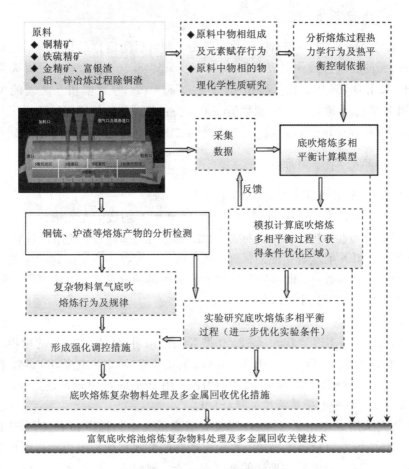

图 2 - 1　本研究的总体技术路线

图 2 - 2　现场实验设备 (ϕ4.4 m × 16 m)

2.1.3 数据分析方法

炉渣、铜锍经冷却、破碎、细磨、筛分、制样，测定样品成分，Cu、Fe、S、SiO_2 等组元的质量分数分别表示为 w_{Cu}、w_{Fe}、w_S、w_{SiO_2}。连续一个月每天采集上述数据，采用 Origin 9.0 软件分析 w_{Cu}、w_{Fe}、w_S、w_{SiO_2} 等数据相互之间的关联性（即映射关系），并通过分析实测数值与拟合公式的预测数值之间的绝对误差与相对误差，评估 w_{Cu}、w_{Fe}、w_S、w_{SiO_2} 等数据相互之间的关联性强弱及预测准确性。

2.1.4 样品分析检测方法

2.1.4.1 X射线荧光分析(XRF)

本研究采用日本 Shimadzu 公司 XRF-1800 型 X 射线荧光光谱仪对实验样品进行半定量全元素分析。将待测样品干燥，研磨至 -200 目，使用压片机压制成圆形试样，使用 X 射线直接照射试样，通过探测器接收并测定由此产生的二次 X 射线的能量强度和数量，即可判断试样中元素种类和含量，该方法可测量的元素范围为原子序数 8(O) 到 92(U)。

2.1.4.2 X射线衍射分析(XRD)

本研究采用日本理学 D/max-2550 型 X 射线衍射仪对固体样品的物相结构进行表征，衍射条件为：铜靶($\lambda = 0.154$ nm)，管电压 40 kV，管电流 200 mA，扫描范围 10°~80°，扫描速度 10°/min。所得衍射谱使用 MDI Jade5.0 软件进行分析。

2.1.4.3 扫描电子显微镜分析(SEM)

本研究采用日本电子 JSM-6360LV 型高低真空扫描电镜和美国 FEI 公司 SIRION200 型场发射扫描电镜，观察熔炼产物的微观结构与形貌。步骤如下：首先将样品沾于贴上导电胶的光洁的金属铜座上，制好的试样放入试样室，进行电子扫描成像。此外，对试样中需要关注的部位进行能谱分析(EDS)，以确定其主要元素成分。

2.1.5 原料基本组成

2.1.5.1 外购铜矿(一)

外购铜矿(一)成分见表 2-1，其 XRD 图见图 2-3。

表 2-1 外购铜矿(一)成分

元素	O	Si	Mg	Pb	Cu	S	Fe	Al
含量/%	6.36	3.18	1.89	2.37	23.06	28.98	27.79	0.24
元素	Bi	Mo	Sb	Mn	As	K	Zn	Ca
含量/%	0.44	0.09	0.31	0.13	0.21	0.05	2.44	2.61

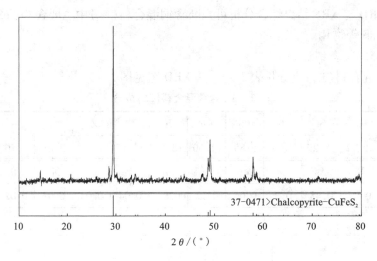

图2-3 外购铜矿(一)XRD图

由 XRD 与 XRF 结果综合分析可判断外购铜矿(一)中主要含 $CuFeS_2$ 等物相。

2.1.5.2 含铜混合料(一)

含铜混合料(一)成分见表2-2，其 XRD 图见图2-4。

表2-2 含铜混合料(一)成分

元素	O	Si	Mg	Pb	Cu	S	Fe	Al	Bi
含量/%	25.11	15.45	13.43	15.90	12.58	8.75	4.40	0.21	0.17
元素	Sb	Mn	Co	P	Rb	K	Zn	Ca	Mo
含量/%	0.04	0.04	0.02	0.02	0.01	0.14	3.16	0.70	0.01

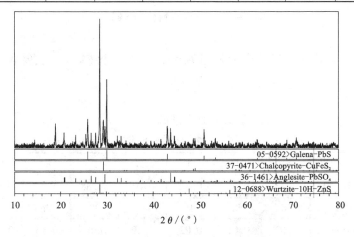

图2-4 含铜混合料(一)XRD图

由 XRD 与 XRF 结果综合分析可判断含铜混合料(一)中主要含 $CuFeS_2$、PbS、$PbSO_4$、ZnS 等物相。

2.1.5.3 含铜混合料(二)

含铜混合料(二)成分见表 2-3,其 XRD 图见图 2-5。

表 2-3 含铜混合料(二)成分

元素	O	Si	Mg	Pb	Cu	S	Fe	Zn	Ca	Al	Sr
含量/%	25.22	18.29	5.05	5.85	11.60	12.62	12.15	2.31	2.01	3.70	0.01

元素	Bi	As	Cd	Mn	Ti	Sn	P	Cr	Mo	Ni	
含量/%	0.09	0.45	0.3	0.06	0.12	0.07	0.04	0.03	0.01	0.02	

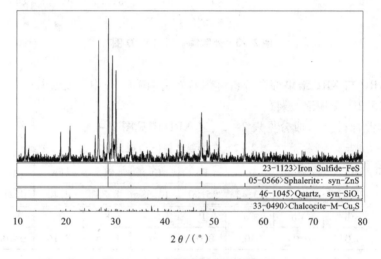

图 2-5 含铜混合料(二)XRD 图

由 XRF 与 XRD 结果综合分析可判断含铜混合料(二)中主要含 FeS、ZnS、SiO_2、Cu_2S 等物相。

2.1.5.4 硫铁矿

硫铁矿成分见表 2-4,其 XRD 图见图 2-6。

表 2-4 硫铁矿成分

元素	O	Si	Mg	Pb	Cu	S	Fe	Al	Ti
含量/%	10.80	4.73	0.34	0.32	0.04	38.88	39.56	0.69	0.03

元素	Cr	Ni	Se	P	As	K	Zn	Ca	
含量/%	0.02	0.02	0.01	0.02	1.49	0.14	0.45	2.45	

由 XRF 与 XRD 结果综合分析可判断硫铁矿中主要含 FeS_2 等物相。

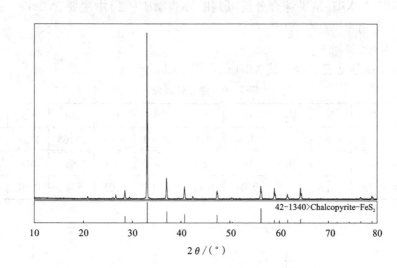

图 2 - 6　硫铁矿 XRD 图

2.1.5.5　外购铜矿(二)

外购铜矿(二)成分见表 2 - 5,其 XRD 图见图 2 - 7。

表 2 - 5　外购铜矿(二)成分

元素	O	Si	Mg	Pb	Cu	S	Fe	Zn	Ca	Al
含量/%	24.31	16.19	13.23	12.19	11.15	9.69	6.34	4.04	1.78	0.49
元素	Bi	Ag	Sb	Mn	Sr	K	P	Co	Mo	
含量/%	0.14	0.12	0.10	0.07	0.06	0.06	0.02	0.02	0.01	

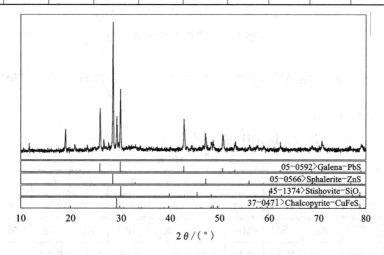

图 2 - 7　外购铜矿(二) XRD 图

由 XRF 与 XRD 结果综合分析可判断外购铜矿(二)中主要含 $CuFeS_2$、PdS、ZnS、SiO_2 等物相。

2.1.5.6　渣精矿

渣精矿成分见表 2-6,其 XRD 图见图 2-8。

表 2-6　渣精矿成分

元素	O	Si	Mg	Pb	Cu	S	Fe	Zn	Ca	Al
含量/%	12.79	1.67	0.39	14.64	15.92	20.03	6.04	17.65	1.28	0.69
元素	Ba	AS	Hg	Mn	Sn	K	P	Sb	Mo	Ti
含量/%	0.78	2.19	0.10	0.04	0.08	0.13	0.05	5.44	0.04	0.05

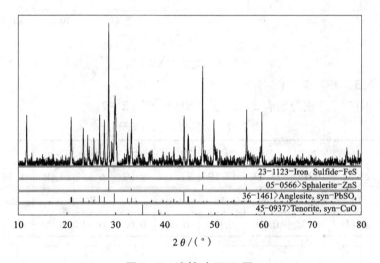

图 2-8　渣精矿 XRD 图

由 XRF 与 XRD 结果综合分析可判断渣精矿中主要含 FeS、ZnS、$PbSO_4$、CuO 等物相。

2.1.5.7　辅料(配料渣)

辅料成分见表 2-7,其 XRD 图见图 2-9。

表 2-7　辅料成分

元素	O	Si	Mg	Pb	Cu	S	Fe	Zn	Ca	Al	Cr
含量/%	25.52	20.62	1.23	1.33	0.46	1.12	30.31	3.89	8.88	3.05	0.42
元素	Ti	Na	Sn	Mn	Sr	K	P	Zr	Mo	Ni	Ba
含量/%	0.19	1.36	0.31	0.36	0.08	0.65	0.06	0.03	0.02	0.02	0.08

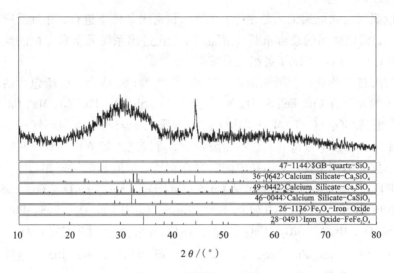

图 2 - 9　配料渣 XRD 图

由 XRF 与 XRD 结果综合分析可判断辅料中主要含 SiO_2、Fe_3O_4、$CaSiO_3$、Ca_2SiO_4、Ca_3SiO_5 等物相。

2.2　多相平衡模型建立及研究方法

2.2.1　多相平衡数学模型构建

在冶金化工领域，多相、多组分体系普遍存在，如萃取、铜冶金造锍熔炼等。在一个封闭且存在多相多组分的反应体系中，若同时存在相平衡、压力平衡、热平衡和化学平衡，即可认为该体系达到热力学平衡。而在等温恒压条件下，封闭体系内的反应总是向着吉布斯自由能减少的方向进行，直至体系吉布斯自由能最小，此时认为体系达到平衡状态。在给定压力 p，温度 T 条件下，反应体系的总吉布斯自由能表示为式(2-1)：

$$G = \sum_{i=1}^{S} G_i^0 n_i^c + \sum_{i=S+1}^{C} \sum_{j=1}^{P} G_{ji} n_{ji} \qquad (2-1)$$

式(2-1)中，C 为体系组分数；P 为体系的相数；S 为纯凝聚相的数目；n_{ji} 为 i 组分在 j 相中的摩尔数；G_{ji} 为 i 组分在 j 相中的化学势，$G_{ji} = G_{ji}^0 + RT\ln(\gamma_{ji} x_{ji})$，$G_{ji}^0$ 为 i 组分在 j 相中的标准化学势，γ_{ji} 为 i 组分在 j 相中的活度系数，x_{ji} 为 i 组分在 j 相中的摩尔分数。

2.2.1.1 模型假设

假设氧气底吹炼铜工艺是在等温、等压和密闭条件下进行，并且反应达到热力学平衡，即该体系的总吉布斯自由能最小，在进出系统元素量守恒的约束条件下，可以计算出给定工况下各组元分配行为。

铜熔炼过程的炉料包括铜精矿、熔剂、空气等，这些物质中所包含的与平衡计算有关的元素有 Cu、Fe、S、O、N、H、Si、As、Sb、Bi、Pb、Zn、Mg、Ca、Al 等，同时，考虑到 SiO_2、CaO、MgO、Al_2O_3 四种物质由于未与铜锍和烟气相中的组分反应，在计算过程中可将其看作不活泼物质，直接进入炉渣相。氧气底吹炼铜稳定工况下反应达到平衡时，体系中同时存在铜锍、炉渣和烟气三相，且三相温度约为1200℃。其中，铜锍相中包括 Cu_2S、Cu、FeS、FeO、Fe_3O_4、Pb、PbS、ZnS、As、Sb、Bi 等组分，渣相中包括 FeO、Cu_2S、Cu_2O、Fe_3O_4、FeS、PbO、ZnO、As_2O_3、Sb_2O_3、Bi_2O_3、SiO_2、CaO、MgO、Al_2O_3 等组分，气相中包括 SO_2、S_2、O_2、N_2、H_2O、PbO、PbS、Zn、ZnS、As_2、As_2O_3、AsS、Sb_2O_3、SbS、BiS 等组分[18, 105]。

2.2.1.2 模型构建

氧气底吹炼铜工艺是一个典型的伴随化学反应的多相、多组分体系，总吉布斯自由能计算式见式(2-2)[37]。当反应体系趋于平衡时，总吉布斯自由能最小。

$$G(n, T, p) = \sum_{j=1}^{N_P} \sum_{i=1}^{N_C} n_{ij}\mu_{ij} = \sum_{j=1}^{N_P} \sum_{i=1}^{N_C} n_{ij}\left[\Delta G_{ij}^0 + RT\ln\left(\frac{f_{ij}}{f_{ij}^0}\right) \right] \qquad (2-2)$$

式(2-2)中，N_P、N_C 分别为体系总相数、各相中组分数；n_{ij} 为 j 相中组分 i 的摩尔量；μ_{ij} 为在反应体系条件下 j 相中组分 i 的化学势；ΔG_{ij}^0 为 j 相中组分 i 的标准吉布斯生成自由能；R 为理想气体常数；T 为开尔文温度；f_{ij} 为 j 相中组分 i 的逸度；f_{ij}^0 为 j 相中组分 i 在参考状态下的逸度。

2.2.1.3 约束条件

上述模型中，由于 SiO_2、CaO、MgO、Al_2O_3 等惰性物质直接入渣，精矿中带入的水全部转化为水蒸气进入气相，空气中带入的氮气也不参与反应而直接进入气相，因此这些物质的量可作为已知量计入质量守恒约束。

其他元素如 Cu、Fe、S、O、As、Sb、Bi、Pb、Zn 等在反应体系趋于平衡时分布在三相中，且受质量守恒条件约束，进入体系中的元素总量等于其在三相中分配元素的总量。质量守恒约束可以用式(2-3)表示：

$$Ax = b \qquad (2-3)$$

式(2-3)中，矩阵 A 为各相中各组分系数组成的原子系数矩阵；对应的 b 是由进入反应体系中各元素的总摩尔量组成的列向量；而 x 即为各相中各组分的摩尔数，且满足 x 非负。

因此可以在上述元素守恒约束条件下，通过计算体系总吉布斯最小自由能获得平衡时各相中各组分的含量。

2.2.2 工艺特性模型

2.2.2.1 机械夹杂模型

几乎在所有硫化原生矿的火法冶金过程中，各熔体相都存在机械悬浮的现象，即夹杂其他的熔体相，氧气底吹炼铜工艺也不例外。因为多相平衡模型不能描述铜在渣中的机械夹杂损失，所以将多相平衡数学模型与机械夹杂方程结合起来，建立适用于氧气底吹炼铜工艺的机械夹杂模型来对上述模型进行修正。机械夹杂模型通过下述公式进行描述[106, 107]：式(2-4)是铜锍在炉渣相中的夹杂率计算公式，式(2-5)是炉渣在铜锍相中的夹杂率计算公式；式(2-6)是铜锍相中夹杂炉渣量的计算公式，式(2-7)是炉渣相中夹杂铜锍量的计算公式。

$$S_{sl}^{mt} = \frac{M_{matte}^{ap}}{M_{slag} + M_{matte}^{ap} - M_{slag}^{ap}} \qquad (2-4)$$

$$S_{mt}^{sl} = \frac{M_{slag}^{ap}}{M_{matte} + M_{slag}^{ap} - M_{matte}^{ap}} \qquad (2-5)$$

$$M_{slag}^{ap} = (S_{mt}^{sl} \cdot S_{sl}^{mt} \cdot M_{matte} + S_{mt}^{sl} \cdot S_{sl}^{mt} \cdot M_{slag} - S_{sl}^{mt} \cdot M_{matte})/(S_{sl}^{mt} + S_{mt}^{sl} - 1) \qquad (2-6)$$

$$M_{matte}^{ap} = (S_{mt}^{sl} \cdot S_{sl}^{mt} \cdot M_{matte} + S_{mt}^{sl} \cdot S_{sl}^{mt} \cdot M_{slag} - S_{mt}^{sl} \cdot M_{slag})/(S_{sl}^{mt} + S_{mt}^{sl} - 1) \qquad (2-7)$$

式(2-6)、式(2-7)中，M_{slag} 和 M_{matte} 分别为理论计算平衡时炉渣相和铜锍相的总质量；M_{slag}^{ap} 和 M_{matte}^{ap} 分别为进入铜锍相中的炉渣质量和进入炉渣相中的铜锍质量；S_{sl}^{mt} 和 S_{mt}^{sl} 分别为铜锍在炉渣相中的夹杂系数和炉渣在铜锍相中的夹杂系数。

2.2.2.2 S_2 行为模型

在氧气底吹炼铜工艺中，熔炼炉纵向可分成 7 个功能层，分别是烟气层、矿料分解过渡层、渣层、造渣过渡层、造锍过渡层、弱氧化层和强氧化层[6]。实际生产中，入炉铜精矿在矿料分解过渡层主要分解为 Cu_2S、FeS、S_2 等物质，其中一部分 S_2 由于未能与底部鼓入的氧气充分反应而直接进入气相中。

考虑这部分 S_2 的特殊行为，可建立 S_2 行为模型对多相平衡模型进行修正，使其更接近实际生产情况。

2.2.3 算法开发

上述氧气底吹炼铜多相平衡数学模型是一个典型的带有高维线性约束且复杂非凸的单目标优化问题，其一般形式可以表示为式(2-8)：

$$\min f(x)$$
$$st. \boldsymbol{A}x = \boldsymbol{b} \ (x > 0) \qquad (2-8)$$

式(2-8)中，目标函数 $f(x)$ 由关于变量 x 各分量的非凸项所组成，其中，矩阵 A 为 m 行 n 列，一般符合 $m<n$。对于实际生产中的问题，一般有 $A \geqslant 0$ 且 $b \geqslant 0$。在该类问题中，搜索空间为 $x>0$，每一个满足 $Ax=b$ 的点被称为可行点，而最终目的即为在所有可行点中获取使得 $f(x)$ 目标函数最小的可行点。在氧气底吹炼铜多相平衡数学模型中，$f(x)$ 对应为反应体系总吉布斯自由能，变量 x 对应的是平衡时各相中组分的摩尔数，相应的矩阵 A 表示原子矩阵，对应的 b 是进入反应体系中各元素的总摩尔量。针对该模型的特点，基于标准粒子群算法，在种群拓扑结构、粒子位置和速度更新机制、全局和局部搜索能力平衡等多方面进行改进，设计一种可以处理带高维线性约束非凸优化问题的改进粒子群优化算法（highly dimensional and linearly constrained PSO for non-convexity problem, HLPSO）。在保证求解精度的同时，能快速计算出结果，且对初值无要求。

2.2.3.1　标准粒子群优化算法理论基础

粒子群优化算法（particle swarm optimization, PSO）[108] 源自模拟鸟群飞行过程中所表现出的行为。粒子群中的粒子即抽象的鸟儿，只有速度和位置信息而没有体积和质量信息。在该算法中，待优化问题的潜在解为粒子群中最优粒子的位置，粒子通过不断学习迭代而逐渐靠近优化问题的最优解。其中，粒子速度的更新通过种群历史全局最优值和粒子自身历史最优值来确定，而位置的更新则依赖于当前位置及当前速度。

标准粒子群优化算法主要由种群初始化、种群个体评价、粒子迭代更新操作和迭代终止更新准则这四个步骤组成。首先，通过在搜索空间中随机产生满足约束条件的给定数目的粒子，并根据优化问题目标函数计算每个粒子的适应度。然后，控制粒子在搜索空间中的飞行轨迹，其运动由当前位置以及当前的速度大小和方向所决定。一般种群中的粒子追踪目前存在两个已知的最优解：一个是种群中所有粒子迄今为止找到的历史最优解，另一个为单个粒子自身迄今为止找到的历史最优解。最后，控制种群在给定步数内的迭代步骤后接近优化问题最优解。

假设 m 个粒子组成的种群 $X=\{x_1, x_2, x_3, \cdots, x_n\}$，每个粒子以一定的速度在 n 维搜索空间中进行搜索，第 i 个粒子当前的位置记为 $x_i=\{x_{i1}, x_{i2}, x_{i3}, \cdots, x_{in}\}$，第 i 个粒子当前的速度记为 $v_i=\{v_{i1}, v_{i2}, v_{i3}, \cdots, v_{in}\}$。而粒子 i 的个体历史最优位置记为 $pbest_i=\{pbest_{i1}, pbest_{i2}, pbest_{i3}, \cdots, pbest_{in}\}$，即迄今为止的最优位置。全局最优位置记为 $gbest=\{gbest_1, gbest_2, gbest_3, \cdots, gbest_n\}$，即迄今为止所有粒子中所经历的最优位置。

假设目标函数 $f(x)$ 为最小化型式的优化问题，则粒子 i 在第 $t+1$ 次迭代后的历史最优位置 $pbest_i$ 在标准粒子群算法中可以由式(2-9)确定：

$$pbest_i(t+1)=\begin{cases} pbest_i(t), & f(x_i(t+1)) \geqslant f(pbest_i(t)) \\ x_i(t+1), & f(x_i(t+1)) < f(gbest_i(t)) \end{cases} \quad (2-9)$$

种群全局最优位置 *gbest* 在标准粒子群算法中通过式(2 – 10)来确定：

$$gbest(t) = \operatorname{argmin}_{i \in (1, 2, 3, \cdots, m)} f(pbest_i(t)) \qquad (2-10)$$

种群在第 *t* 次迭代的全局最优位置即此时目标函数适应度最小的粒子所处的位置。种群中粒子飞行速度及其位置更新见式(2 – 11)、式(2 – 12)：

$$v_{ij}(t+1) = v_{ij}(t) + c_1 r_1 [pbest_{ij}(t) - x_{ij}(t)] + c_2 r_2 [gbest_j(t) - x_{ij}(t)]$$

$$(2-11)$$

$$x_{ij}(t+1) = x_{ij}(t) + v_{ij}(t+1) \qquad (2-12)$$

其中：$i = 1, 2, 3, \cdots, m$，为种群中第 *i* 个粒子；$j = 1, 2, 3, \cdots, n$，为该粒子的第 *j* 维分量；$x_{ij}(t)$ 为在第 *t* 次迭代时，粒子 *i* 位置的第 *j* 维分量；$v_{ij}(t)$ 为在第 *t* 次迭代时，粒子 *i* 速度的第 *j* 维分量；$pbest_{ij}(t)$ 为在第 *t* 次迭代时，粒子 *i* 个体最优位置 $pbest_i$ 的第 *j* 维的分量；$gbest_j(t)$ 为在第 *t* 次迭代时，种群全局最优位置 *gbest* 的第 *j* 维分量；r_1 和 r_2 为界于 0 与 1 区间内的随机数；c_1 和 c_2 为非负常数，称为学习因子或加速因子，一般根据实际问题确定其值。

图 2 – 10 是标准粒子群算法流程图。

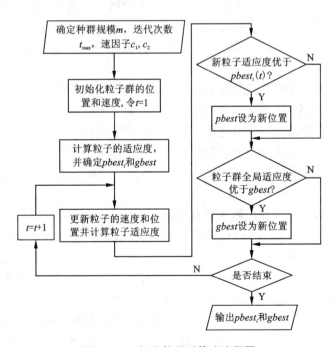

图 2 – 10　标准粒子群算法流程图

如果粒子的速度 $v_{ij}(t+1)$ 超过了所控制最大速度值，则需要对速度做相应的限制：$v_{ij}(t+1) = sign(v_{ij}(t+1)) v_{max}$。同时如果粒子的位置 $x_{ij}(t+1)$ 超出范围也需要做相应的限制。

综上所述，标准粒子群算法的主要计算流程分为以下五步：

(1)初始化种群，确定最大进化迭代数 t_{max}，同时把当前进化迭代数置为 $t = 1$，设定学习因子 c_1 和 c_2。随机产生 m 个在可行搜索空间中的粒子，记为 $X = \{x_1, x_2, x_3, \cdots, x_m\}$，其初始种群位置记为 $X(0) = \{x_1(0), x_2(0), x_3(0), \cdots, x_m(0)\}$，同时通过随机两次种群位置的初始化之差而产生粒子初始位移变化，即粒子的初始速度，记为 $v(0) = \{v_1(0), v_2(0), v_3(0), \cdots, v_m(0)\}$。

(2)进行种群 $X(t)$ 个体评价，即利用优化问题的目标函数计算种群中所有粒子的适应度值。

(3)比较各粒子适应度与其自身历史最优位置 $pbest_i$ 适应度值，如果当前粒子适应度值比其历史最优位置 $pbest_i$ 的适应度值更优，则更新 $pbest_i$ 为当前粒子的位置，否则不更新粒子的最优位置。之后，比较种群历史最优位置 $gbest$ 适应度值与所有粒子的历史最优位置 $pbest_i$ 适应度值的大小，如果存在粒子 $pbest_i$ 比 $gbest$ 更优的，则更新种群的全局历史最优位置 $gbest$，否则不更新。

(4)通过式(2-11)、式(2-12)更新粒子的速度和位置，之后产生新的种群 $X(t+1)$，进入第 $t+1$ 次种群迭代。

(5)检查种群终止更新准则，若满足迭代终止条件，则种群迭代更新结束；否则，转至步骤2。

上述的标准粒子群优化算法，实现了对鸟类飞行行为的模拟，但是同实际应用问题之间的区别，使其使用范围并不广泛。为了能够将其应用于不同的背景条件下的计算，需要结合具体的优化问题对标准粒子群算法进行改进。各种改进的粒子群优化算法包括有混合粒子群优化算法、合作粒子群优化算法、线性约束粒子群优化算法、局部加速粒子群优化算法、离散二进制粒子群优化算法等。

2.2.3.2 线性约束处理机制

目前处理带约束优化问题主要有罚函数法、不可行解拒绝法、不可行解修复法、特殊操作算子法等。目前比较常用的是罚函数法[109]，通过对目标函数增加惩罚因子来减弱不可行解的影响，同时通过这种方法可以把约束优化问题转化为无约束优化问题，但由于罚函数因子难以选定，实际应用时效率偏低。由于本章所提出的数学模型只包含有线性约束条件，形如 $Ax = b$，我们设计了一种特别的策略来处理这种约束条件[110, 111]。通过初始化赋值种群中的所有粒子在线性约束的超平面内，且控制种群粒子速度更新方式，能够保证种群中所有粒子的每次迭代过程都在这个约束超平面内飞行。这种处理策略对于高维的线性约束问题非常有效，是因为种群中的粒子始终保持在可行域内探索可行解，而不是在整个搜索空间范围内进行可行解的探索。

（1）种群初始化

由于本章数学模型中给出的线性约束条件中有 $A \geqslant 0$ 且 $b \geqslant 0$，因此所有满足条件的变量 x 必须存在上限来保证变量 x 中的每一维分量都大于 0。其中，变量 x 的第 j 维分量的上限可以通过式（2 - 13）进行计算：

$$x_{j\max} = \min(b_i / A_{ij} \mid A_{ij} \neq 0) \tag{2 - 13}$$

假如矩阵 A 是 $m \times n$ 的矩阵，且矩阵 A 的秩是 m，即 A 是行满秩，A 的各行向量之间线性无关。在凸分析理论中，$Ax = 0$ 和 $Ax = b$ 的解集分别可以构成一个 n 维空间中基数为 $(n - m)$ 的线性子空间和基数为 $(n - m)$ 的仿射子空间。

（2）种群位置初始化

从矩阵 A 的 n 列中选出线性无关的 m 列，用 B 表示该 m 阶方阵，用 C 表示 A 中剩下的 $(n - m)$ 列而组成的 $m \times (n - m)$ 子矩阵。对应的变量 x 可以相应分解为 $x = [x_B; x_C]$，x_B 和 x_C 分别称为基变量和非基变量。因此原先 $Ax = b$ 约束条件即可重新表达为式（2 - 14）：

$$A \cdot x = [B, C] \cdot [x_B; x_C] = B \cdot x_B + C \cdot x_C = b \tag{2 - 14}$$

通过式（2 - 14）中随机赋值非基变量 x_C 于区间 $[0, x_{C\max}]$ 中，则 x_B 可通过式（2 - 15）得到。

$$x_B = B^{-1} \cdot b - B^{-1} \cdot C \cdot x_C \tag{2 - 15}$$

对于求解出的基变量 x_B，检验其中 x_B 的每一维分量是否均大于 0，如果是，则 $x = [x_B; x_C]$，即成功初始化在约束超平面 $Ax = b$ 内。如果 x_B 中每一维分量并不都大于 0，则需要重新随机赋值 x_C 于区间 $[0, x_{C\max}]$ 中，直至求解出 x_B 中每一维分量都大于 0。如下给出了种群位置初始化的伪码。

```
种群位置初始化伪码
B_{m×m} = Linearly independent columns in A;
C_{m×(n-m)} = Rest (n - m) columns in A;
do{
    x_C = 0.8 · Random(1) · x_Cmax;
    x_B = (B\b - B\C · x'_C)';
} While (~ all (x_B > 0))
End While
x = [x_B, x_C];
```

（3）种群速度初始化

由于种群中粒子的当前位置是由当前的速度和前一次的位置共同确定的，而为了使得粒子的当前位置还处于 $Ax = b$ 线性约束超平面内，种群粒子的速度应为齐次线性方程 $Ax = 0$ 的解。而同时由于粒子初始位置为非齐次线性方程 $Ax = b$ 的解，因而粒子初始速度的初始化可以通过式（2-16）前后两次粒子初始化成功后的位置相减来获得。

$$v = x(1) - x(0) \tag{2-16}$$

$x(1)$ 和 $x(0)$ 分为前后两次成功初始化的位置。但是，为了避免种群粒子在下次速度更新完之后越过可行解搜索域，需要对初始速度进行相应的速度大小限制，通过增加步长系数 λ 即可满足粒子每次速度更新后不会越过可行解搜索域。种群中粒子 i 的最大步长系数 λ_{imax} 可以通过式（2-17）得到。

$$\lambda_{imax} = \min(x_{jmax} - x_{ij})/v_{ij}|v_{ij} \geq \varepsilon, \ -x_{ij}/v_{ij}|v_{ij} < -\varepsilon, \ 0|-\varepsilon < v_{ij} < \varepsilon)$$
$$\tag{2-17}$$

如下是最大迭代步长更新伪码。

```
最大迭代步长更新伪码
    Function StepLength
For i = 0 To m
  For j = 0 To n
    if v_ij > ε
        λ(i, j) = (x_jmax - x_ij) / v_ij;
    else if v_ij < -ε
        λ(i, j) = (-x_ij) / v_ij;
    else
        λ(i, j) = 0; End For
  λ_imax = maxλ(:, j) End For
```

式（2-17）中，ε 为计算精度，用来避免 0 作为除数。如果所有的粒子在更新的时候都使用 λ_{imax}，相应的实验表明种群的局部搜索性能会逐渐减小，因而在本文，当粒子的 $\lambda_{imax} > 1$ 的时候，这部分粒子的更新步长系数重新被置为 1，而其他粒子保持不变。因而种群中粒子 i 的步长系数 λ_i 按式（2-18）进行更新。

$$\lambda_i = \begin{cases} \lambda_{imax} & \lambda_{imax} < 1 \\ 1 & \lambda_{imax} \geq 1 \end{cases} \tag{2-18}$$

因而粒子的位置更新可以用式(2-19)表示。

$$x_i(t+1) = x_i(t) + \lambda_i \cdot v_i(t+1) \qquad (2-19)$$

当变量 x 的维数超过 15 维时，生成满足 $Ax=b$ 且 $x>0$ 的种群粒子需要耗费大量的时间，且往往还得不到所要求的初始位置。然而大多数的时候，系数矩阵 A 中每行的耦合关系比较少，且其中存在大量的 0 系数，因此有些时候可以把矩阵 A 按行拆分成更小的矩阵或者行向量来更快实现种群粒子的初始化。

(4)种群速度更新机制

由于标准粒子群算法仅适用于无约束优化问题，在标准粒子群速度更新中遵循式(2-20)，种群中粒子速度的每一维分量是分别独立进行更新的。而在 HLPSO 算法中，种群中粒子速度的每一维分量是同步进行更新的，遵循式(2-21)。这样做的目的在于保证速度在每次更新后，仍能满足条件 $Av=0$，从某种程度上看这种速度更新机制是标准粒子群算法的简化，保持同一个粒子的速度各维度间同步。

$$v_{ij}(t+1) = w \cdot v_{ij}(t) + r_1 \cdot [pbest_{ij}(t) - x_{ij}(t)] + r_2 \cdot [gbest_j(t) - x_{ij}(t)]$$
$$(2-20)$$

$$v_i(t+1) = w \cdot v_i(t) + r_1 \cdot [pbest_i(t) - x_i(t)] + r_2 \cdot [gbest(t) - x_i(t)]$$
$$(2-21)$$

式(2-21)中，$v_i(t+1)$ 是粒子 i 在 $(t+1)$ 次迭代后的速度。假如在 t 次迭代后，$v_i(t)$ 仍然满足 $A \cdot v_i(t) = 0$，同时由于 $pbest_i(t)$ 和 $gbest(t)$ 是从可行解 $x(t)$ 中选取所得，依据线性理论可知，$[pbest_i(t) - x_i(t)]$ 和 $[gbest(t) - x_i(t)]$ 是齐次线性方程 $Ax=0$ 的解，因而由上述齐次线性方程 $Ax=0$ 解线性组合的 $v_i(t+1)$ 仍然满足 $A \cdot v_i(t+1) = 0$。按这种机制迭代的粒子能够一直保持在可行域中进行解的探索。

从上述分析可知，如果种群中粒子在可行域中的解起初就被初始化，保持上述的速度更新方式就能够保证种群中所有的粒子始终在可行域中进行探索。

2.2.3.3　种群拓扑结构的研究

拓扑结构对于粒子群算法的性能影响显著，尤其是种群的收敛性及搜索能力。而在实际过程中，对于复杂难优化的问题，要求种群有好的全局搜索能力；当种群定位到最优解附近位置时，要求加强局部探索能力，即获取精度更高的最优解。好的种群拓扑结构能够有效保证搜索初期在全局范围内避免种群早熟的探寻能力，以及搜索后期在局部范围内更精确的探寻能力。环形的拓扑结构[112]经常被用于粒子群算法，在该拓扑结构中，种群中的每个粒子邻域都可以有多种方式被选择。种群中粒子 k 最典型的环形邻域大小为 N，选择方法为环形结构中 k

粒子编号前 $N/2$ 和后 $N/2$ 个粒子为其邻域，但是往往这种邻域选择方法容易导致种群迭代过程中早熟。本文中，我们选择了一种名为单链环形邻域拓扑结构的粒子群，对于种群中粒子 k，邻域大小为 N，是由种群中粒子编号为 $k + 1$，$k - 2$，$k + 3$，$k - 4$，$\cdots$，$k + n - 1$ 和 $k - n$ 的粒子组成。这种拓扑结构，能够有效避免编号相邻粒子间的相互吸引。一种典型的邻域大小为 2 的种群拓扑结构如图 2 - 11 所示。

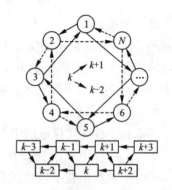

图 2 - 11　单链环形邻域拓扑结构图

通过实施上述选择邻域的策略，种群中粒子 i 的邻域最佳粒子记为 $lbest_i$。所以在 HLPSO 算法中，种群粒子的速度可以使用相关邻域最优位置的信息进行更新，如式(2 - 22)所示。

$$v_i(t + 1) = w \cdot v_i(t) + r_1 \cdot [pbest_i(t) - x_i(t)] + r_2 \cdot [lbest(t) - x_i(t)]$$

$$(2 - 22)$$

2.2.3.4　种群位置和速度扰动

在 HLPSO 粒子群中，对于当前粒子 i 最优位置 $pbest_i$ 以及速度 v_i 添加扰动能够在保持种群的多样性的同时，引导粒子飞向更优的位置而不破坏种群自身的组织结构。因为不管是粒子位置还是速度，添加扰动操作，仅仅是依据种群中粒子的历史最优位置 $pbest$ 进行的，而对于当前的粒子之间的相互关系并无影响，是一种改善种群搜索性能的方法。

（1）种群粒子位置扰动

种群中粒子位置扰动是通过三个粒子位置向量线性组合生成一个临时的粒子位置 $pbest_{temp}$ 实现的[113, 114]，如式(2 - 23)所示。其中两个粒子位置向量是从当前粒子最优位置池中随机选择，r 是区间(0，1)之间的随机数。通过对当前位置 $pbest_i$ 添加扰动，使得产生的 $pbest_{temp}$ 仍然满足 $\boldsymbol{A} \cdot pbest_{temp} = b$。之后扰动位置 $pbest_{temp}$ 会同相应的当前位置 $pbest_i$ 进行比较，如果扰动位置 $pbest_{temp}$ 相比当前位置 $pbest_i$ 在种群中有更好的适应度值，则粒子当前的最优位置 $pbest_i$ 就会被 $pbest_{temp}$ 替换。

$$pbest_{temp} = pbest_i + r \cdot (pbest_{rand1} - pbest_{rand2}) \qquad (2 - 23)$$

如下是对种群中各粒子历史最优位置添加扰动的伪码。

```
粒子历史最优位置扰动伪码
For i = 0 To SwarmSize
    do{
        r = U(0, 1);
        p₁ = Randi(SwarmSize);
        p₂ = Randi(SwarmSize);
        pbest_temp = pbest_i + r · (pbest_p1 - pbest_p2);
        } While(~ all(pbest_temp > 0)
End For
```

（2）种群粒子速度扰动

种群中对粒子速度的扰动是把当前速度通过一个称为速度状态矩阵[115]进行线性变化生成一个临时的粒子速度 v_{temp} 实现的，如式（2-24）所示。

$$v_{temp} = v_i \cdot \boldsymbol{v} / \parallel v \parallel \qquad (2-24)$$

矩阵 $\boldsymbol{v}$ 为速度状态矩阵，是一个 $m \times m$ 的方阵，m 即为粒子群的维数。速度状态矩阵 $\boldsymbol{v}$ 中的行是由从当前粒子速度池中随机选取出的 m 个粒子速度向量组成。因而当前的粒子速度 v_i 在速度状态矩阵 $\boldsymbol{v}$ 的转化下，能够向任何方向进行偏移，种群的局部搜索能力能够得到大大提高。而经过此扰动，生成的 v_{temp} 仍然能够满足 $\boldsymbol{A} \cdot v_{temp} = 0$ 条件。在此基础上，根据式（2-17）和式（2-18）确定每次迭代的步长，更新当前粒子的位置，产生一个新的 $pbest_{temp}$，如式（2-25）所示。最后，比较当前粒子的最优位置与新产生的 $pbest_{temp}$ 在种群中的适应度值，如果 $pbest_{temp}$ 较优，则用 $pbest_{temp}$ 替代原先的最优位置 $pbest_i$。

$$pbest_{temp} = pbest_i + \lambda \cdot v_{temp} \qquad (2-25)$$

如下是对种群中粒子添加速度扰动的伪码。

```
粒子速度扰动伪码
For i = 0 To m
    p₁ = Randi(SwarmSize);
    v(i, :) = v_p1;
End For
For i = 0 To SwarmSize
    v_temp = v_i · v/norm(v)
    λ_i = StepLength(v_temp)
    pbest_temp = pbest_i + λ_i · v_temp;
End For
```

2.2.3.5　全局搜索能力和局部探索能力平衡机制

粒子群算法在优化求解过程中，如果迭代前期收敛速度较快，则其迭代后期易陷入局部最优。由于种群随机初始化能够保证种群的多样性维持在较高水平，在迭代初期粒子适应度值的变化较大，能够快速飞行收敛到局部最优解附近。同时，当粒子向群体最优粒子靠近的过程中，粒子适应度值会变化缓慢或几乎不变化，这样种群多样性会处在较小的范围内，导致种群早熟、种群的寻优能力大幅下降甚至停止，即进入早熟停滞状态，因而保证种群的持续收敛是寻优求解的必要条件。

总体而言，从全局的视角出发平衡种群的全局搜索能力和局部探索能力，对种群的权重因子影响和速度更新策略进行了充分的考虑。一般而言，迭代初期需要保持种群有较强的全局搜索能力，种群的粒子能够尽可能分散在搜索域的各个角落；而迭代后期需要保持种群有较强的局部探索能力，种群的粒子能够尽快收敛到全局最优值附近，满足探索更高精度的优化解[116]。

粒子群算法中，高的权重因子就意味着粒子能够快速在搜索空间内移动，保证粒子能够到达搜索空间的任意位置。因而权重因子在迭代初期应该保持高的水平，而随着迭代次数的增加，权重因子逐渐降低到零。在 HLPSO 中权重因子的更新遵循式(2-26)。

$$w = \exp\left(-30 \cdot (k/MaxIter)^{10}\right) \tag{2-26}$$

在式(2-26)中，$MaxIter$ 是种群的总迭代次数，k 是当前的迭代次数。权重因子随着迭代次数的变化呈现一条 S 曲线。

在 HLPSO 中，粒子速度的更新是分段进行的。在迭代周期的前 90% 内，种群中粒子的速度更新遵循式(2-22)，这是为了增大种群中粒子的多样性；而在迭代周期的后 10% 内，种群中粒子的速度更新遵循式(2-21)，这是为了使种群中的粒子尽快收敛到最优解附近。因此上述的策略能够使得种群在迭代初期不易早熟，而在迭代末期能够快速收敛至全局最优解。

2.2.3.6　HLPSO 算法参数优化

针对氧气底吹连续炼铜多相平衡热力学模型特点，仍有以下问题值得探究：LPSO/GPSO 组合方式、粒子群规模和迭代次数对算法搜索性能的影响。

(1)LPSO/GPSO 组合方式

LPSO/GPSO 组合方式有："全局/局部"——先进行全局粒子群算法迭代；"局部/全局"——先进行局部粒子群算法迭代。

设定粒子群规模 400，迭代次数 500 次，绘制了两种子算法前后放置顺序和不同搭配比例对算法收敛性能的影响，如图 2-12 所示。

由图 2-12 可知，先进行 LPSO 迭代时，算法收敛速度较快，迭代结束时适应度值较小，即算法收敛性能较好。先进行 GPSO 迭代时，不同搭配比例对算法迭代后期影响较大，随着 LPSO 比例的增加，迭代结束时最小适应度值呈减小趋势。这是因为 LPSO 利用邻域内最优位置信息进行了粒子位置更新，避免粒子群内最优位置信息对种群多样性的破坏，使算法在迭代后期仍能逃避局部最优解的吸引，逐渐接近全局最优解。

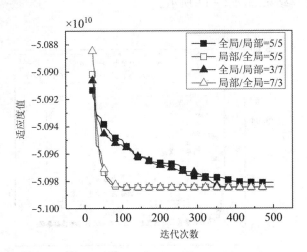

图 2 − 12　LPSO/GPSO 组合方式对算法收敛性能的影响

先进行 LPSO 迭代，其他算法参数保持不变，拓宽两种子算法搭配比例范围，研究不同搭配比例条件下算法收敛过程，如图 2 − 13 所示。可以看出，添加了 LPSO 的混合算法比仅使用 GPSO 进行迭代时收敛速度快，且计算结束时适应度

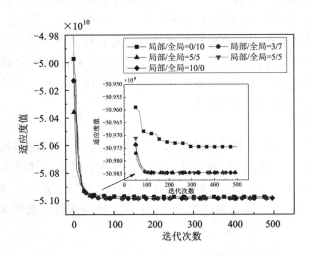

图 2 − 13　适应度值与局部/全局分配比例的关系

值小，但搭配比例对算法迭代多次影响较小。综合考虑粒子群算法的收敛速度和计算精度，设置算法前先进行 LPSO 迭代，两种算法搭配 LPSO/GPSO = 5/5。

（2）粒子群规模

设定 LPSO/GPSO = 5/5，粒子群规模分别为 200、400、600、800 情况下进行 500 次迭代，计算结果如图 2 – 14 所示。

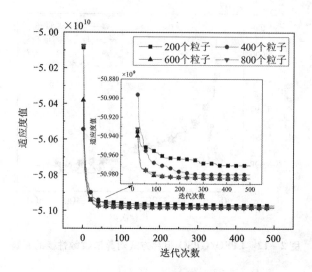

图 2 – 14　粒子群规模对算法收敛性能的影响

由图 2 – 14 可知，粒子群规模大小对算法迭代前期影响较小，适应度值均急剧降低至最优解附近。但在计算后期，随着粒子群规模的增加，最优解呈下降趋势，且下降幅度越来越小，即体系越来越接近热力学平衡。同时，随着粒子群规模的增加，计算消耗的时间也变长。这是因为随着粒子群规模增加，粒子群在迭代后期仍能保持较高的多样性，有较多的粒子继续进行最优解的开发，粒子增多，意味着每次迭代过程的计算量增加，所以消耗时间增加。为了兼顾计算效率和精度，选择最佳粒子群规模为 400。

（3）迭代次数

粒子群算法依靠种群粒子不断进行速度和位置更新而逐渐接近最优解，因此迭代次数设置是否合理，直接影响算法的收敛性能。针对上述热力学模型，设定粒子群算法 LPSO/GPSO = 5/5，粒子群规模 400，分别进行 100、300、500、700、1000 次迭代。绘制了不同总迭代次数下，适应度值与迭代次数的关系如图 2 – 15 所示。

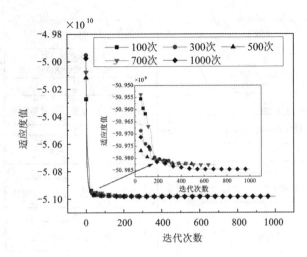

图 2 - 15　适应度值与迭代次数的关系

由图 2 - 15 可知，针对同一种优化问题，随着总迭代次数的增加，计算结束时适应度值减小，这是因为迭代次数越多，粒子在可行域内搜索时间越长，最终结果越接近最优解。但是，迭代次数越多意味着计算消耗时间越长。综合考虑计算效率和精度，选择最佳迭代次数为 500 次。

2.2.3.7　HLPSO 算法流程图

图 2 - 16 为 HLPSO 算法流程图。在 HLPSO 算法中，最先需要获取系数矩阵 A 和列向量 b，以及算法的相关设置参数。由于约束条件变量 x 非负的要求，同时 A 和 b 中的成员均为非负，对于变量 x 来说自然存在上界。保持变量 x 不超出上界保证了后续的迭代操作均约束在 $Ax = b$ 超平面内。之后即为最重要的两个步骤：种群初始化和种群过程迭代。

HLPSO 算法中种群的初始化包括粒子位置初始化和速度初始化。由于粒子初始位置是随机生成的，因而有一定的概率会初始化失败，直至初始化所有粒子的位置 x 在 0 与上界之间的区间内。而粒子的速度初始化即为两次粒子随机初始化的位置之差。在所有粒子均初始化成功后，选择种群中所有粒子位置中的最优位置为全局最优位置。上述种群初始化成功后，即进入种群过程迭代。

种群过程迭代即粒子学习过程，也即逐步靠近全局最优值的过程。每次迭代过程中，获取种群全局及粒子邻域最优位置用于粒子速度更新，而在速度更新过程中需要对速度做相应的限制，以免在位置更新时候跃出可行搜索区域。之后更新种群及粒子的历史最优位置，在此基础上从粒子池中随机选择粒子数据添加对当前粒子的位置和速度的扰动，以避免迭代前期陷入局部最优值，同时在迭代后

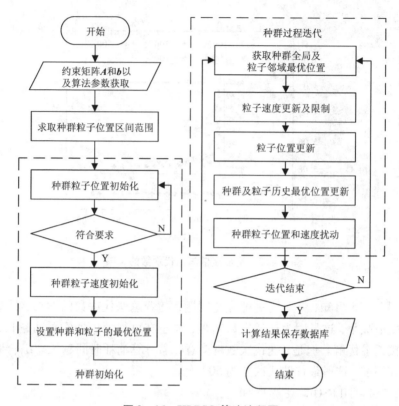

图 2 – 16 HLPSO 算法流程图

期能够加强粒子局部探索能力。

迭代次数达到后，种群更新结束，而最后种群中的历史全局最优位置很大可能即为所求解问题的全局最优值。

2.2.3.8 HLPSO 算法时空复杂度分析及用例测试

HLPSO 算法中假设问题维数为 n，种群大小为 m，迭代次数为 t。由于 HLPSO 算法中种群初始化同迭代次数无关，其耗时较少而不考虑种群初始化的时间复杂度。其计算耗时主要花费在种群粒子迭代过程中，对于问题维数为 n 且种群大小为 m 的粒子群，其单次迭代所需时间，记为 $T(m, n)$。

每次迭代过程中更新粒子速度公式(3 – 14)或公式(3 – 15)，大约需要执行 $2m \times (n+2)$ 步；而速度更新步长公式(3 – 10)与公式(3 – 11)大约需要执行 $m \times (2n+1)$ 步；位置更新大约需要执行 $m \times n$ 步；粒子历史最优位置以及种群全局最优位置更新大约需要执行 $m+1$ 步；粒子的位置和速度扰动大约需要执行 $2m \times (m+n+2)$ 步。则单次迭代时间大约为 $T(m, n) = 7m \times n + 2m \times m + 9m + 2n + 1$。

实际计算过程中，单次迭代时间 $T(m, n) = O(m \times n + m \times m)$，因而 HLPSO 算法整体时间复杂度为 $O(t \times m \times n + t \times m \times m)$。

假设 HLPSO 算法空间复杂度记为 $S(P)$，则可以写为 $S(P) = c + S_p$（实例特征），其中 c 是同实例无关的常数。对于 HLPSO 算法，其 S_p（实例特征）是与种群大小以及问题维数相关的函数。由于 HLPSO 算法中，需要两个双精度浮点数组存储粒子迭代过程中的信息，一个是存储粒子当前的位置、速度以及适应度值的信息，另一个是用来存储粒子历史最优位置以及种群全局最优位置。而这两个数组大小分别为 $m \times (2n+1)$ 和 $n \times (m+1)$ 的数组，因而其 S_p（实例特征）大小至少为 $4 \times (3m \times n + m + n)$ 个字节。

为了测试 HLPSO 算法与其他算法之间的计算性能的不同，从文献[112]中选取了式(2-27)的测试函数，其函数形式同本文数学模型类似，具有一定的代表性。

$$\min f(\vec{x}) = \sum_{i=1}^{10} x_i (c_i + \ln \frac{x_i}{\sum_{j=1}^{10} x_j})$$

$$\text{st.} \quad h_1(\vec{x}) = x_1 + 2x_2 + 2x_3 + x_6 + x_{10} - 2 = 0$$

$$h_2(\vec{x}) = x_4 + 2x_5 + x_6 + x_7 - 1 = 0$$

$$h_3(\vec{x}) = x_3 + x_7 + x_8 + 2x_9 + x_{10} - 1 = 0$$

$$0 < x_i < 1 \quad (i = 1, 2, \cdots, 10) \quad\quad (2-27)$$

其中 $c_1 = -6.089$，$c_2 = -17.164$，$c_3 = -34.054$，$c_4 = -5.914$，$c_5 = -24.721$，$c_6 = -14.896$，$c_7 = -24.100$，$c_8 = -10.708$，$c_9 = -26.662$，$c_{10} = -22.179$。

COPSO 算法是由 Aguirre、Zavala 等[112]提出的，ISRES 算法是由 Runarsson 和 Yao[117]提出的。此两种算法与 HLPSO 针对上述测试函数的测试结果的比较如表 2-8 所示。此外，HLPSO 算法搜索过程中迭代次数与适应度值之间的关系如图 2-17 所示。

表 2-8 HLPSO 算法、COPSO 算法和 ISRES 算法测试性能表

$f(x^*)$	测试最优值			测试平均值			测试最差值		
最优值	HLPSO	COPSO	ISRES	HLPSO	COPSO	ISRES	HLPSO	COPSO	ISRES
-47.761	-47.7611	-47.7611	-47.7611	-47.7611	-47.7414	-47.7593	-46.7611	-47.6709	-47.7356

文献[112]中给出的精确解为：

$x^* = (0.0407, 0.1477, 0.7832, 0.0013, 0.4853, 0.0007, 0.0274, 0.018, 0.0373, 0.0968)$

而使用 HLPSO 算法每次都能收敛到上述最优解附近，10 次测试的平均最优

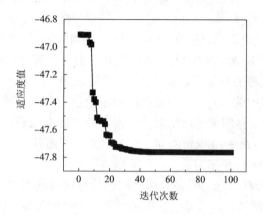

图 2 – 17　迭代次数与适应度值的关系

解为：$x = (0.0407，0.1477，0.7831，0.0014，0.4853，0.0007，0.0274，0.018，0.0373，0.0968)$，由此可见与文献中给出的精确解几乎一样，说明 HLPSO 算法是可行有效的。

　　由图 2 – 17 可以知道，HLPSO 算法很快就能够搜索到全局最优值附近，在总计 100 次迭代内，大约 40 次迭代后就收敛到了全局最优值，收敛速度快，具有较高的搜索效率。由上述比较可知，HLPSO 算法在处理约束方面的内在特性时，种群能够始终保持在可行域内，搜索效率相比于 COPSO 和 ISRES 性能大大提高，其稳定性也好于其他两种算法，因而 HLPSO 算法适合本文的所提出的数学模型的求解。

2.3　数值模拟建模及研究方法

　　本文主要研究熔池内高温熔体与氧气之间的多相流行为和气泡生长行为及变化，所以，对模型进行部分简化并作出适当假设，可以使复杂多相流动、气泡生长频率、气泡破裂和融合规律等的研究更加便利。本节通过建立合适的物理模型、选择精准的数学模型，为底吹炉内部多相流的数值模拟、炉内气泡的生长行为及参数优化奠定基础。

2.3.1　物理模型及网格划分

　　氧气底吹炉是一座可以转动的卧式圆筒炉，结构示意图如图 1 – 8 所示。稳定生产时，熔体处于炉腔下部，其前段为反应区，后段为液相澄清区。反应区底端氧气通过喷枪吹入熔池，为熔池提供剧烈搅拌。

本文以氧气底吹炉为对象，建立合适的物理模型。氧气底吹炉内部尺寸为 $\phi 3.5$ m $\times 15$ m；氧枪直径为 0.03 m，共 9 支，分两排交叉布置，单排间距为 1.0 m，分别与竖直方向成 $7°$（5 支）和 $22°$（4 支）夹角；熔体高度为 1.4 m。

本文主要研究底吹熔池熔炼过程，假设初始状态时熔池静止，忽略熔池内复杂的化学反应，忽略物料添加和锍渣放出对熔池的影响，同时也忽略炉壁的热量损失[67]。为了精简计算，分析时选用底吹炉切面进行数值模拟研究，其他边界条件和物理性质参数均与生产基本情况相同，具体物理模型如图 2 - 18 所示。

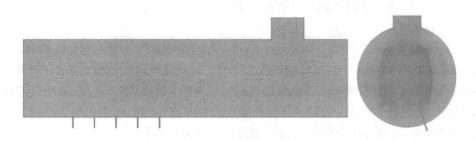

图 2 - 18　氧气底吹炉切面物理模型

2.3.2　数学模型及求解策略

2.3.2.1　数学模型

氧气底吹熔炼过程是多相流体流动的湍流过程，涉及能量传递、相分布等过程。为使模拟流体运动的结果更准确、更符合实际，本文所选择的数学模型包括多相流模型、湍流模型、传热模型控制方程及壁面控制方程等。本文采用二维非稳态和压力 - 速度耦合 PISO 算法进行模拟计算。

1）基本控制方程

（1）流体力学的连续性方程

$$\frac{\partial \rho}{\partial t} + \nabla (\rho \mathbf{V}) = 0 \qquad (2-28)$$

式中：ρ 为密度，kg/m^3；$\mathbf{V} = (u, v, w)$，表示坐标系 $X = (x, y, z)$ 中的流体速度，m/s。

（2）流体力学的动量方程

$$\frac{\partial}{\partial t} \rho v + \nabla (\rho v v) = -\nabla p + \nabla [\mu \nabla v + \nabla \mathbf{u}^{\mathrm{T}}] + \rho \mathbf{g} + \mathbf{F} \qquad (2-29)$$

式中：p 为压力，Pa；$\mathbf{F}$ 为作用于控制容积上的体积力，N；g 为重力加速度，m/s^2；v 为流体速度，m/s；μ 为有效黏度，Pa/s。

3）流体力学的能量方程

$$\frac{\partial}{\partial t}\rho E + \nabla g[\,v\rho E) + p\,] = \nabla g(k_{\text{eff}}\,\nabla\,T) + S_{\text{h}} \qquad (2-30)$$

式中：S_{h}为体积热源相；E可表示为

$$E = \frac{\displaystyle\sum_{q=1}^{n}\alpha_{\text{q}}\rho_{\text{q}}E_{\text{q}}}{\displaystyle\sum_{q=1}^{n}\alpha_{\text{q}}\rho_{\text{q}}} \qquad (2-31)$$

其中，E_{q}由各相的比热容及温度决定。

2）VOF 模型

VOF 模型引入相函数（phase function），类似百分数的概念。在流体相中，总相函数取值为 1，若单元中一流体相取值为 1，则其他流体相取值为 0；在相界面位置，其相函数值来确定在相函数取 0 到 1 之间，各相流体的相函数取值之和仍为 1。在该控制方程中，通过求解气相体积分数的连续性方程来描述气液两相之间的界面追踪。假设气相为第 q 相，则方程可以描述如下：

$$\frac{\partial\alpha_{q}}{\partial t} + v_{q}g\,\nabla\,\alpha_{q} = \frac{S_{\alpha_{q}}}{\rho_{q}} + \frac{1}{\rho_{q}}\sum_{q=1}^{n}(m_{pq} - m_{qp}) \qquad (2-32)$$

式中：ρ_{q}为 q 相的密度，kg/m^{3}；α_{q}为 q 相的体积分数，%；v_{q}为 q 相的速度，m/s；m_{pq}为 p 相到 q 相的质量输送，kg；m_{qp}为 q 相到 p 相的质量输送，kg；$S_{\alpha_{q}}$为源项。该方程受到如下约束：

$$\sum_{q=1}^{n}\alpha_{q} = 1 \qquad (2-33)$$

3）湍流模型

当气体从喷枪喷入熔池，该过程具有高度复杂的不规则、有旋性、三维性、扩散性和耗散性的湍流流动。在湍流运动现象中，速度、压力及温度等描述流体运动状态的各种物理参数都随时间与空间发生随机、任意的变化，这在自然界中和工程技术领域中随处可见。

前文分析表明 Realizable $k-\varepsilon$ 模型对于氧气底吹熔炼过程中的多相多场流动模拟更接近实验结果，更符合湍流运动的规律。在湍流模型中通用的 k、ε 的输运方程分别如下所示。

湍动能方程（k 方程）：

$$\frac{\partial(\rho k)}{\partial t} + \nabla g(\rho Uk) = \nabla g(\alpha_{k}\mu_{\text{eff}}\,\nabla\,k) + G_{k} - \rho\varepsilon \qquad (2-34)$$

湍动能耗散率方程（ε 方程）：

$$\frac{\partial(\rho k)}{\partial t} + \nabla g(\rho U \varepsilon) = \nabla g(\alpha_\varepsilon \mu_{\text{eff}} \nabla \varepsilon) + C_{\varepsilon 1}\frac{\varepsilon}{k}G_k - C_{\varepsilon 2}\rho\frac{\varepsilon^2}{k} - R \quad (2-35)$$

式中：$R = \dfrac{\rho C_\mu \eta^3(1-\eta/\eta_0)\varepsilon^3 \varepsilon^2}{(1+\beta\eta^3)k}$，$\eta$ 为湍流和平均拉伸的时间尺度之比，且有

$\eta = \dfrac{Sk}{\varepsilon}$，$S = (2S_{ij}S_{ij})^{1/2} = (G/\mu_e)^{1/2}$；$G_k$ 是湍流动能产生率；B 为体积力；α_k 和 α_ε 是 k 方程和 ε 方程的湍流 Prandtl 数；μ_{eff} 为有效黏度，如式（2-17）所示

$$\mu_{\text{eff}} = \mu + \mu_i \quad (2-36)$$

$$\mu_i = C_\mu \rho \frac{k^2}{\varepsilon} \quad (2-37)$$

其中，μ 为动力黏度，湍动能 $k = \dfrac{1}{2}\overline{u_i u_j}$；湍流耗散率 $\varepsilon = \mu\overline{\dfrac{u_i u_j}{\partial x_i \partial y_j}}$；$C_{\varepsilon 1}$、$C_{\varepsilon 2}$、$C_\mu$ 为经验常数，采用 Launder 和 Spalding 的推荐值，如表 2-9 所示。

表 2-9 湍流模型中 $k-\varepsilon$ 系列各常数

模型	C_μ	$C_{\varepsilon 1}$	$C_{\varepsilon 2}$	α_k	α_ε
Realizable $k-\varepsilon$	变量	1.44	1.90	1.0	1.2

2.3.2.2 定解条件及求解策略

（1）边界条件及物性参数

网格生成后导入 ANSYS Fluent 软件中，设定入口和出口边界条件，并对求解类型、数学模型、物理性质参数等明确规定。边界条件如表 2-10 所示，物理性质参数如表 2-11 所示。

表 2-10 边界条件设定

边界	边界类型	设定值	其他
入口条件	质量入口边界条件 – mass – flow – inlet	0.73 kg/s	湍流强度和湍动能耗散率均为 5%，水力学直径为 0.03 m
出口条件	压力出口边界条件 pressure – outlet	–85 Pa	微负压
壁面边界条件	标准壁面函数 standard wall functions	—	采用无滑移壁面边界条件，认为壁面处流速为 0

表2-11 熔炼炉内熔体和气体的物理性质参数

物质	密度 /(kg·m⁻³)	温度 /K	黏度 /(kg·m⁻¹·s⁻¹)	表面张力 /(N·m⁻¹)	比热容 /(J·kg⁻¹·K⁻¹)	热导率 /(W·m⁻¹·K⁻¹)
氧气	理想可压	300	1.9×10^{-5}	—	952.44	0.0245
空气	理想可压	300	1.428×10^{-4}	—	1.0×10^{3}	0.0241
水	1000	298	0.8937	0.072	4200	0.0599
熔体	5220	1473	0.004	0.33	607	0.035

（2）求解策略

使用 ANSYS Workbench 中的自带软件 Geometry-Design Modeler 建立物理模型，用 ICEM CFD 软件进行网格划分，并采用 Tecplot 360 和 CFD - post 软件进行数据结果的后处理。为提高计算精度，对模型进行定时间步长为 0.0001 s 的瞬态计算，模型选择如表 2 - 12 所示。

表2-12 求解模型及策略

求解类型	瞬态
Multi-phase model	VOF model
Turbulent model	Realizable $k - \varepsilon$ turbulent model
Discretization scheme	2st order upwind
Pressure-Velocity Coupling Scheme	PISO
Pressure Discretization	PRESTO

2.3.3 数学模型验证

2.3.3.1 氧枪根部气泡形态验证

模型验证一般情况下都是 CFD 数学模型的验证，是判断结果准确与否的主要因素。因此选择合适的模型至关重要，依据科研人员[65-68]的模型验证，目前更适合气液多相流运动的模型是 VOF 模型，更符合炉内不规则运动的湍流模型是 Realizable $k - \varepsilon$ 模型，选择合适的模型就可以得到理想的模拟结果。

根部气泡，即直接在喷嘴上形成，并沿喷嘴侧壁铺散开的原始气泡。在气流量较小时（即处于气泡流区）根部气泡即原始生成的气泡，其最大吹尺寸随供气量的增加而增大。但是有一个极限，达到这一极限尺寸后，根部气泡在喷嘴侧壁铺散开的面积不再增加[118]。底吹浸没式喷枪口出来的瞬间会形成一个大的椭球形气泡，即氧枪根部气泡，气泡形态是衡量模拟结果正确性的重要参数。

　　氧枪根部气泡对比如图 2 - 19 所示，图 2 - 19(a)为本文计算得到的根部气泡形态，符合图 2 - 19(b)[69]和图 2 - 19(c)[68]验证的结果。因此认为，本文为模拟底吹熔炼炉内的多相流行为所建立的模型是可行的。

图 2 - 19　氧枪根部气泡比较

(a)本文模拟氧枪根部气泡形态；(b)文献[69]结果；(c)文献[68]结果

2.3.3.2　气泡上浮形变验证

　　气泡在黏性液体中的自由上浮，是由于气泡下表面的压力大于上表面的压力，在所产生的浮力作用下，开始上浮。本文的模拟结果与前人的研究成果[67, 119 - 123]进行对比验证(图 2 - 20)，验证数学模型选择的准确性。

　　由图 2 - 20 可知，由于压力差的存在，使得初速度为 0 的气泡在液体中开始上浮。在气泡上升初期，这种压力差和气泡的边界作用对气泡运动和形变影响较小。然而随着气泡上升，上下表面压力不平衡，使得气泡具有一定的加速度，导致下表面向上的速度大于上表面，气泡底部的压力使气泡底部向上凹陷，气泡形状从圆形变成"帽子"似的形状，最终导致周围液体穿透气泡上表面，破裂成两个小气泡。图 2 - 20 显示了气泡自由上浮时的速度矢量变化，其中速度矢量方向一般都垂直于气泡外表面，且气泡中间方向的速度矢量方向集中其速度值大，这是导致气泡破裂的主要因素。气泡两侧的速度矢量呈横向发展趋势，分散而且速度较小，这是导致气泡下表面向内凹陷并引起气泡发生形变的主要因素。

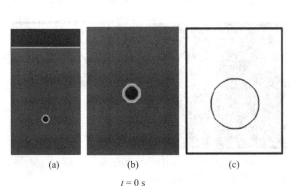

单气泡上升过程形变

(a)　　　　　(b)　　　　　(c)

$t = 0$ s

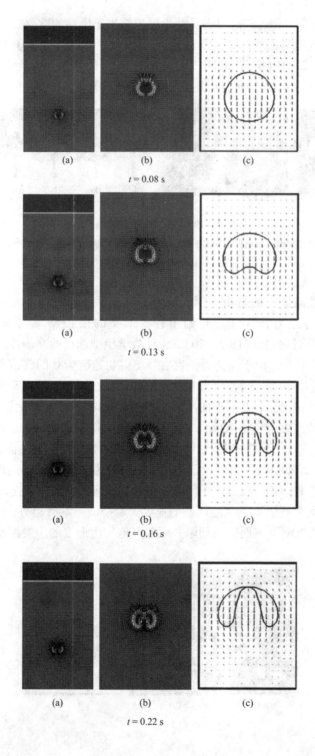

(a)   (b)   (c)

$t = 0.08$ s

(a)   (b)   (c)

$t = 0.13$ s

(a)   (b)   (c)

$t = 0.16$ s

(a)   (b)   (c)

$t = 0.22$ s

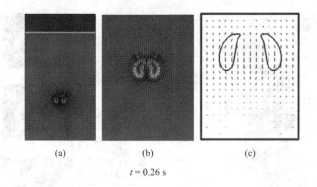

$t = 0.26$ s

图 2 - 20　气泡形变结果与文献[121]的对比验证

(a)气泡自由上浮结果；(b)为(a)中气泡放大图；(c)文献[121]中的气泡形态

Grace[123]指出气泡在黏性液体中的运动主要通过三个量纲为一的数来表征：莫顿(Morton)数(Mo)、爱奥特沃斯(Etvos)数(Eo)以及雷诺(Reynolds)数(Re)。其中三者之间的关系为：

$$Mo = \frac{g\mu^4}{\rho_f \sigma^3} \tag{2-38}$$

$$Eo = \frac{\rho_f g d^2}{\sigma} \tag{2-39}$$

$$Re = \frac{\rho_f U d}{\mu_f} \tag{2-40}$$

式中：σ 为表面张力系数；d 为气泡直径；ρ_f 为外部流体密度；μ_f 为外部流体运动黏度；U 为气泡运动速度。

文献[121]按照不同 Mo、Eo 和 Re 数、不同的工况下进行实验，将模拟分析的气泡形状变化与实验的气泡形态进行对比，结果一致。本文的模拟结果与文献[121]中的实验结果及科研成果，在误差允许的范围内，符合程度较高，如图 2 - 21 所示。

综上所述，本文所计算的气泡自由上浮的形变过程，符合前人对气泡形变机理的分析，验证了模型的准确性。

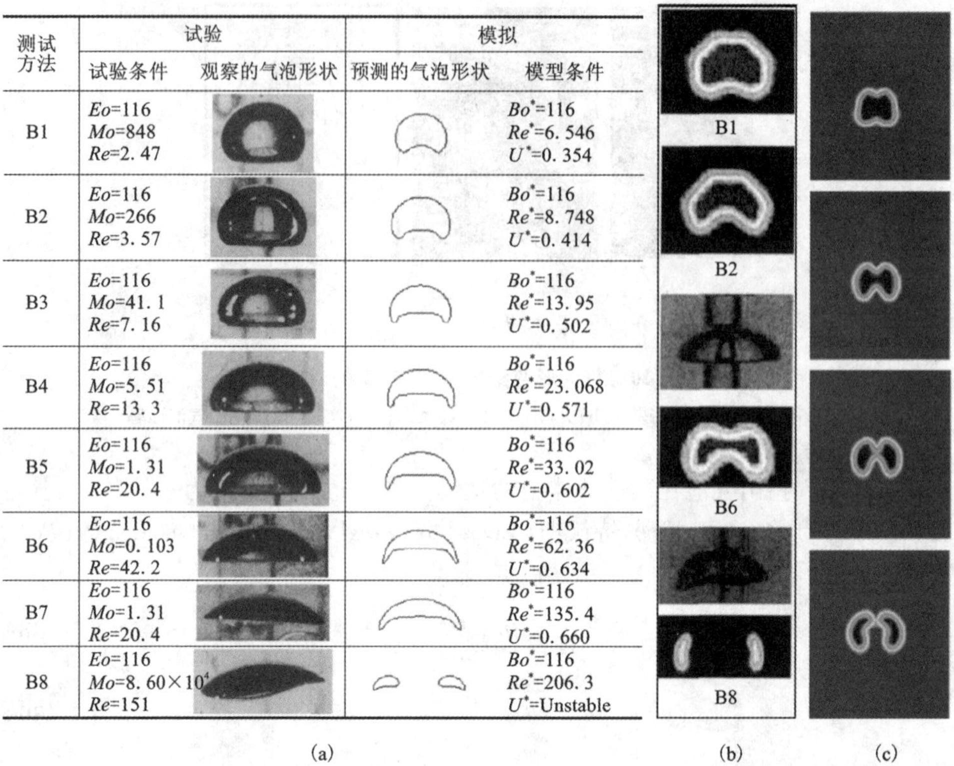

测试方法	试验		模拟	
	试验条件	观察的气泡形状	预测的气泡形状	模型条件
B1	$Eo=116$ $Mo=848$ $Re=2.47$			$Bo^*=116$ $Re^*=6.546$ $U^*=0.354$
B2	$Eo=116$ $Mo=266$ $Re=3.57$			$Bo^*=116$ $Re^*=8.748$ $U^*=0.414$
B3	$Eo=116$ $Mo=41.1$ $Re=7.16$			$Bo^*=116$ $Re^*=13.95$ $U^*=0.502$
B4	$Eo=116$ $Mo=5.51$ $Re=13.3$			$Bo^*=116$ $Re^*=23.068$ $U^*=0.571$
B5	$Eo=116$ $Mo=1.31$ $Re=20.4$			$Bo^*=116$ $Re^*=33.02$ $U^*=0.602$
B6	$Eo=116$ $Mo=0.103$ $Re=42.2$			$Bo^*=116$ $Re^*=62.36$ $U^*=0.634$
B7	$Eo=116$ $Mo=1.31$ $Re=20.4$			$Bo^*=116$ $Re^*=135.4$ $U^*=0.660$
B8	$Eo=116$ $Mo=8.60\times10^{2}$ $Re=151$			$Bo^*=116$ $Re^*=206.3$ $U^*=$Unstable

(a)   (b)   (c)

图 2-21 气泡形态模拟结果与文献[67, 121]的对比验证结果

(a)文献[121]的结果；(b)文献[67]的模拟结果；(c)本文气泡形态模拟结果

2.3.4 气泡上浮的受力状况分析

在氧气底吹熔炼过程中气体流量是恒定的。自由上浮的气泡会受浮力、气液对流、气泡与孔口表面张力的作用，如图 2-22 所示。

在静止流体中，如果气体流量较低，那么液体黏度和对流可以不考虑，则可认为气泡所受的浮力和表面张力平衡。假设静止流体中的气泡为球形，则有

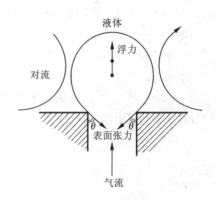

图 2-22 锐孔处作用于气泡的力[124]

$$\frac{1}{6}\pi d_{\mathrm{b}}^{3}g(\rho_{\mathrm{f}}-\rho_{\mathrm{g}})=\pi D_{0}\sigma \tag{2-41}$$

式中：d_{b} 为气泡释放时的直径，m；ρ_{f} 和 ρ_{g} 分别为液体和气体的密度，$\mathrm{kg/m^{3}}$；D_{0} 为孔径，m；σ 为表面张力，$\mathrm{N/m}$；θ 为垂线和孔上气泡表面的夹角。为了简化计算，设 $\theta=0°$，则 $\cos\theta=1$，可得到：

$$d_{\mathrm{b}}=\left[\frac{6\sigma D_{0}}{g(\rho_{\mathrm{f}}-\rho_{\mathrm{g}})}\right]^{1/3} \tag{2-42}$$

实验证明，$Re\leqslant200$ 时，适用于式（2-42）。这里 $Re=\dfrac{\rho_{\mathrm{f}}v_{0}D_{0}}{\mu_{\mathrm{f}}}$，为基于锐孔的雷诺数，$\mu_{\mathrm{f}}$ 为液体的动力黏度，v_{0} 为气体在锐孔处的平均速度，$v_{0}=4Q/\pi D_{0}^{2}$。式（2-42）可以改写成

$$\frac{d_{\mathrm{b}}}{D_{0}}=c\left[\frac{4\sigma}{(\rho_{\mathrm{f}}-\rho_{g})gD_{0}^{2}}\right]^{1/3} \tag{2-43}$$

式中：$c=(1.5)^{1/3}=1.15$；$r_{\mathrm{b}}=\dfrac{d_{\mathrm{b}}}{2}$。

事实上，气泡所受的力不局限于浮力和表面张力两种，因此 c 的取值存在差异，文献表明式中 c 的值接近于 1。

2.3.5　模拟数据处理方法

2.3.5.1　评价分析指标

熔池气含率，即熔池内部气相占气液总体积的百分比，是气液两相流动的基本参数之一。在氧气底吹炉内，氧气是参与化学反应的气体，气液接触面积越大，熔池内反应速度越快。而高的熔池气含率，意味着大的气液交互接触面积及高的气相浓度。因此，熔池气含率是熔池内的重要评价指标之一，在氧气底吹多相模拟中具有重要作用。

熔池内流体平均速度，即熔池内部气液混合物的流体速度平均值，可以直接体现熔池搅拌效果。氧气底吹炉中喷吹的氧气不仅参与冶金化学反应，也提供了炉内熔体搅拌的主要动力。增大速度能够强化熔池内反应物的均匀混合。因此，熔体平均速度也是一个重要评价指标。

熔体平均湍动能，即湍流速度涨落方差与流体质量乘积的 1/2。体现了湍流的运动与变化，也体现了湍流的混合能力。其计算公式为：

$$k=\frac{1}{2}m\overline{\boldsymbol{u}_{i}'\boldsymbol{u}_{i}'} \tag{2-44}$$

式中：m 为流体质量，kg；$\boldsymbol{u}_{i}'$ 为湍流脉动速度，$\mathrm{m/s}$。

2.3.5.2 气泡直径处理

对图片进行处理，读入到 Image-Pro Plus 软件中，通过定位标尺及所需测量参数的设定，最终测得所需要的参数[125]。

熔池内部相分级从 19 等级(图 2-23)简化降到 3 级(图 2-24)。简化的相分布认为 $w(Cu_2S) < 0.45$ 的部分是气体相，$w(Cu_2S) > 0.55$ 的部分为熔体相。将 3 级相分布图片经

彩图2-23

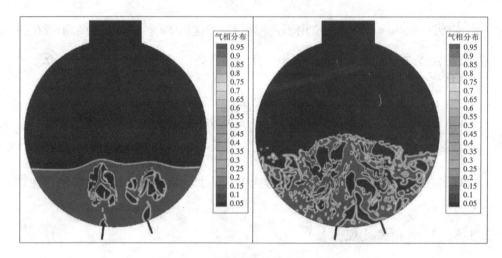

图 2-23 熔池内部相分布(19 等级)

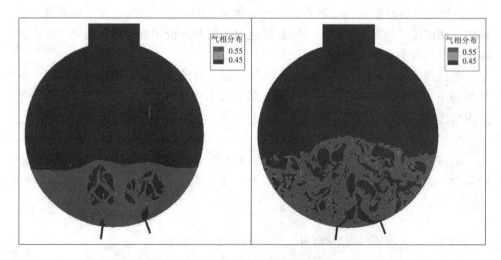

图 2-24 熔池内部相分布(3 级)

过处理，只留下熔池内部的气体相的颜色，然后导入到 Image-Pro Plus 软件中，通过定位标尺和设定所需测量参数，最终测得所需要的参数结果。由于熔池内反应剧烈，气泡并不规则，因此采用单个气泡的当量直径作为熔池内部气泡的直径。

2.4 本章小结

本章主要介绍了本文的研究方案和研究方法，主要结论有：

（1）基于氧气底吹炼铜工艺特性、最小吉布斯自由能原理以及合理假设，建立了一个可以预测氧气底吹炼铜工艺中多元素分配及组分间相互关系的多相平衡数学模型。

（2）针对所述多相平衡数学模型的特点，从粒子群局部和全局搜索能力平衡、线性约束处理机制、种群拓扑结构、算法参数优化四个方面对基本粒子群算法进行改进，开发了一种可以处理带高维线性约束非凸优化问题的改进粒子群优化算法（highly dimensional and linearly constrained PSO for non-convexity problem, HLPSO）。在保证求解精度的同时，能快速计算出结果，且对初值无要求。

（3）针对氧气底吹炉内流体流动特性，选择了合适的数值模拟软件和模型，并通过氧枪根部气泡形状对比，验证了本文建立的数学模型可有效模拟底吹炉内的多相流行为。

第二篇

氧气底吹炼铜过程机理与调控

第3章 氧气底吹铜熔炼机理

由于氧气底吹铜熔炼过程中,富氧空气是从炉体底部直接鼓入熔体,气液交互作用剧烈,造锍、造渣及组元传质等过程复杂,目前对底吹炼铜过程的理解更多依赖生产经验,尚无系统性指导理论。

本章结合铜冶金热力学、底吹熔炼工艺特性等,深度剖析底吹熔炼过程机理,首次构建了底吹熔炼机理模型,并分析了熔炼体系中不同空间位点的氧势、硫势以及多相多组元在界面间的传质行为,为底吹铜熔炼提供理论指导。

3.1 铜火法冶金过程热力学行为

造锍熔炼是一个氧化过程,目的是将炉料中的铜富集到由 Cu_2S 和 FeS 组成的铜锍中,使部分铁氧化并造渣排出。通过构建铜造锍熔炼热力学氧势 - 硫势关系图,并进行深入剖析,阐明造锍熔炼过程的相平衡关系,以此作为深入研究富氧底吹的造锍熔炼机理的热力学基础。图 3 - 1 为日本学者 Yazawa 绘制的 1300℃ 时铜冶金过程 $Cu - Fe - S - O - SiO_2$ 系氧势 - 硫势热力学平衡图。

3.1.1 硫化矿分解

黄铁矿(FeS_2)是立方晶系,着火温度为 402℃,因此很容易分解。在中性还原性气氛中,FeS_2 在 300℃ 以上即开始分解;在大气中,通常在 565℃ 开始分解,在 680℃ 时,压力达 69.061 kPa。

黄铜矿($CuFeS_2$)是硫化铜矿中最主要的含铜矿物,其着火温度为 375℃,在中性或还原性气氛加热到 550℃ 或更高温度时开始分解,在 800 ~ 1000℃ 时完成分解。

$$2FeS_2(s) = 2FeS(s) + S_2(g) \qquad (3-1)$$

$$4CuFeS_2(s) = 2Cu_2S(s) + 4FeS(s) + S_2(g) \qquad (3-2)$$

3.1.2 硫化矿氧化

在现代强化熔炼炉内,炉料往往很快就进入高温强氧化区,高价的硫化物除了发生分解外,还会直接被氧化。

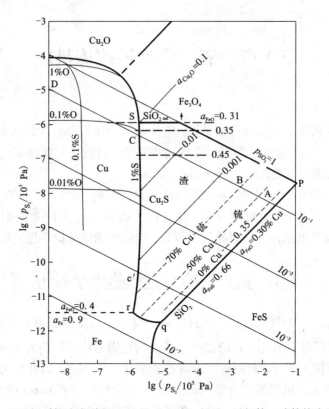

图 3-1　1300℃时铜冶金过程 Cu-Fe-S-O-SiO₂ 系氧势-硫势热力学平衡图

$$2CuFeS_2 + \frac{5}{2}O_2 =\!=\!= Cu_2S \cdot FeS + FeO + 2SO_2 \qquad (3-3)$$

$$2FeS_2 + \frac{11}{2}O_2 =\!=\!= Fe_2O_3 + 4SO_2 \qquad (3-4)$$

$$3FeS_2 + 8O_2 =\!=\!= Fe_3O_4 + 6SO_2 \qquad (3-5)$$

$$2CuS + O_2 =\!=\!= Cu_2S + SO_2 \qquad (3-6)$$

高价硫化物分解产生的 FeS 也被氧化：

$$2FeS(l) + 3O_2(g) =\!=\!= 2FeO(g) + 2SO_2(g)$$

$$\Delta G^{\ominus} = -966480 + 176.60T \ (J) \qquad (3-7)$$

在有 FeS 存在下，Fe_2O_3 也会转变为 Fe_3O_4：

$$10Fe_2O_3(s) + FeS(l) =\!=\!= 7Fe_3O_4(s) + SO_2(g)$$

$$\Delta G^{\ominus} = 223870 - 354.25T \ (J) \qquad (3-8)$$

Cu_2S 亦会进一步氧化，即：

$$2Cu_2S(l) + 3O_2(g) =\!=\!= 2Cu_2O(l) + 2SO_2(g)$$

$$\Delta G^{\ominus} = -804582 + 243.51T \text{ (J)} \tag{3-9}$$

在强氧化性氛围中，还会发生反应：

$$3FeO\,(l) + \frac{1}{2}O_2 =\!\!=\!\!= Fe_3O_4\,(s) \tag{3-10}$$

同时，Fe_3O_4 还可进一步与 FeS 反应：

$$3Fe_3O_4\,(s) + FeS\,(l) =\!\!=\!\!= 10FeO\,(l) + SO_2 \tag{3-11}$$

3.1.3 造锍反应

氧化产生的 FeS (l) 和 Cu_2O (l) 在高温下将发生反应：

$$FeS\,(l) + Cu_2O\,(l) =\!\!=\!\!= FeO\,(l) + Cu_2S\,(l)$$

$$\Delta G^{\ominus} = -144750 + 13.05T \text{ (J)} \tag{3-12}$$

一般来说，体系中只要存在 FeS，Cu_2O 就会转变成 Cu_2S，进而与 FeS 形成铜锍。

3.1.4 造渣反应

炉子中产生的 FeO 在 SiO_2 存在下，将按如下反应形成铁橄榄石炉渣：

$$2FeO\,(l) + SiO_2\,(s) =\!\!=\!\!= (2FeO \cdot SiO_2)\,(l) \tag{3-13}$$

炉内的 Fe_3O_4 在高温下能够和石英作用生成铁橄榄石炉渣，即：

$$FeS\,(l) + 3Fe_3O_4\,(g) + 5SiO_2\,(s) =\!\!=\!\!= 5(2FeO \cdot SiO_2)\,(l) + SO_2\,(g)$$

$$\tag{3-14}$$

3.2 氧气底吹铜熔炼机理——横向模型

通过深入分析底吹炉内流体动力学特性，并结合铜冶金过程热力学，构建了底吹熔炼机理模型，并分析了熔炼体系中不同空间位点多相多组分在界面间的传质行为。本节介绍底吹熔炼理论模型 I（横向模型），3.3 节介绍底吹熔炼理论模型 II（纵向模型）。

在底吹熔炼过程中，炉内多组元间进行激烈的化学反应。混合精矿和石英砂熔剂从炉体顶部加料口加入，富氧空气经氧枪由炉体底部鼓入，矿料和氧气对熔体产生剧烈的逆向作用，实现快速混合与氧化还原反应；同时由于鼓入的富氧空气压力较大（0.4~0.6 MPa），在上升过程中，对熔体不断产生作用、释放能量并把动能逐渐传递给熔体，使熔体内部产生稳定的流场，在气－液－固三相内部及三相之间的相界面，多组元进行快速传质及传热行为。

由于底吹炉内部为多相多组元的多场耦合体，其反应、传质及传热行为极为复杂。为便于直观认识底吹熔炼过程机理，经过对炉体反应区的横截面深入剖析,建立了铜富氧底吹熔池熔炼横向机理及多相界面传质模型(图3-2)。

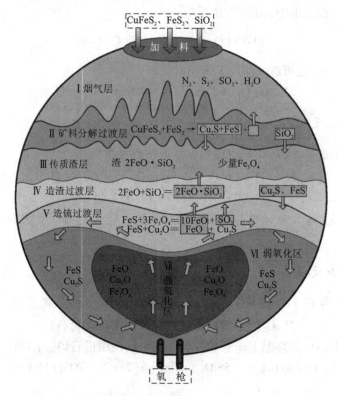

图3-2 铜富氧底吹熔池熔炼机理模型 I (横向模型)[6]

在模型中,炉体反应区横截面由上到下、由外到内分为四个主级层,分别为烟气层、矿料分解过渡层、渣层及铜锍层;同时渣层细分为传质渣层和造渣过渡层/区,铜锍层细分为造锍过渡层、弱氧化区和强氧化区,总计细化为七个次级层/区,各层的从属关系及功能如结构图3-3所示。

烟气层:主要成分为 SO_2、S_2、N_2 和 H_2O,$S_2(g) + 2O_2(g) \Longrightarrow 2SO_2(g)$

矿料分解过渡层:高价硫化物分解为低价硫化物及 S_2 气体

横向模型

渣层 { 传质渣层:主要成分为铁硅渣,多组元穿过渣层传质
造渣过渡层:功能为进行 FeO 与 SiO_2 的造渣反应

铜硫层 { 造锍过渡层:进行造锍反应 $FeS + Cu_2O \Longrightarrow FeO + Cu_2S$
弱氧化区:主要成分为 Cu_2S 和 FeS
强氧化区:部分 Cu_2S、FeS 氧化为 Cu_2O、FeO 和 Fe_3O_4

图3-3 横向模型中各层/区的从属关系及功能

3.2.1 烟气层

烟气层中的主要物质为 SO_2、H_2O、S_2、挥发性组分（Pb、Zn、As、Sb、Bi、Sn 等的挥发性硫化物、氧化物和单质）和矿料微细烟尘颗粒。混合精矿中含水 8%～10%，从加料口加入到降落熔体表面的过程中，料中水分不断被高温炉气快速加热，大量水蒸气进入烟气；熔体中反应产生的 SO_2、空气带入的 N_2 及矿料分解产生的 S_2 气体不断从熔体表面以气泡形式溢出；同时未反应完的 O_2 也从熔体中溢出，并与烟气中的 S_2 发生反应（3－16），烟气层中的部分挥发性硫化物及硫化物微颗粒也会被 O_2 氧化，见反应（3－17）。

$$H_2O\ (1) = H_2O\ (g) \tag{3-15}$$

$$S_2\ (g) + 2O_2\ (g) = 2SO_2\ (g) \tag{3-16}$$

$$Me_xS_{y(g/s)} + \left(\frac{xn}{2w} + y\right)O_2\ (g) = \frac{x}{w}Me_wO_{n(g/s)} + ySO_2\ (g) \tag{3-17}$$

3.2.2 矿料分解过渡层

由于熔体温度高达 1200℃，矿料落到炉渣熔体上面后，促使其中的部分高价硫化矿分解为低价硫化物和单质硫气体。

黄铜矿（$CuFeS_2$）是硫化铜矿中最主要的含铜矿物，其着火温度为 375℃，在中性或还原性气氛中加热到 550℃ 或更高温度时开始分解反应（3－18），在 800～1000℃ 时完成分解；黄铁矿（FeS_2）也是硫化矿中的主要矿相之一，为立方晶系，着火温度为 402℃，因此很容易分解，见反应（3－19），在中性或还原性气氛中，FeS_2 在 300℃ 以上即开始分解，在大气中通常在 565℃ 开始分解，在 680℃ 时，压达 69.061 kPa。

$$4CuFeS_2\ (s) = 2Cu_2S\ (s) + 4FeS\ (s) + S_2\ (g) \tag{3-18}$$

$$2FeS_2\ (s) = 2FeS\ (s) + S_2\ (g) \tag{3-19}$$

矿料中的石英砂主成分穿过矿料分解过渡层进入渣层以 SiO_2 形式参与造渣，熔体中的 SO_2、N_2、O_2 等气体也通过矿料分解过渡层传质进入烟气层。

3.2.3 传质渣层

渣层主要成分为铁橄榄石 $2FeO \cdot SiO_2$，主要为造渣过渡层中密度较轻的铁橄榄石上浮而形成的界面。1200℃ 时底吹炉渣的密度经式（3－20）计算为 3.81 g/cm^3，由于底吹铜锍密度在 5.1 g/cm^3 左右，该密度差利于渣锍的分离。

$$\rho = 5 - 0.03 \times [w(SiO_2) + w(Fe_2O_3)] - 0.02 \times [w(CaO) + w(MgO)$$
$$+ w(Al_2O_3) + w(Na_2O)] + 0.035w(Cr_2O_3)$$
$$- 0.01(T - 1200)\ (g/cm^3) \tag{3-20}$$

Cu_2S、FeS、$CuFeS_2$、FeS_2 等硫化矿相因自身密度较大及流场运动作用,通过渣层界面进一步向下传质。

3.2.4 造渣过渡层

造锍过渡层产生的 FeO 穿过界面和上面传质下来的 SiO_2 在本层进行造渣反应(3-21):

$$2FeO\ (l) + SiO_2\ (s) = (2FeO \cdot SiO_2)\ (l)$$
$$\Delta G = -38291 + 14.002T\ (J) \tag{3-21}$$

造渣生成的铁橄榄石渣 $2FeO \cdot SiO_2$ 会上浮穿过过渡界面进入渣层,铜锍层产生的大量 SO_2 气体以气泡形式穿过界面,对造渣过渡层有强烈的搅拌作用,促进造渣反应进行。

3.2.5 造锍过渡层

本层的主要功能为进行造锍反应,在氧枪喷吹及流场作用下,部分铜锍在强氧化区被氧化成 Cu_2O、FeO、Fe_3O_4 及 Fe_2O_3,其中 Cu_2O 传质到本层后与从上面传质下来的 FeS 发生氧化还原反应进行造锍,主要反应如下:

$$FeS\ (l) + Cu_2O\ (l) = FeO\ (l) + Cu_2S\ (l)$$
$$\Delta G = -144750 + 13.05T\ (J) \tag{3-22}$$

Fe_3O_4 和 Fe_2O_3 也会与 FeS 发生反应,具体反应如下:

$$3Fe_3O_4\ (g) + FeS\ (l) = 10FeO\ (l) + SO_2\ (g)$$
$$\Delta G = 637285 - 358.1T\ (J) \tag{3-23}$$

$$K_{1473K} = \frac{a_{FeO}^{10} \cdot p_{SO_2}}{a_{FeS} \cdot a_{Fe_3O_4}^3} = 1.194 \times 10^{-3}$$

$$10Fe_2O_3\ (s) + FeS\ (l) = 7Fe_3O_4\ (g) + SO_2\ (g)$$
$$\Delta G = 223870 - 354.25T\ (J) \tag{3-24}$$

如图 3-4 所示,反应(3-23)和反应(3-24)自发进行的最低温度分别为 1779.63K(1506.48℃)和 631.95K(358.8℃),且 1200℃时反应(3-23)和反应(3-24)的平衡常数 K 很小,因此 Fe_3O_4 很难单纯被 FeS 还原;此时造渣过渡层的 SiO_2 穿过界面进入造锍过渡层,捕获造锍过渡层中 FeO 并生成稳定的 $2FeO \cdot SiO_2$,如反应(3-25),能有效降低 FeO 的活度,促进 Fe_3O_4 的还原。

$$FeS\ (l) + 3Fe_3O_4\ (g) + 5SiO_2\ (s) = 5\ (2FeO \cdot SiO_2)\ (l) + SO_2\ (g)$$
$$\Delta G = 220386 - 153.05T\ (J) \tag{3-25}$$

温度高于 1439.96K(1166.81℃)时反应(3-25)即可自发进行,且该区离反应核心区近,温度较其他区更高,1300℃时反应(3-25)的平衡常数 K 为 31.74,可有效促进 Fe_3O_4 的还原,降低熔体中的 Fe_3O_4 的含量。

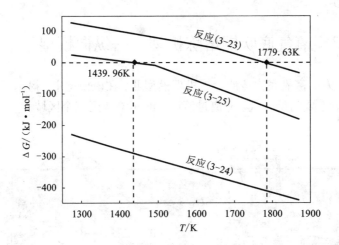

图 3 - 4　底吹熔炼过程反应自由能变化

3.2.6　弱氧化区

弱氧化区在反应区中占的空间较大，以氧枪上升气流为轴线，如机理模型 I 所示，由内向外发散，形成流体循环圈，其主要功能为：使多组元在反应区内部循环，并不断从其他功能层/区向强氧化区传递含硫组元进行氧化反应。如大量的 FeS、Cu_2S 等依次穿过渣层、造渣过渡层及造流过渡层的界面并与造锍过渡层的产物 Cu_2S 混合，经循环系统传质进入强氧化区，强氧化区产生的大量热经循环系统向其他功能层/区传递；同时在造锍过渡层未反应完的少量 Cu_2O、Fe_3O_4 及 Fe_2O_3 会部分进入弱氧化区，参与循环并被还原为 Cu_2S、FeO 等。总之，该区主要承担向强氧化区传递 S 元素及向外部功能层/区传递热量的作用。

3.2.7　强氧化区

强氧化区发生剧烈的氧化反应，经弱氧化区传质过来的 FeS 被氧化脱硫生成 FeO，甚至少量 FeO 会进一步被氧化为 Fe_3O_4 及 Fe_2O_3，部分 Cu_2S 也被氧化为 Cu_2O，氧化过程释放大量热量。具体反应如下：

$$2FeS\ (l) +3O_2\ (g) =\!\!= 2FeO\ (l) +2SO_2\ (g) \tag{3-26}$$

$$2Cu_2S\ (l) +3O_2\ (g) =\!\!= 2Cu_2O\ (l) +2SO_2\ (g) \tag{3-27}$$

$$6FeO\ (l) +O_2\ (g) =\!\!= 2Fe_3O_4\ (g) \tag{3-28}$$

生成的 Cu_2O、FeO、Fe_3O_4 及 Fe_2O_3 随着流场作用分别进入其他功能层/区参与反应。该区主要功能为：把部分 O_2 转化为氧化物 Me_xO_y，并以 O_2 和 Me_xO_y 形式向其他功能层/区传递 O 元素，反应产生大量热能并向外传递，以维持炉内高温熔体的热平衡。

3.3 氧气底吹铜熔炼机理——纵向模型

图 3-5 为铜富氧底吹熔池熔炼机理模型 Ⅱ，在该模型中，揭示了底吹炉的纵向分区情况，主要为反应区、分离过渡区、液相澄清区三个区域。

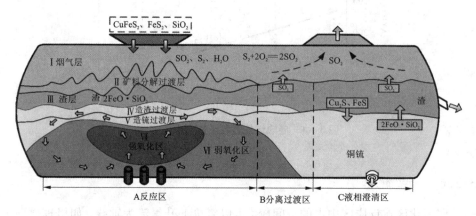

图 3-5 铜富氧底吹熔池熔炼机理模型 Ⅱ（纵向模型）[6]

3.3.1 反应区

反应区的功能结构与机理模型 Ⅰ 基本一致，由上到下分为七个功能层/区，该区熔体波动大，熔体在内部快速流动，强氧化区生成的 Cu_2O、FeO、Fe_3O_4 在喷入氧气的动力作用下沿着箭头方向循环，在界面间快速迁移；在上升到造锍过渡层时，Cu_2O、Fe_3O_4 被 FeS 还原成 Cu_2S 及 FeO，FeO 在 SiO_2 作用下进行造渣反应，生成的铁橄榄石进入渣层；同时，在造锍过渡层中生成的 SO_2 穿过熔锍和熔渣层进入烟气层，也为铁橄榄石的上浮提供动力；在矿物分解过渡层分解的 Cu_2S 和 FeS，由于其密度比渣层大而逐渐向下传质到弱氧化区，经循环体系进入强氧化区。

3.3.2 分离过渡区

分离过渡区主要承担从熔炼反应到渣/锍分离澄清的过渡作用，该区波动减弱，熔体较平稳，界面逐渐清晰。熔体分为四个功能层/区，分别为渣层、造渣过渡层、造锍过渡层及弱氧化区，同时在反应区还未反应完全的组元，过渡到该区继续反应，产生的 SO_2 微气泡汇集生长，穿过界面逐渐上浮进入烟气层。

3.3.3　液相澄清区

液相澄清区在炉体的另一端，放渣口和放锍口都处于该区，熔体波动较弱，上面熔体主要是渣层，下面主要是铜锍层。该区氧势较弱，反应行为基本已完成，熔体逐渐澄清分离，渣层中的微小铜锍滴聚集生长，向下沉积穿过渣/锍界面进入铜锍层，铜锍层中的铁硅渣微滴也聚集生长，上浮穿过界面进入渣层，熔体的微弱波动可为铜锍滴和渣微滴的迁移聚集及下沉上浮提供部分动力，有利于渣锍分离。

3.4　氧化还原介质反应传质模型

在底吹炉内铜锍相和渣相沿纵向、横向均处于一种非均匀、非稳态相平衡的状态，其中 O 元素和 S 元素的反应传质模型如图 3-6 所示。

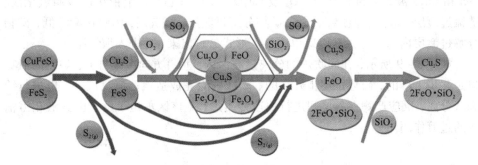

图 3-6　底吹体系中 O 元素和 S 元素的反应传质模型

3.5　氧势-硫势梯度变化

3.5.1　底吹炉内空间位点及路径构建

图 3-7 为底吹炉内各空间点位置，主要对反应区、分离过渡区及液相澄清区中的各功能能层进行分析，并将各点连成闭合路径进行比较。

3.5.2　各功能区间的氧势-硫势变化趋势

如图 3-8 所示，在底吹炉的反应区内，垂直方向由下自上，炉内的氧势是逐步下降的，而硫势是逐步升高的。反应的核心区即氧枪上部周围区域的氧势最

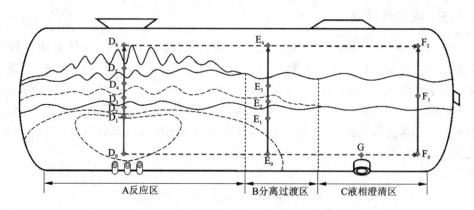

图 3-7　底吹炉内各空间位点置

高，鼓入的富氧气体与铜锍快速反应，实现强化熔炼过程。由于氧势过高，部分 FeS 和 Cu_2S 被氧化为 FeO、Fe_3O_4 及 Cu_2O。反应核心区往上依次进入弱氧化区、造锍过渡层、造渣过渡层、渣层、矿物分解过渡层、烟气层，氧势逐渐降低，矿物分解过渡层内部分硫元素以硫单质气体形式分解出来，并进入烟气层。

　　如图 3-9 所示，在底吹炉的分离过渡区内，垂直方向由下自上，炉内的氧势也是逐步下降的，硫势是逐步升高的。该区内除完成造锍造渣反应外，也进行锍和渣分离，反应产物在各层间进行快速传质过程。该区承担了反应区到液相澄清区的过渡作用。

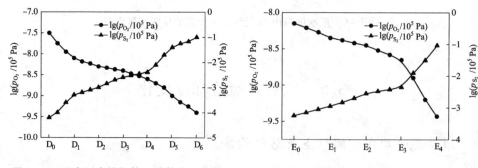

图 3-8　反应区内的氧势-硫势变化趋势　　图 3-9　分离过渡区内的氧势-硫势变化趋势

　　如图 3-10 所示，在底吹炉的液相澄清区内，垂直方向由下自上，炉内的氧势也是逐步下降的，硫势是逐步升高的。该区的渣层内铜锍微滴汇集、长大、沉降，锍层内的残留渣相逐步上浮进入渣层，且气相层的硫势较高，对渣层有一定的硫化作用，实现渣层锍层液相澄清。

在底吹炉炉底轴向路径水平方向上，如图 3 - 11 所示，$D_0 \rightarrow E_0 \rightarrow G \rightarrow F_0$ 氧势是逐步下降的，硫势是逐步升高的，由强氧化区、弱氧化区过渡到锍相的澄清区域，锍相的 Cu_2O、FeO 及 Fe_3O_4 含量逐渐减少。

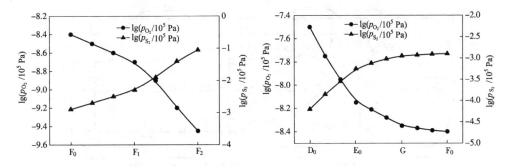

图 3 - 10　液相澄清区的氧势 - 硫势变化趋势　　图 3 - 11　炉底的氧势 - 硫势变化趋势

在底吹炉上部烟气层纵向路径水平方向，由于气相中组元的传质速度快，基本形成一体的均匀气相，$D_6 \rightarrow E_4 \rightarrow F_2$ 氧势、硫势变化很小，略微降低，如图 3 - 12 所示。其原因主要是由于矿相分解产生的 S_2 不断与从熔体中溢出的 O_2 反应，气相中 O_2 含量由 D_6 到 E_4 再到 F_2 不断减少，分解产生的 S_2 不断进入气相层，对澄清区的渣层有自还原作用，有利于降低渣中的含铜量。

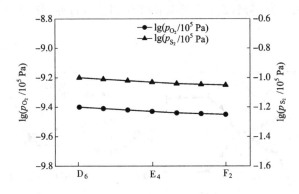

图 3 - 12　烟气层的氧势 - 硫势变化趋势图

3.5.3　炉内连续路径氧势 - 硫势变化趋势

为了便于分析整个炉内连续空间的氧势 - 硫势连续变化情况，将反应区、分离过渡区及液相澄清区三个区间的空间点连接起来，如图 3 - 13 所示，通过 D_6 和

E_4 两个点将反应区和分离过渡区连接，通过 E_0 和 F_0 两个点将分离过渡区和液相澄清区连接，组成一个连续的炉内路径，并经过氧枪喷气口、加料口、放锍口及放渣口等重要位点。

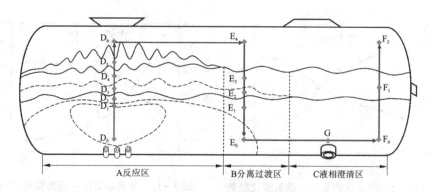

图 3－13　底吹炉内各点连续路径图

沿底吹炉内连续路径的氧势－硫势梯度变化情况如图 3－14 所示，在整个路径中氧枪上部强氧化区的 D_0 点氧势最高，大量的 FeS 和 Cu_2S 被氧化脱硫生成 FeO、Fe_3O_4、Fe_2O_3 和 Cu_2O，随着路径延伸，氧势先下降，然后上升，最后又下降，中间 D_6 至 E_4 区间出现一个氧势的平台，主要是由于该区间处于气相层，氧势变化很小；路径中的硫势变化与氧势变化趋势相反，先上升，然后下降，最后再上升，中间平台的硫势较高，主要是由于矿料分解过渡层产生大量的单质 S_2 气体进入烟气层。

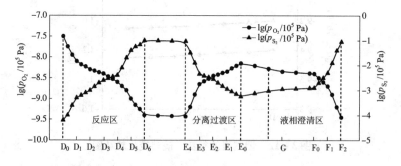

图 3－14　炉内连续路径的氧势－硫势变化趋势

根据扩散定律，在连续的稳态流条件下：

$$J_O = -D_O \left[\frac{d(p_{O_2})}{d(Z_1)} \right]_T \tag{3-29}$$

式中：J_0 为单位面积单位时间氧的扩散量；$d(p_{O_2})$ 表示在温度 $T(\mathrm{K})$ 下，在 Z_1 方向变动的二相间氧势差梯度；D_0 为扩散系数。

由图 3 − 14 可知，反应区的氧势差梯度要大于分离过渡区和液相澄清区的氧势差梯度，因此反应区的氧的传递流量 J_0 较其他两区也更大，同时在流场的搅拌作用下，反应区氧的传质更加迅速，可使连续鼓入的氧气与连续加入的矿料快速作用；同理硫的传质过程遵守相同规律。

这种炉内不同空间位点的氧势 − 硫势梯度变化状态，为熔炼过程非稳态多相平衡提供了热力学条件，保证了连续加料、连续鼓氧、放渣和放锍的动态生产过程的正常进行。

在动态的熔炼过程中，底吹炉内的氧势和硫势在纵向、横向方向上有梯度变化。炉内氧势、硫势分布对形成 Fe_3O_4 有显著影响，进而影响炉渣黏度等性质，从而最终影响渣含铜的含量，同时氧势、硫势的大小对于炉内反应热力学平衡影响显著。铜富氧底吹熔炼的平均温度在 1200℃ 左右，分析该温度下的 Cu − Fe − S − O − SiO₂ 系氧势、硫势优势图及相平衡关系，定性确定底吹熔炼炉内相对应的强氧化区、矿料分解区及熔炼平衡的氧势、硫势区域范围，如图 3 − 15 所示。

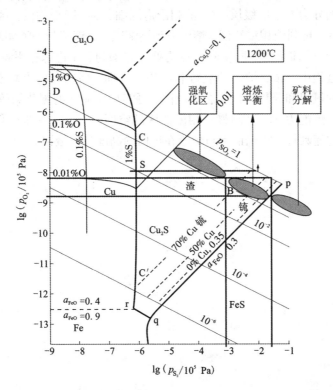

图 3 − 15　1200℃时铜富氧底吹熔炼 Cu − Fe − S − O − SiO₂ 系氧势 − 硫势热力学优势图

生产实践中通过优化工艺，控制各个区域的氧势和硫势在合理范围，强化熔炼机制，可同时保证较低的 Fe_3O_4 浓度，为底吹炉高效生产提供理论性指导。

3.6 本章小结

本章结合铜冶金过程热力学及氧气底吹铜熔炼工艺特性，构建了底吹熔炼机理模型，并分析了底吹炉内的氧势、硫势变化以及多元多相在界面的传质行为，为底吹铜熔炼提供理论指导。

（1）在机理模型 I 中，炉体反应区横截面由上到下、由外到内分为四个主级层，分别为烟气层、矿料分解过渡层、渣层及铜锍层；同时渣层细分为传质渣层和造渣过渡层/区，铜锍层细分为造锍过渡层、弱氧化区和强氧化区，总计细化为七个次级层/区，各层/区分别承担不同的功能，构成一个有机整体，共同完成底吹熔炼过程。

（2）在机理模型 II 中，揭示了底吹炉内沿轴线纵向分区情况，主要为反应区、分离过渡区、液相澄清区三个不同的功能区，其中反应区细分为七个次级层/区，分离过渡区细分为五个次级层/区，液相澄清区细分为三个次级层/区；从反应区到分离过渡区，再到液相澄清区，熔体波动逐渐减弱，铜锍与炉渣实现分离澄清。

（3）底吹熔炼体系内不同空间位点均处于非均匀、非稳态相平衡的状态。在动态的熔炼过程中，底吹炉内的氧势和硫势在纵向、横向方向上均有梯度变化，把各个区域的氧势和硫势控制在合理范围，可实现反应区的强化熔炼，进一步提高底吹炉的熔炼能力，同时调整液相澄清区的空间范围，进一步降低该区氧势，可改善炉渣的流动性，实现铜锍与炉渣在炉内的高度分离澄清。

第 4 章　氧气底吹铜熔炼过程调控

鉴于火法冶炼的复杂性，且相应的试验难以开展，因而可寻求借助计算机模拟技术的方法以获取工艺流程中详细物流清单和能量信息，以及各操作参数对于铜氧气底吹熔炼工艺产出率的影响。

在计算机模拟铜火法冶炼方面，对闪速炉、奥斯麦特炉等进行模拟的较多，关于氧气底吹炼铜进行模拟的报道还比较少。黄克熊等[29] 利用建立的闪速炉造锍熔炼过程热力学模型对铜锍品位、铜锍温度、渣中 $w(\mathrm{Fe})/w(\mathrm{SiO_2})$ 比进行模拟，模拟结果得到铜锍品位误差在 1.7% 以内，铜锍温度在 10℃ 以内。此外还探讨了富氧体积分数、精矿成分等因素对闪速熔炼过程的影响。Chamveha 等[25] 借助 METSIM 软件中特尼恩特炉模型对铜冶炼过程进行模拟，分析了铜精矿、熔剂、氧气、回转料等的加入速率对铜锍和渣中的铜含量的影响，同时得到了铜在铜锍及渣相中分布。另外，METSIM 作为一个应用范围非常广的冶金工艺流程模拟软件，已成功应用于各种不同的工艺过程，包括：铜、金、银的堆浸，CCD 逆流洗涤，铜、钴、锌等湿法冶炼项目工艺，盐酸工艺用于生产高纯氧化铝，亚熔盐清洁生产，稀土分离工艺以及铅、锌、镍熔炼等冶金相关的模拟。

在现代开发环境中，借助面向对象，封装了一系列实际生产单元的模型，在流程开发过程中调用模型并进行相应的配置，能够快速实现工艺流程的可视化及工艺的计算。借助 METSIM 构造了铜氧气底吹熔炼工艺过程模型并分析了不同操作因素如熔剂加入速率、富氧加入速率、精矿加入速率对铜氧气底吹熔炼段工艺性能的影响。

4.1　氧气底吹铜熔炼 METSIM 模型建立

氧气底吹炼铜法是具有中国自主知识产权的一种炼铜工艺，被誉为世界新型铜冶炼技术。采用一个卧式的转炉，氧气和空气通过底部氧枪连续送入炉内的铜锍层，炉料中的 Fe、S 不断被迅速氧化、造渣。硫生成二氧化硫从炉子的排烟口连续进入余热锅炉，经电收尘后进入酸厂处理。炉内产生的炉渣从端部定期放出，由渣包吊运至缓冷场，缓冷后进行渣选矿。生成的铜锍从侧面放锍口定期放出，由铜锍包吊运至 PS 转炉吹炼。

主要反应有:

$$4CuFeS_2 ===== 2Cu_2S + 4FeS + S_2 \qquad (4-1)$$

$$2FeS + 3O_2 ===== 2FeO + 2SO_2 \qquad (4-2)$$

$$6FeO + O_2 ===== 2Fe_3O_4 \qquad (4-3)$$

$$2FeO + SiO_2 ===== Fe_2SiO_4 \qquad (4-4)$$

工艺流程模型建立时必须选择正确的操作单元进行工艺流程组态,并调试模型中的参数使其预期结果尽量趋近于实际的生产数据,这样才能够保证模型的正确性。图 4 - 1 是用 METSIM 软件建立的工艺流程模型。

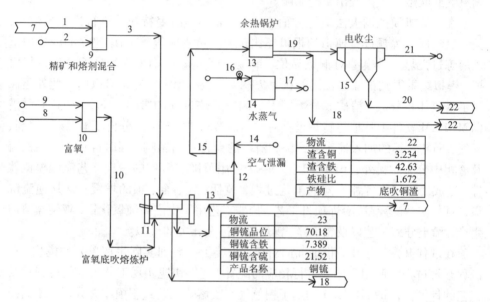

图 4 - 1 基于 METSIM 氧气底吹铜熔炼工艺流程模型

经调试正确后的工艺流程模型,计算可得到整个工艺流程的物质分布以及能量流动信息。在理想工况下,其通过模型计算的产出结果同实际生产比较接近,为了测试模型的可靠性,从生产现场采集数据作为验证。因为底吹熔炼的连续性,且是间断地放渣和放铜,同时铜锍品位、渣的含铜等的测定具有一定的时滞,因而所取数据为现场一天生产的平均值。

在初始条件投料为 74.176 t/h,熔剂配入 5.442 t/h,同时鼓入 11464.9 m³/h 富氧和 4852.9 m³/h 空气(富氧浓度为 75.05%),计算后可得到模拟的结果如表 4 - 1 所示。可以知道模拟结果非常接近实际生产结果,说明建立的模型具有一定的可靠性。

表 4 - 1　生产数据和模拟数据对比表

指标	生产数据	模拟数据
铜锍含铜/%	69.87	70.18
底吹炉渣含铜/%	3.05	3.23
铜锍温度/℃	1185	1192.1
铜渣 Fe_3O_4/%	20.79	21.38
底吹炉渣 $w(Fe)/w(SiO_2)$	1.71	1.672

4.2　操作参数对熔炼过程的影响

借助建立的模型，分别探讨了熔剂加入速率、富氧通入速率和精矿加入速率对铜精矿底吹熔炼工艺过程性能的影响，包括铜锍的温度、铜渣中 $w(Fe)/w(SiO_2)$、渣含铜等，以期通过建立的模型，寻找针对现在工艺比较合适的操作参数，也希望对现场调控有一定的指导意义。

4.2.1　熔剂加入速率对铜锍温度的影响

在实际生产中，熔剂加入速率是一个重要的操作参数，为了探究其对目标参数如铜锍温度、$w(Fe)/w(SiO_2)$ 等的影响，通过改变底吹熔炼过程中熔剂配入量，变化范围为 4.2 ~ 6.8 t/h，经过该工艺模型快速计算得到熔剂变化同各预期参数关系图。

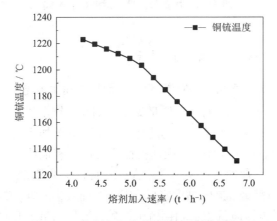

图 4 - 2　熔剂加入速率对铜锍温度的影响

从图 4-2 可知，随着熔剂加入速率的增大，铜锍的温度不断降低。起初温度下降幅度比较小，主要是由于 SiO_2 同 FeO 造渣生成 Fe_2SiO_4 是放热反应，而同时 SiO_2 熔化达到熔融状态需要吸收大量的热，当达到一定程度后，反应(4-4)趋于反应完全，过量的 SiO_2 熔融消耗大量的热，因而后期温度下降幅度较大。

4.2.2　熔剂加入速率对渣型的影响

从图 4-3 可知，随着 SiO_2 熔剂加入速率的增大，渣中 $w(Fe)/w(SiO_2)$ 逐渐下降，渣中 Fe_3O_4 质量分数先缓慢下降，后快速下降。由于富氧通入速率和精矿加入速率是固定的，渣中 FeO 总质量流量变化不大，随着 SiO_2 熔剂加入速率的增大，渣中 $w(Fe)/w(SiO_2)$ 必呈下降趋势。同时渣中 SiO_2 含量增大，会降低 FeO 的活度，降低反应(4-3)进行的程度，进而降低渣中 Fe_3O_4 的浓度。此外，SiO_2 的大量配入，也会增大总渣量，导致 Fe_3O_4 质量分数降低。

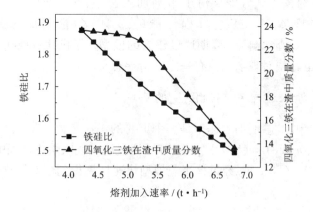

图 4-3　熔剂加入速率对渣型的影响

4.2.3　熔剂加入速率对铜锍的影响

从图 4-4 和图 4-5 可知，随着 SiO_2 熔剂加入速率的增大，铜锍品位变化不明显，在 70.2% 上下波动，而铜锍质量流量和铜锍中铜质量流量均呈先略微下降后上升的趋势。主要原因是在初始阶段随着 SiO_2 熔剂加入速率增大，总渣量增大，导致铜在渣中总损失量增大，因而铜锍质量流量和铜锍中铜质量流量均呈下降趋势；随着 SiO_2 熔剂加入速率继续增大，出现上升的拐点，主要是因为此时渣中 $w(Fe)/w(SiO_2)$ 降低，渣的黏度降低，铜锍沉降效果变好，Cu_2S 在渣中的机械夹杂量降低，所以铜锍质量流量和铜锍中铜质量流量均呈上升趋势。

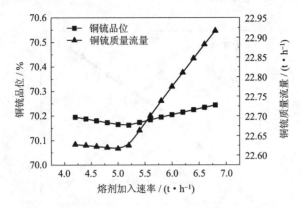

图 4 - 4 熔剂加入速率对铜锍品位和质量流量的影响

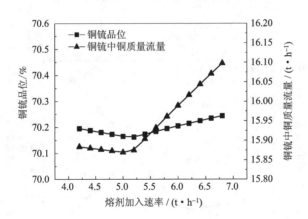

图 4 - 5 熔剂加入速率对铜锍中铜质量流量的影响

4.2.4 熔剂加入速率对渣含铜的影响

从图 4 - 6 和图 4 - 7 可知，随着 SiO_2 熔剂加入速率的增大，渣中铜的总损失是减少的，且随着 SiO_2 熔剂加入速率增大，其渣量的增加是显著的，渣的黏度的降低利于 Cu_2S 的沉降，导致渣含铜降低，铜直收率呈上升趋势。从上述可知，通过调节 SiO_2 熔剂加入速率可以达到调节铁硅比的目的，在一定范围内，降低铁硅比的同时能够降低铜的总损失，同时渣含铜也能够降低，且对铜锍品位影响不大，间接提高了铜直收率。但明显的缺点是渣量会显著增加，从而加大了渣选矿的工作量。同时，过量的 SiO_2 会消耗大量的热，使得熔池温度的降低，此时需要配入一定的燃料来维持熔池熔炼的温度。

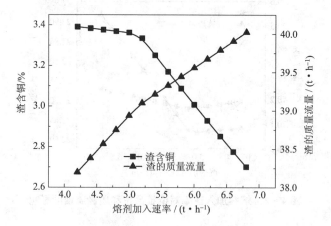

图 4 - 6　熔剂加入速率对渣含铜的影响

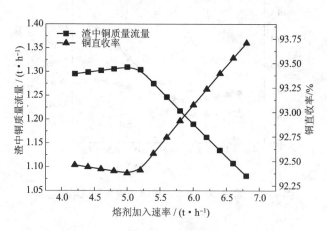

图 4 - 7　熔剂加入速率对铜直收率的影响

4.2.5　富氧通入速率对铜锍温度的影响

在熔炼阶段，通过控制富氧通入速率来调控铜锍的品位，富氧通入速率同熔炼效果的好坏直接相关，因而探究富氧对于预期目标参数的影响具有重要意义。通过控制富氧通入速率(10660～11960 m³/h)，分析其对底吹熔炼性能的影响。

从图 4 - 8 可知，随着富氧通入速率增加，炉内温度迅速上升。在富氧通入速率较低时，氧气相对来说不足，铜锍品位也会较低，铜锍中还有大量的 FeS 未被氧化，因而随着富氧通入速率增加，有利于反应式(4-2)向右进行，大量的 FeS 被氧化释放大量的热，导致炉内的温度迅速升高。

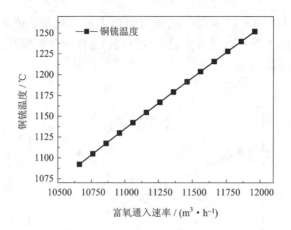

图 4-8 富氧通入速率对铜锍温度的影响

4.2.6 富氧通入速率对渣型的影响

从图 4-9 可知，随着富氧通入速率增加，渣型 $w(Fe)/w(SiO_2)$ 和渣中 Fe_3O_4 含量迅速升高，主要是由于充足的富氧使得大部分的 Fe 被氧化为 FeO 进入渣中，而此时 SiO_2 熔剂量不变，导致铁硅比升高。同时随着渣中 FeO 活度提高，且在氧

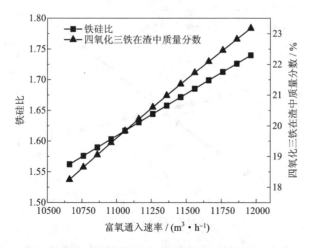

图 4-9 富氧通入速率对渣型的影响

气充足的情况下，反应(4-3)向右进行，导致大量 Fe_3O_4 生成。

4.2.7　富氧通入速率对铜锍的影响

从图 4-10 和图 4-11 可知，随着富氧通入速率增加，更多的 FeS 被氧化，导致铜锍品位不断上升；同时渣含铜也会升高，进而导致铜锍质量流量和铜锍中铜质量流量不断下降。

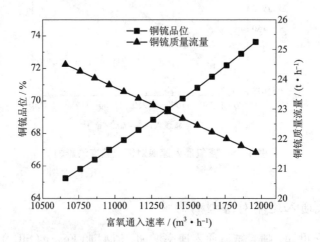

图 4-10　富氧通入速率对铜锍品位和质量流量的影响

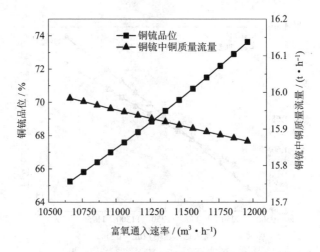

图 4-11　富氧通入速率对铜锍中铜质量流量的影响

4.2.8　富氧通入速率对渣含铜的影响

随着富氧通入速率增加, 产生了大量的 Fe_3O_4, 渣的黏度不断升高, 铜锍中大量的 Cu_2S 被夹杂在渣中, 渣含铜升高, 而且总渣量也在不断增加, 因此渣中损失的总铜量不断升高, 铜的直收率不断降低, 这些现象可以从图 4 - 12 和图 4 - 13 得到验证。

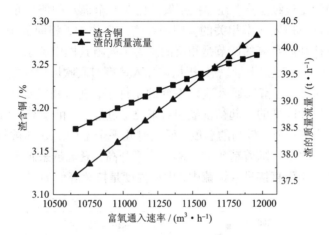

图 4 - 12　富氧通入速率对渣含铜的影响

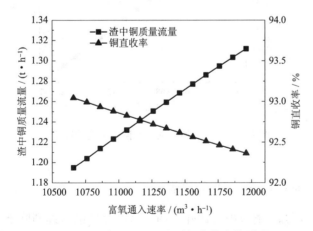

图 4 - 13　富氧通入速率对铜直收率的影响

在实际生产中, 如果铜锍品位偏低, 可以通过富氧通入速率来调节, 同时由于 FeS 氧化放热, 导致炉内温度的升高, 此时可以配入一定的冷料来维持炉内的热平衡。调高富氧通入速率，可以提高铜锍品位，但是需要控制在合理的范围内，随着富氧通入速率的提高，在精矿加入速率不变时，即氧矿比提高，会导致渣中 Fe_3O_4 含量的提高，因而在实际生产中，可配入少量的 SiO_2 熔剂，来维持 Fe_3O_4 含量处于比较低的水平。

4.2.9　精矿加入速率对铜锍温度的影响

为了实现稳定连续生产，往往控制氧矿比在一个稳定的值，可以知道精矿加入的速率是同富氧通入速率相关的。因而在实际操作中，相同的预期目标参数，对精矿的调节往往同富氧的调节是相反的。为了明晰其操作关系，控制精矿加入速率在 $63 \sim 76$ t/h 变化(干量)，分析精矿加入速率对底吹熔炼性能的影响。

从图 4 - 14 知，在富氧通入速率不变的条件下，随着精矿加入速率的增加，其炉内温度是持续降低的。起初富氧相对来说是过量的，由于充分氧化释放大量的热，炉内维持在一个比较高的温度，而此时几乎全部的 FeS 都被氧化，此时铜锍品位也处于高水平。随着精矿加入速率持续升高，氧气越来越不足，导致大量的 FeS 没有被氧化而直接进入铜锍中，因而温度是持续降低的。

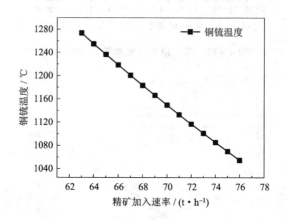

图 4 - 14　精矿加入速率对铜锍温度的影响

4.2.10　精矿加入速率对渣型的影响

从图 4 - 15 可知，铜渣中的铁硅比和 Fe_3O_4 含量也是逐渐降低的，一方面是由于起初充足的氧气导致渣中 Fe_3O_4 含量很高，但随着精矿加入速率增加，铜锍中 FeS 活度增大，对于反应(4 - 2)是有利的，大量的氧气被消耗，来不及把 FeO 氧化为 Fe_3O_4，另一方面是由于精矿中本来就有8%左右的 SiO_2，在精矿加入速率增加的过程中，精矿中的 SiO_2 进入渣中而使渣量增大，因而 Fe_3O_4 在渣中的质量分数是下降的。同时由于精矿中带入大量的 SiO_2 而使得渣中铁硅比呈下降的趋势。

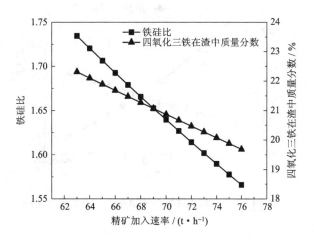

图 4 - 15　精矿加入速率对渣型的影响

4.2.11　精矿加入速率对铜锍的影响

从图 4 - 16 和图 4 - 17 可知，铜锍品位是不断降低的，而铜锍的质量流量是不断升高的，主要原因是大量的 FeS 未被氧化而直接进入铜锍相。同时精矿 $CuFeS_2$ 分解，生成大量的 Cu_2S 进入锍相，因而铜锍中铜的总质量流量是升高的。

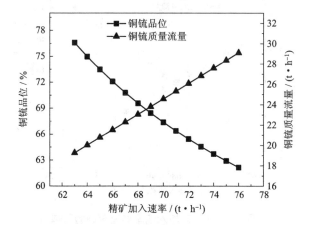

图 4 - 16　精矿加入速率对铜锍品位和质量流量的影响

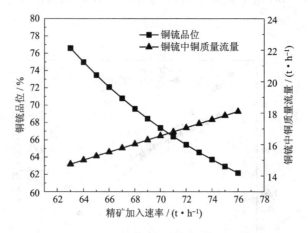

图 4-17 精矿加入速率对铜锍中铜质量流量的影响

4.2.12 精矿加入速率对渣含铜的影响

随着精矿加入速率增大，渣中 Fe_3O_4 含量下降，有利于降低渣的黏度，增加渣的流动性，对于 Cu_2S 机械夹杂的影响减小，铜在渣中损失减少，因而渣含铜随着精矿加入速率增大而下降，铜直收率升高，如图 4-18 和图 4-19 所示。

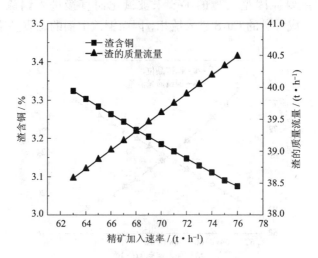

图 4-18 精矿加入速率对渣含铜的影响

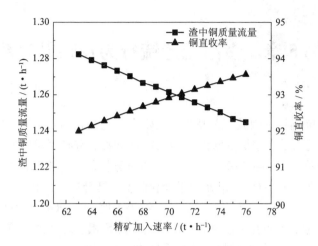

图 4 – 19　精矿加入速率对铜直收率的影响

在实际调节精矿加入速率的时候,要考虑到精矿中 SiO_2 成分对于预期目标参数的影响。随着精矿加入速率增加,渣中 $w(Fe)/w(SiO_2)$ 有一定下降趋势,这对于降低渣中 Fe_3O_4 的含量和渣含铜是有利的,但是铜锍的品位也会有下降的趋势,因而在调控时还需要适量加入更多的富氧进去。

4.3　本章小结

本章借助 METSIM 构造了铜氧气底吹熔炼工艺过程模型,分析了氧气底吹铜熔炼过程主参数的调控机制。

(1)通过构建基于 METSIM 的富氧底吹炼铜模型,借助建立的模型,探讨了熔剂加入速率、富氧通入速率和精矿加入速率对于目标参数(铜锍品位、铁硅比、渣含铜等)的影响,对于现场调控有一定的指导意义。

(2)通过模拟计算分析,熔剂可以作为铁硅比调节的主要操作参数,低铁硅比能够提高铜的直收率,但是后期渣选矿量加大,且需要配入更多的熔剂,增大了成本。

(3)富氧通入速率和精矿加入速率是一对相反的操作参数,高氧矿比能够获得品位较高的铜锍,但往往渣中 Fe_3O_4 含量偏高,不利于提高铜的直收率,而造高铁硅比渣型会减少渣量,若控制渣含铜在合理范围内,则可提高铜直收率。

第 5 章 多组元造锍行为及映射关系

氧气底吹炼铜技术因其工艺特性,主要生产高品位铜锍。为了精确调控铜锍成分,进而实现热量在熔炼 - 吹炼之间的精细调控,有必要对底吹工业铜锍中多组元造锍行为及相互映射关系进行研究。通过分析氧气底吹炼铜过程产生的高品位铜锍中 Cu、Fe、S、SiO_2 等组元含量变化趋势,结合冶金过程原理,研究上述各组元造锍行为及组元含量间的映射关系。结果表明:Cu、Fe、S、SiO_2 等组元在铜锍中的造锍行为具有相互关联性,其中 Cu、Fe、S 相互之间的关联性较强,Cu - Fe、Cu - S、Fe - S 含量之间线性相关系数 R^2 分别为 0.96、0.89、0.79,但 SiO_2 与 Cu、Fe、S 之间的关联性较弱。据此构造了 Cu、Fe、S 组元含量复合映射模型,该复合模型预测精确度高于单因素模型的预测精确度,可为生产过程中高品位铜锍多组元含量的精细调控及熔炼 - 吹炼过程热量精确分配提供指导。

5.1 理论函数式推导

铜锍是重金属硫化物的共熔体,其主要成分为 Cu_2S 和 FeS,还含有少量的杂质及微量脉石成分。熔融铜锍中的 Pb、Zn、Ni 等重金属是以硫化物形态(PbS、ZnS、Ni_3S_2)存在,而铁除了以 $FeS_{1.08}$ 形式(本文近似为 FeS)存在外,还有微量以氧化物(FeO 或 Fe_3O_4)形态存在。

本文涉及的高品位铜锍中 Cu 质量分数高达 65% ~ 75%,杂质成分非常少,可近似认为由 Cu_2S 和 FeS 组成,其熔体随温度变化过程符合 Cu_2S - FeS 二元系相图规律,如图 5 - 1 所示。

根据图 5 - 1,在 Cu_2S - FeS 二元系中,铜锍组成可视为 $[xCu_2S + yFeS]$,则其组元含量关系为式(5 - 1)和式(5 - 2)。

$$w_{Cu} + w_S + w_{Fe} = 100\% \tag{5-1}$$

式中:w_{Cu}、w_S、w_{Fe} 分别为铜锍中 Cu、S、Fe 的质量分数。

$$\frac{M_S}{2M_{Cu}}w_{Cu} + \frac{M_S}{M_{Fe}}w_{Fe} = w_S \tag{5-2}$$

式中:M_{Cu}、M_S、M_{Fe} 分别为铜锍中 Cu、S、Fe 的相对原子质量。

联立式(5 - 1)和式(5 - 2)可得出 w_{Cu}、w_S 和 w_{Fe} 之间的理论函数关系式:

$$w_{Fe} = 63.48\% - 0.80w_{Cu} \tag{5-3}$$

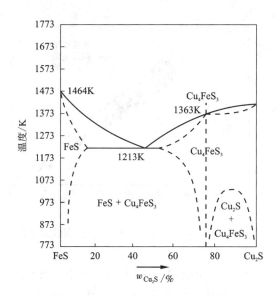

图 5-1　Cu_2S-FeS 二元系相图

$$w_S = 36.52\% - 0.20w_{Cu} \qquad (5-4)$$

$$w_S = 20.18\% + 0.26w_{Fe} \qquad (5-5)$$

氧气底吹炼铜技术生产高品位铜锍，为了精确调控铜锍成分，实现热量在熔炼-吹炼之间的精细调控，有必要对底吹高品位铜锍进行深入分析，明晰铜锍中多组元造锍行为的内在关联性，确定组元含量的映射关系。

5.2　单组元之间的映射关系

5.2.1　铜与铁之间的映射关系及分析

Cu 和 Fe 是铜锍中的主要元素，如图 5-2 所示为铜锍中 Cu 含量与 Fe 含量之间的映射关系及分析。当铜锍品位为 64%~76%（质量分数）时，w_{Fe} 随 w_{Cu} 的增加而降低，且表现出较强的线性关系。对 w_{Fe} 和 w_{Cu} 进行线性拟合，线性相关系数 R^2 为 0.96。式(5-6)为其拟合函数关系式。

$$w_{Fe} = 60.61\% - 0.77w_{Cu} \qquad (5-6)$$

w_{Fe}、w_{Cu} 的变化趋势符合铜冶金原理。由于熔炼过程为铜锍脱 S、脱 Fe 的过程，随着熔炼的进行，铜锍中的 S 和 Fe 不断被氧化，分别进入烟气和炉渣，导致铜锍中的 S 和 Fe 含量不断降低，铜锍品位不断升高。但采集的实际样本中数据与理论函数关系还是存在一定的偏差，如图 5-2 所示，数据点均位于理论线的下

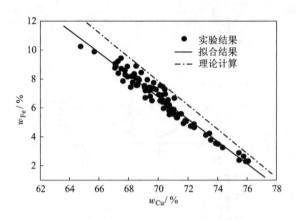

图 5 - 2　铜锍中 Cu 含量与 Fe 含量之间映射关系

方，且拟合式(5 - 6)中的常数项小于理论式(5 - 3)中的常数项，主要是因为实际铜锍中含有 SiO_2、CaO 等杂质；拟合式(5 - 6)中 w_{Cu} 的系数绝对值小于理论式(5 - 3)中 w_{Cu} 的系数绝对值，主要是因为实际铜锍中有少量 Fe 以 FeO、Fe_3O_4 等形式存在。

　　通过函数关系式(5 - 6)对铜锍中 w_{Fe} 进行预测分析，如图 5 - 3 所示预测值和实际值非常接近，整体趋势一致，w_{Fe} 值分布在 2% 至 11%(质量分数)之间；如图 5 - 4 所示绝对误差在 - 1% 至 0.75%(质量分数)之间；因为部分样本的 w_{Fe} 较小，基数小，虽然最大相对误差为 14%，但主体的相对误差 <5%，如图 5 - 5 所示，因此函数关系式(5 - 6)能较好地预测 w_{Fe} 与 w_{Cu} 的关系。

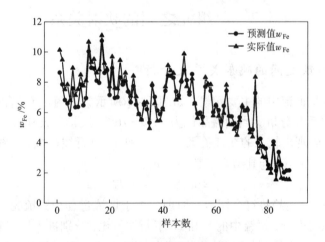

图 5 - 3　预测值与实际值之间的对比

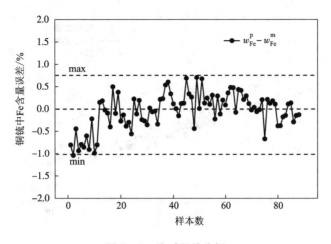

图 5-4 绝对误差分析

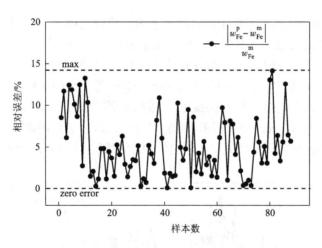

图 5-5 相对误差分析

5.2.2 铜与硫之间的映射关系及分析

图 5-6 为铜锍中 Cu 含量与 S 含量之间的映射关系。当铜锍品位为 64%~ 76% 时，w_S 随 w_{Cu} 的增加而降低，也表现出较强的线性关性。对 w_S 和 w_{Cu} 进行线性拟合，线性相关系数 R^2 为 0.89。式 (5-7) 为其拟合函数关系式。

$$w_S = 33.5\% - 0.18w_{Cu} \tag{5-7}$$

$w_{Cu} - w_S$ 的变化趋势符合理论过程。随着熔炼的进行，铜锍中的 S 不断被氧化进入烟气，铜锍品位不断升高。实际数据与理论函数关系也存在一定的误差，

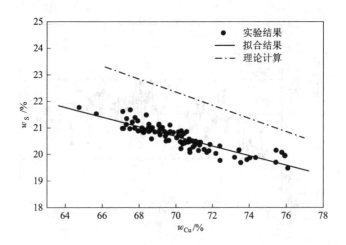

图 5-6 铜锍中 Cu 含量与 S 含量之间映射关系

如图 5-6 所示，数据点均位于理论线的下方，拟合式(5-7)中的常数项小于理论式(5-4)中的常数项，主要是因为实际铜锍中含有 SiO_2、CaO、FeO、Fe_3O_4 等杂质；拟合式(5-7)中 w_S 的系数绝对值小于理论式(5-4)中 w_{Cu} 的系数绝对值，主要是因为实际铜锍中还有少量 PbS、ZnS、Ni_3S_2 等其他的含硫组元。

通过函数关系式(5-7)对铜锍中 w_S 进行预测分析，预测值也非常接近实际值，如图 5-7 所示；w_S 分布在 19.5% 至 21.8% 之间，绝对误差为 ±0.5%，如图 5-8 所示；最大相对误差为 2.7%，主体的相对误差 <1.5%，如图 5-9 所示，较

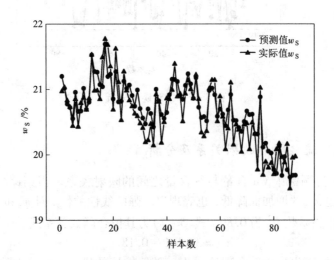

图 5-7 预测值与实际值之间的对比

好地预测了 w_S 与 w_{Cu} 的关系。

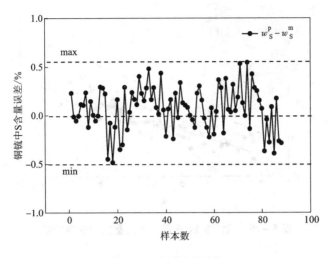

图 5 - 8　绝对误差分析

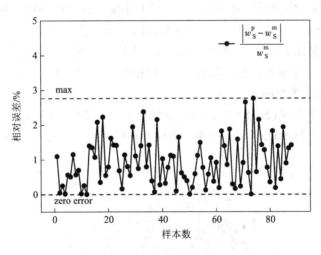

图 5 - 9　相对误差分析

5.2.3　铁与硫之间的映射关系及分析

如图 5 - 10 所示为铜锍中 Fe 含量与 S 含量之间的映射关系及分析，w_S 随 w_{Fe} 的增加而降低。对 w_S 和 w_{Fe} 进行线性拟合，线性相关系数 R^2 为 0.79。式(5 - 15) 为其拟合函数关系式。

$$w_S = 19.13\% + 0.23w_{Fe} \qquad (5 - 8)$$

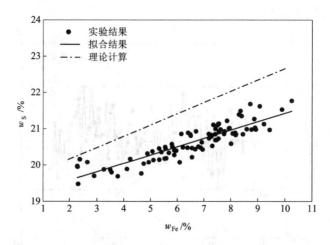

图 5 - 10　铜锍中 Fe 含量与 S 含量之间映射关系

$w_{Fe} - w_S$的变化趋势不同于$w_{Cu} - w_S$的变化趋势。主要是因为 FeS 中 S 的质量分数为 36.52%，Cu_2S 中 S 的质量分数为 20.18%，相差 16.34%，随着铜锍中 Fe 增加，FeS 形式的 S 含量会增加，Cu_2S 形式的 S 含量会减少，但增加的幅度大于减少的幅度，整体上呈w_S增加趋势，斜率为正值。实际数据和理论关系比较一致，但也存在一定偏差，主要是因为实际铜锍中含有 SiO_2、CaO、FeO、Fe_3O_4、PbS、ZnS、Ni_3S_2 等杂质。

通过函数关系式(5-8)对w_S进行预测分析，如图 5-11 所示，预测值接近实际值；绝对误差为 ±0.5%，如图 5-12 所示；最大相对误差为 2.5%，主体的相

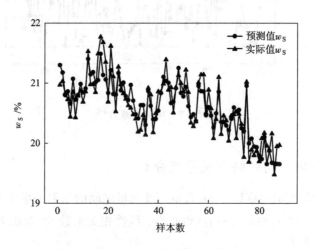

图 5 - 11　预测值与实际值之间的对比

对误差 <1%，如图 5-13 所示，较好地预测了 w_{Fe} 与 w_S 的关系。

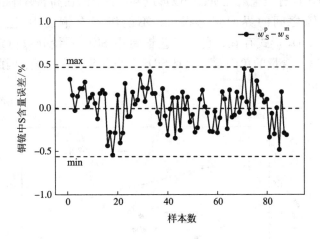

图 5-12　绝对误差分析

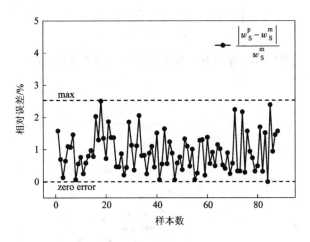

图 5-13　相对误差分析

5.2.4　其他次要映射关系

铜锍中组元含量之间除了有主要映射关系，还有其他次要映射关系。铜锍中含有少量的 SiO_2 杂质，$w_{SiO_2} - w_{Cu}$、$w_{SiO_2} - w_S$、$w_{SiO_2} - w_{Fe}$ 的关系分别如图 5-14、图 5-15、图 5-16 所示，随着 Fe、S、Cu 含量的变化，SiO_2 含量的变化并未呈现出一定的规律性，其拟合的线性相关系数 R^2 很小，分别为 2.53×10^{-4}、$2.26 \times$

10^{-6}、7.76×10^{-3}，因此无法建立可信的函数关系式。造成这种现象的主要原因是，Cu_2S 和 FeS 具有类金属性质，可以形成共熔体，而在高温熔体内 SiO_2 属于酸性介质，与铜锍之间的界面张力很大，不能溶解在铜锍中，主要以夹带的 $2FeO \cdot SiO_2$ 和 SiO_2 形式存在，底吹工艺铜锍中 SiO_2 质量分数恒定在 0.3% 至 1.2%，Fe、S、Cu 含量的单因素变化对 SiO_2 含量几乎没有影响，因此本文不对其进一步预测分析。

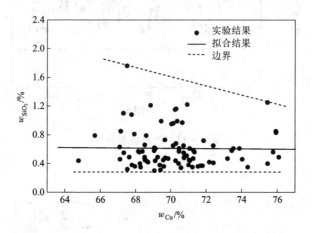

图 5 – 14　铜锍中 SiO_2 含量与 Cu 含量之间映射关系

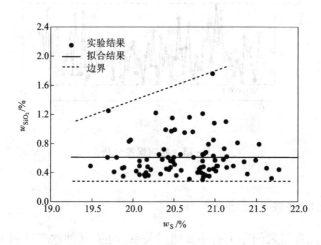

图 5 – 15　铜锍中 SiO_2 含量与 S 含量之间映射关系

可近似通过 $w_{SiO_2} = 100 - (w_{Cu} + w_S + w_{Fe})$ 对 w_{SiO_2} 进行计算，由于铜锍还含有

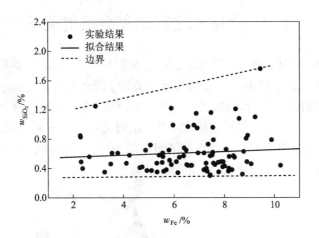

图 5 - 16　铜锍中 SiO_2 含量与 Fe 含量之间映射关系

少量 CaO、FeO、Fe_3O_4、PbS、ZnS、Ni_3S_2 等杂相组元，因此上述计算的相对误差也会比较大。

图 5 - 17 中还分析了 w_S 与 $w_{(Cu+Fe)}$ 的关系，由于 FeS 和 Cu_2S 中 S 的质量分数相差较大，w_S 与 $w_{(Fe+Cu)}$ 拟合的线性相关系数 R^2 为 0.46，误差率较大，因此单纯依靠 $w_{(Fe+Cu)}$ 不能准确预测 w_S。

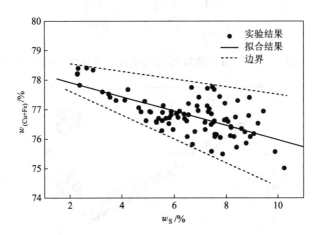

图 5 - 17　铜锍中 Cu + Fe 含量与 S 含量之间映射关系

5.3　多组元之间的复合映射关系

Cu、S、Fe 是铜锍中的主要元素，通过 5.2.1 小节~5.2.3 小节的分析，每两种元素含量之间都表现出了较强的线性相关性，因此有必要对 w_{Cu}、w_{Fe}、w_S 三者之间的复合映射关系进行研究，深入分析多因素的耦合作用，进行精确预测。

图 5-18 显示了 w_{Cu} 和 w_{Fe} 对 w_S 的耦合作用关系。由于 w_{Cu} 和 w_{Fe} 本身具有较高的线性相关性，图 5-18 中的响应区间呈现条形，分布区域比较窄，如图 5-19 所示。随着 w_{Cu} 增加，w_{Fe} 降低，w_S 也降低，趋势明显。

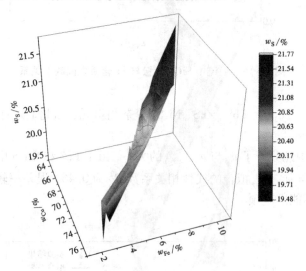

图 5-18　铜锍中 Cu 含量和 Fe 含量对 S 含量的三维复合映射关系

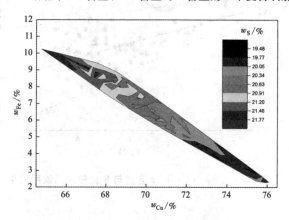

图 5-19　铜锍中 S 含量在 Cu、Fe 含量二维面上的投影

式(5-9)为其拟合函数关系式。

$$w_S = 133.84\% - 1.51w_{Fe} - 1.47w_{Cu} \tag{5-9}$$

图 5-20 显示了 w_{Fe} 和 w_S 对 w_{Cu} 的耦合作用的 $w_{Cu} - (w_{Fe} + w_S)$ 三维映射关系，由于 w_{Fe} 和 w_S 本身也具有较高的线性相关性，图 5-21 中的 w_{Fe}、w_S 响应区间也呈现条形，分布区域比较窄。随着 w_{Fe} 增加，w_S 也增加，w_{Cu} 降低，呈阶梯状分布，趋势明显。其拟合函数关系式(5-10)可通过式(5-9)转化。

$$w_{Cu} = 91.01\% - 1.03w_{Fe} - 0.68w_S \tag{5-10}$$

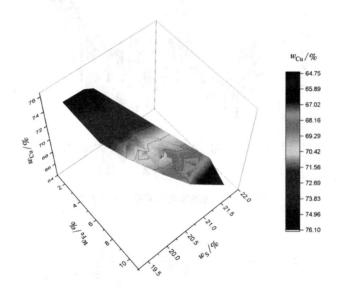

图 5-20 铜锍中 Fe 含量和 S 含量对 Cu 含量的三维复合映射关系

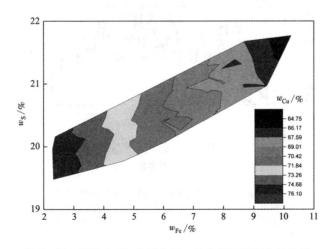

图 5-21 铜锍中 Cu 含量在 Fe、S 含量二维面上的投影

对式(5－10)和式(5－11)的映射关系模型预测精确度进行分析。通过二元函数关系式(5－10)对w_{Cu}进行预测分析,预测值接近实际值,如图5－22所示;绝对误差基本为±1%,如图5－23所示;主体的相对误差<0.8%,最大相对误差为1.53%,如图5－24所示,较好地预测了w_{Fe}和w_S对w_{Cu}的复合映射关系。

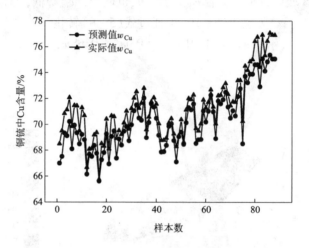

图5－22 预测值与实际值之间的对比

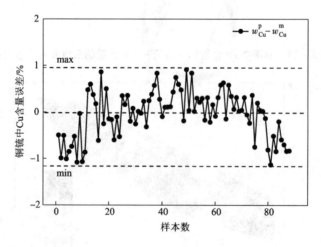

图5－23 式(5－10)绝对误差分析

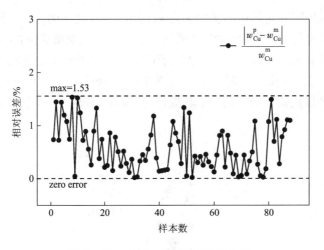

图 5 – 24　式(5 – 10)相对误差分析

为了分析式(5 – 10)的准确性，特将单因素函数关系式(5 – 6)转化为式(5 – 11)后，进行相对误差比较，由图 5 – 25 可得，式(5 – 11)的最大相对误差为 1.70%，大于式(5 – 10)的相对误差 1.53%，式(5 – 10)较式(5 – 11)缩小了相对误差范围，因此复合映射关系式(5 – 10)较单因素函数关系式(5 – 11)提高了模型预测的准确度。

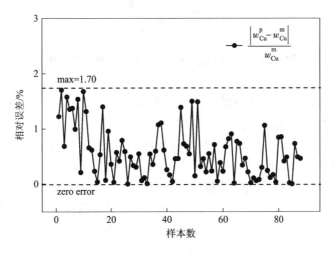

图 5 – 25　式(5 – 11)相对误差分析

$$w_{Cu} = 78.41\% - 1.24w_{Fe} \qquad (5-11)$$

为了进一步明确高品位铜锍中 w_S、w_{Cu}、w_{Fe} 三者之间的关系，将三者的测量数据点在三维坐标空间离散作图，如图 5-26 所示，在铜锍品位 64%~76%（质量分数）研究范围内，w_{Cu}、w_S、w_{Fe} 三个因子近似在一条直线上，其物理意义明确说明了：底吹工艺高品位工业铜锍中，w_{Cu} 为 64%~76%，每一个 w_{Cu}，应有确定的 w_S、w_{Fe} 值或窄区间值域与之对应，其规律与 Cu_2S-FeS 二元系相图规律一致。

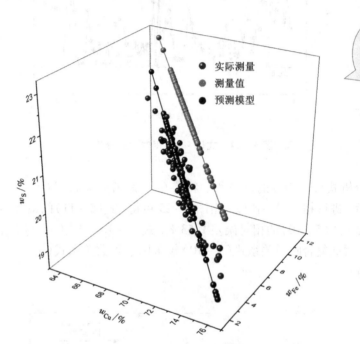

彩图5-26

图 5-26　铜锍中 $w_S - w_{Fe} - w_{Cu}$ 的线性映射关系图

将式(5-9)和式(5-11)联合，构建联合预测模型，如图 5-26 中的预测模型，测量的数据点均围绕在预测模型周围，主要是因为工业铜锍中还含有 SiO_2、CaO、FeO、Fe_3O_4、PbS、ZnS、Ni_3S_2 等杂相组元，造成实际的 w_{Cu}、w_S、w_{Fe} 会有一定波动，而离散在预测模型周围。而理论计算的数据值偏离实际测量值较大，说明该联合预测模型相比理论计算精度更高。因此该联合预测模型能清晰地阐明高品位铜锍中多组元含量 w_{Cu}、w_S、w_{Fe} 的映射关系，并能进行准确的预测分析，为实际氧气底吹生产高品位铜锍过程中的成分精细调控及热量精确分配提供了理论指导。

5.4　本章小结

本章通过分析氧气底吹炼铜过程产生的高品位铜锍中 Cu、Fe、S、SiO_2 等组元含量变化趋势，结合冶金过程原理，研究上述各组元造锍行为及组元含量间的映射关系。

（1）高品位工业铜锍中多组元含量 w_{Cu}、w_S、w_{Fe} 相互之间表现出较强的线性关系，分别对 $w_{Fe} - w_{Cu}$、$w_S - w_{Cu}$、$w_S - w_{Fe}$ 进行线性拟合，线性相关系数 R^2 分别为 0.96、0.89、0.79，且其变化趋势符合 $Cu_2S - FeS$ 二元系相图理论，模型公式能较准确地对 w_{Cu}、w_S、w_{Fe} 进行预测。

（2）w_{SiO_2} 与 w_{Cu}、w_S、w_{Fe} 之间未呈现出一定的相关性，$w_{SiO_2} - w_{Fe}$、$w_{SiO_2} - w_S$、$w_{SiO_2} - w_{Cu}$ 的拟合线性相关系数 R^2 很小，因此不能用 w_{Cu}、w_S、w_{Fe} 单因素对 w_{SiO_2} 进行准确预测。

（3）构建的联合预测模型能清晰阐明高品位铜锍中多组元含量 w_{Cu}、w_S、w_{Fe} 的映射关系，并能进行准确的预测分析，可为实际氧气底吹生产高品位铜锍过程中的成分精细调控及热量精确分配提供理论指导。

第6章　多组元造渣行为及渣型优化

氧气底吹炼铜属于强氧化熔炼过程，其渣型为 FeO – SiO$_2$ 型，且 $w(\mathrm{Fe})/w(\mathrm{SiO_2})$ 较高，CaO 含量较低，铜在渣中的损失物相分布有别于其他工艺，因此有必要对氧气底吹炼铜工业渣进行深入分析，明晰该渣中各组元的内在关联性及对渣含铜的影响，进而对渣型进行优化。

6.1　单组元之间的映射关系

本节主要分析底吹工业渣中多组元 Cu、SiO$_2$、Fe、S、CaO 及 $w(\mathrm{Fe})/w(\mathrm{SiO_2})$ 之间的映射关系，重点研究其他各主要组元含量对渣含铜的影响。

6.1.1　铜与二氧化硅之间的映射关系及分析

SiO$_2$ 是铁橄榄石渣的主要成分之一，它在渣中的含量对炉渣的性质及渣含铜影响极大，因此首先关注的成分是 SiO$_2$。图 6 – 1 中，渣中 SiO$_2$ 含量为 21.3%～27.8%，Cu 含量在 2.3% 至 3.8% 之间波动，且有一定的关联性，w_{Cu} 整体上呈现出随 $w_{\mathrm{SiO_2}}$ 的增加而降低的趋势。对 w_{Cu} 和 $w_{\mathrm{SiO_2}}$ 进行拟合，式（6 – 1）为其拟合函数

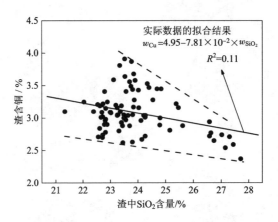

图 6 – 1　渣中 Cu 含量与 SiO$_2$ 含量之间映射关系

关系式。

$$w_{Cu} = 4.95 - 7.81 \times 10^{-2} \times w_{SiO_2} \quad (6-1)$$

这种趋势的主要原因是随着 SiO$_2$ 含量的增大，渣的黏度、渣－锍间界面张力、渣－锍间的密度差发生变化所致。在 SiO$_2$ 含量较小时，如 21.3% 至 27.8% 区间内，随着 SiO$_2$ 含量增大，可以有效降低 FeO 的活度，从而降低 Fe$_3$O$_4$ 的含量，进而降低炉渣的黏度，改善渣中机械夹带的铜锍滴汇集、生长、沉降的条件，降低渣含铜；但若 SiO$_2$ 含量继续增大，超过一定值后，渣中的硅氧四面体链状结构增多，黏度呈现上升趋势。

同时随着 SiO$_2$ 含量增大，渣－锍间界面张力增大，渣的密度降低。在锍品位一定时，可增加渣－锍间的密度差，增加锍滴在渣中的沉降速度，有利于渣锍分离。球形铜锍液滴在熔渣中沉降速度服从方程 (6-2)：

$$V_S = 2 \times g \times r^2 \times \Delta\rho / 9\mu \quad (6-2)$$

式中：g 为重力加速度，m/s^2；r 为锍滴直径，m；$\Delta\rho$ 为铜锍与炉渣的密度差，kg/m^3；μ 为熔渣黏度，Pa·s。

因此在 SiO$_2$ 含量 21.3% 至 27.8% 区间内，Cu 含量应随 SiO$_2$ 含量的增加而降低。图 6-1 中的渣中 Cu 含量有较大波动现象，主要是因为除了渣中 SiO$_2$ 含量影响 Cu 含量外，Fe 含量、CaO 含量及铜锍品位对 Cu 含量也有较大影响，且样本中的 Fe 含量、CaO 含量及铜锍品位并非完全稳定的值，存在一定的波动。

通过函数关系式 (6-1) 对炉渣中 Cu 含量进行分析，如图 6-2 所示，得出预测值分布在 2.8% 至 3.3% 之间，图 6-3 中绝对误差在 -0.8% 至 0.5% 之间，因

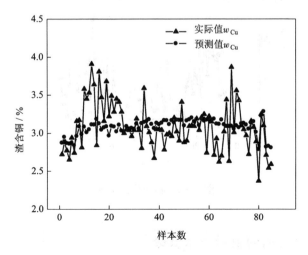

图 6-2　预测值与实际值之间的对比

w_{Cu} 基数较小，图 6 - 4 中最大相对误差为 28%，但主体的相对误差 <15%，因此实测数值和预测数值有一定一致性，在 SiO_2 含量为 21.3% 至 27.8% 区间内，w_{SiO_2} 一定程度上能预测 w_{Cu}。

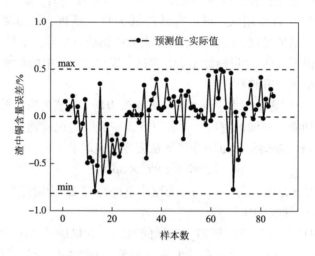

图 6 - 3　绝对误差分析

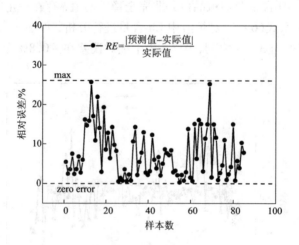

图 6 - 4　相对误差分析

6.1.2　铜与铁之间的映射关系及分析

如同 SiO_2，FeO 也是铁橄榄石渣的另一种主要成分，其在渣中的含量对炉渣的性质及渣含铜有较大影响。图 6 - 5 中，渣中 Fe 含量在 38% 至 42.3% 区间内，

Cu 含量与 Fe 含量也呈一定的相关性，w_{Cu} 整体上呈现出随 w_{Fe} 的增加而增加的趋势，式（6-3）为其拟合函数关系式。

$$w_{Cu} = 1.08 + 5.01 \times 10^{-2} \times w_{Fe} \tag{6-3}$$

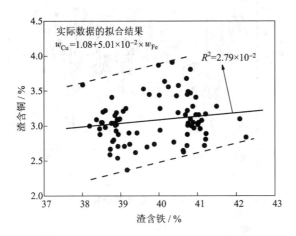

图 6-5　渣中 Cu 含量与 Fe 含量之间映射关系

这种趋势的主要原因在 Fe 含量为 38%～42.3% 时，随着 Fe 含量的增大，FeO 的活度增加，从而 Fe_3O_4 的含量增加，增大了炉渣的黏度，恶化了渣中机械夹带的铜锍滴汇集、生长、沉降的条件，使渣含铜上升。

通过函数关系式（6-2）对 Cu 含量进行分析，如图 6-6 所示，得出预测值分布在 2.9% 至 3.2% 之间，图 6-7 中绝对误差在 -0.8% 至 0.7% 之间，图 6-8 中

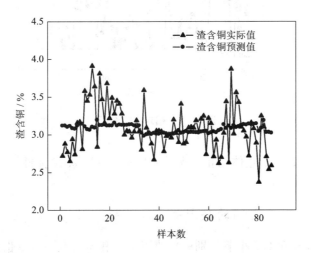

图 6-6　预测值与实际值之间的对比

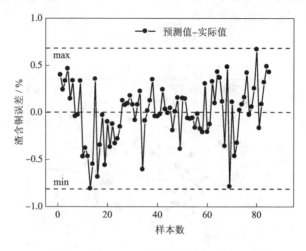

图 6-7　绝对误差分析

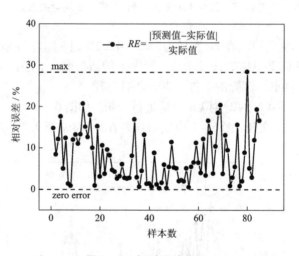

图 6-8　相对误差分析

最大相对误差为 29%，主体的相对误差 <18%，因此 w_{Fe} 单独预测 w_{Cu} 的准确度不及 w_{SiO_2}。

6.1.3　铜与铁硅比之间的映射关系及分析

6.1.1 小节和 6.1.2 小节分别单独使用 w_{SiO_2} 和 w_{Fe} 预测 w_{Cu}，但准确度都不是很理想，由于铁硅比 $w(Fe)/w(SiO_2)$ 是炼铜过程中的重要因素，因此有必要使用

$w(\mathrm{Fe})/w(\mathrm{SiO_2})$ 对渣中 Cu 含量的影响进行分析。

图 6 - 9 中，$w(\mathrm{Fe})/w(\mathrm{SiO_2})$ 在 1.4 至 2.0 范围内，w_{Cu} 随 $w(\mathrm{Fe})/w(\mathrm{SiO_2})$ 的增加而增加，且有一定的线性关系，式(6 - 4)为其拟合函数关系式。

$$w_{\mathrm{Cu}} = 0.92 + 1.29 \times [\, w(\mathrm{Fe})/w(\mathrm{SiO_2}) \,] \qquad (6-4)$$

式(6 - 4)的相关系数 R^2 要比式(6 - 1)和式(6 - 3)大，说明 $w(\mathrm{Fe})/w(\mathrm{SiO_2})$ 预测 w_{Cu} 可能比单独使用 $w_{\mathrm{SiO_2}}$ 和 w_{Fe} 预测 w_{Cu} 效果要好。

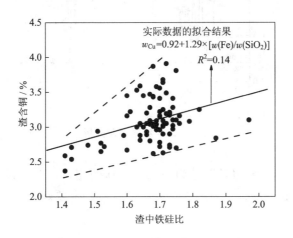

图 6 - 9　渣中 Cu 含量与铁硅比 Fe/SiO₂ 之间映射关系

通过函数关系式(6 - 4)对炉渣中 Cu 含量进行预测分析，如图 6 - 10 所示，得出预测值分布在 2.7% 至 3.4% 之间，图 6 - 11 中绝对误差在 - 0.7% 至 0.5%

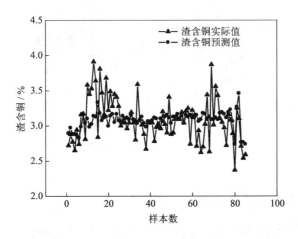

图 6 - 10　预测值与实际值之间的对比

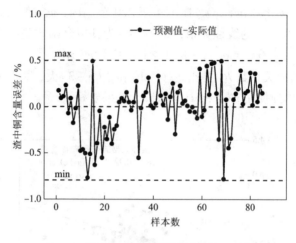

图 6-11　绝对误差分析

之间，图 6-12 中最大相对误差为 20%，主体的相对误差 <12%，印证了使用 $w(\mathrm{Fe})/w(\mathrm{SiO_2})$ 预测 w_{Cu} 的效果比单独使用 $w_{\mathrm{SiO_2}}$ 或 w_{Fe} 要好。

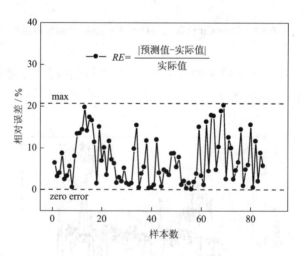

图 6-12　相对误差分析

6.1.4　铜与硫之间的映射关系及分析

S 在渣中以多种形态存在，主要为 $\mathrm{Cu_2S}$ 和 FeS，而 Cu 在渣中的主要损失形态为 $\mathrm{Cu_2S}$ 和 $\mathrm{Cu_2O}$，且渣中的 S 含量对渣的氧势-硫势有一定影响，进而影响

Cu_2O 的含量,因此在渣中 S 含量对渣中的 Cu 损失总量应有一定的映射关系。如图 6 - 13 所示, S 含量在 0.6% 至 1.5% 范围内, w_{Cu} 随 w_S 的增加而增加,且呈二次线性关系。对其进行线性拟合,线性相关系数 R^2 为 0.36。式(6 - 5)为其拟合函数关系式。

$$w_{Cu} = 3.86 - 2.87 w_S + 2.00 w_S^2 \qquad (6-5)$$

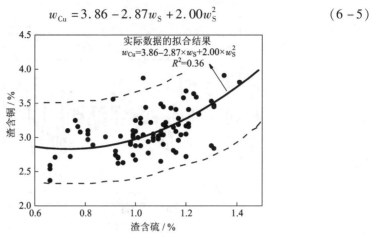

图 6 - 13　渣中 Cu 含量与 S 含量之间映射关系

渣中不同锍滴中的 Cu_2S 与 FeS 比例不尽相同,且渣中 Cu_2O 的溶解量还受到铜锍品位等多因素的影响,因此 S 含量在 0.6% 至 1.5% 范围内, w_{Cu} 随 w_S 的增加而有一定的上下波动。

通过函数关系式(6 - 5)对炉渣中 Cu 含量进行预测分析,如图 6 - 14 所示,

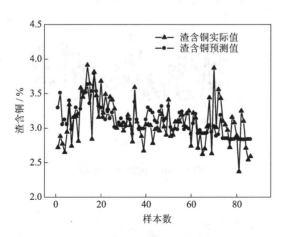

图 6 - 14　预测值与实际值之间的对比

得出预测值分布在 2.8% 至 3.8% 之间，图 6 – 15 中绝对误差在 – 0.8% 至 0.7% 之间，由于样本中个别数据本身的差异，虽然图 6 – 16 中最大相对误差为 25%，但主体的相对误差 < 10%，因此相比单独使用 w_{Fe}、w_{SiO_2} 或 $w(Fe)/w(SiO_2)$ 预测 w_{Cu}，使用 w_S 预测 w_{Cu} 的准确度获得进一步提升。

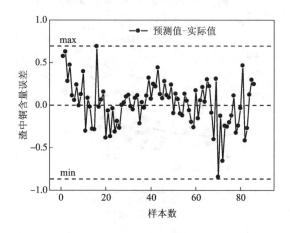

图 6 – 15　绝对误差分析

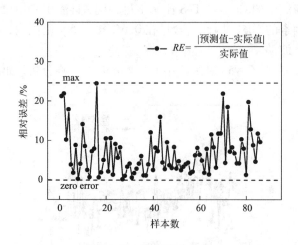

图 6 – 16　相对误差分析

6.1.5　其他次要映射关系

除了上述的多组元因素对渣含铜的映射关系外，渣中其他组元之间也存在着一定的相关性，如图 6 – 17 ~图 6 – 22 所示。

图 6-17 中 w_S 和 w_{CaO} 之间的线性关系较为明显，w_S 整体上呈现出随 w_{CaO} 的增加而降低的趋势，其主要原因是在 CaO 含量为 1.5% 至 2.3% 范围内，w_{CaO} 的增加有助于降低炉渣的黏度，减少铜锍的机械夹带，进而可降低渣含硫。

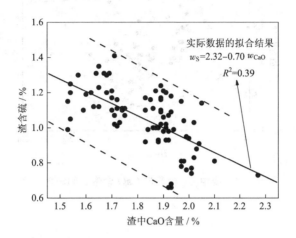

图 6-17　渣中 S 含量与 CaO 含量之间映射关系

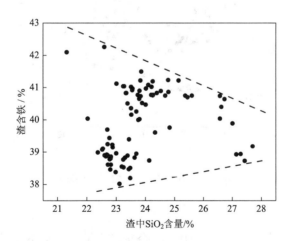

图 6-18　渣中 Fe 含量与 SiO₂ 含量之间映射关系

由于其他组元之间的映射关系不是很明显，且不是炉渣优化的主要考虑因素，因此不做进一步细化分析。

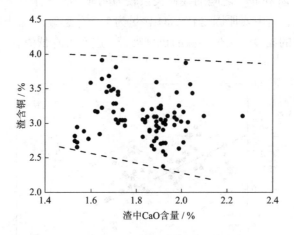

图 6 - 19 渣中 Cu 含量与 CaO 含量之间映射关系

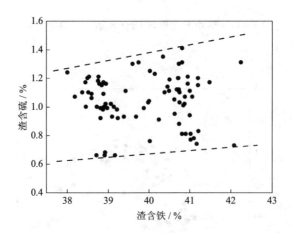

图 6 - 20 渣中 S 含量与 Fe 含量之间映射关系

6.2 多组元之间的复合映射关系及渣型优化

通过 6.1 节中对渣中多组元之间的映射关系分析,发现 w_{SiO_2}、w_{Fe} 及 w_S 分别对 w_{Cu} 有较大影响,且呈现出较强规律性,因此有必要对 w_{SiO_2}、w_{Fe} 及 w_S 三者对 w_{Cu} 的复合映射关系进行研究,以精确分析及渣型优化。

又由于渣中 S 和 Cu 类似,都是从铜锍中通过机械夹带或溶解而进入炉渣的,

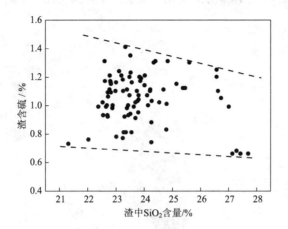

图 6-21　渣中 S 含量与 SiO₂ 含量之间映射关系

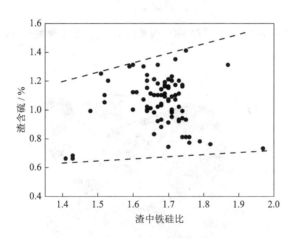

图 6-22　渣中 S 含量与铁硅比之间映射关系

属于渣型结构的因变量,而不是自变量,因此将复合因素中的 w_S 排除,主要研究 w_{SiO_2} 和 w_{Fe} 二者对 w_{Cu} 的复合映射关系,深入分析其耦合作用。

图 6-23 和图 6-24 展示了 w_{SiO_2} 和 w_{Fe} 对 w_{Cu} 的耦合作用关系。从图中可见耦合规律较明显,由于渣中 SiO₂ 含量与 FeO 含量之和小于 100%,所以 $w_{SiO_2} + w_{Fe}$ 是有最高限度的,函数关系只能出现在图中一定的区域范围内;随 w_{SiO_2} 升高、w_{Fe} 降低,w_{Cu} 呈降低趋势;随 w_{SiO_2} 降低、w_{Fe} 升高,w_{Cu} 呈升高趋势;随 w_{SiO_2}、w_{Fe} 同时降低,渣中的杂相含量会增加,因此 w_{Cu} 升高。式(6-6)为其拟合函数关系式。

$$w_{\text{Cu}} = 2.18 - 5.36 \times 10^{-2} \times w_{\text{SiO}_2} + 5.54 \times 10^{-2} \times w_{\text{Fe}} \qquad (6-6)$$

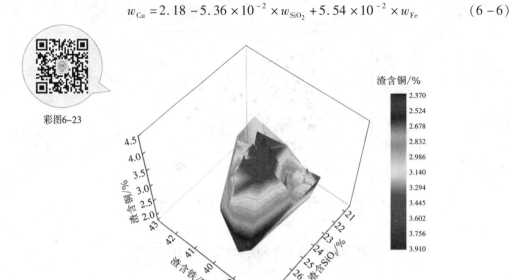

彩图6-23

图 6 – 23　渣中 Fe 含量和 SiO$_2$ 含量对 Cu 含量的三维复合映射关系

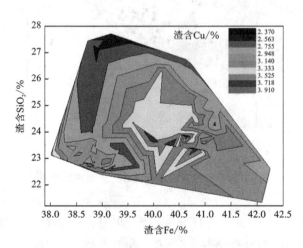

图 6 – 24　渣中 Cu 含量在 Fe、SiO$_2$ 含量二维面上的投影

　　把 w_{SiO_2} 和 w_{Fe} 对 w_{Cu} 的耦合作用三维关系图进行平面等值化处理后，其关系如图 6 – 25 所示。A 和 B 区域对应的 w_{SiO_2} 和 w_{Fe} 范围内 $w_{\text{Cu}} > 3.2\%$，A 区域主要是由 SiO$_2$ 和 FeO 含量变化对炉渣黏度、密度、界面张力等性质产生影响造成的；B 区域主要是渣中 FeO 和 SiO$_2$ 含量太低、杂质多引起的；由于 A 区与 B 区的原理

不同,因此两区域是分开的。

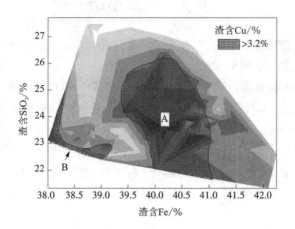

图 6 - 25　渣含 Cu 平面等值化图

图 6 - 26 中,由点 C 到点 D 渣含 Cu 是逐渐降低的,其中点 D 附近区域对应的渣含 Cu 为 2.3% ~ 2.5%。

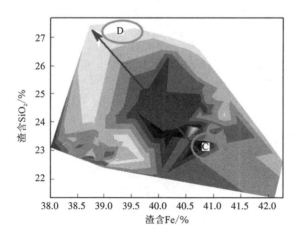

图 6 - 26　渣型优化分析

因此在采用 FeO - SiO$_2$ 渣进行氧气底吹造锍熔炼时,渣型优化为渣含 SiO$_2$ 26.5% ~ 28%,含 Fe 38.5% ~ 40%,理论上渣含 Cu 可保持在 2.5% 以下。该渣型的 $w(Fe)/w(SiO_2)$ 为 1.35 ~ 1.50,渣率有所上升,但渣流动性较好。

6.3 本章小结

本章对氧气底吹铜熔炼工业渣进行深入分析,研究了渣中各组元的内在关联性及对渣含铜的影响,进而对渣型进行了优化。

(1)氧气底吹铜熔炼过程产生 $FeO-SiO_2$ 型渣中 SiO_2、Fe、S、Cu 及 CaO 等组元行为之间呈现出一定的相关性,对渣中 Cu 含量预测分析的准确性由高到低顺序为:S,$w(Fe)/w(SiO_2)$,SiO_2,Fe。

(2)渣中 SiO_2 含量和 Fe 含量对 Cu 含量的耦合作用规律较明显,随 SiO_2 含量升高、Fe 含量降低,Cu 含量呈降低趋势;随 SiO_2 含量降低、Fe 含量升高,Cu 含量呈升高趋势;若 SiO_2 含量、Fe 含量同时降低,则渣中的杂相含量会增加,Cu 含量会升高。

(3)通过渣型优化,底吹熔炼过程采用渣成分为 SiO_2 26.5%~28%,Fe 38.5%~40%,该渣型的流动性较好,理论上渣中含 Cu 量可降低到 2.5% 以下。

第 7 章　渣锍间多相多组元作用行为

氧气底吹炼铜技术采用高铁硅比渣型，生产高品位铜锍，渣含铜 3% 左右，为了进一步优化底吹铜熔炼工艺，有必要通过分析氧气底吹铜熔炼渣及铜锍，结合冶金过程原理，对底吹工业铜渣、锍中多组元相互作用行为及含量映射关系进行深入分析。

7.1　渣含铜 SO_2 气泡浮升作用机理

炉渣中会机械夹带和溶解少量 Cu_2S 和 Cu_2O，这是造成 Cu 在渣中损失的主要原因。

底吹熔炼反应产生的 SO_2 气泡会有一层铜锍膜，当气泡由铜锍层上浮进入渣层，会把铜锍膜一起带入炉渣，铜锍膜破裂后会聚集沉降返回铜锍层，但仍有部分微小锍滴残留在渣中，造成铜锍的机械夹带损失，其过程机理如图 7 - 1 所示。炉渣中各组元含量的变化会极大影响其黏度、界面张力、密度等物理性质及氧势、硫势等化学性质，进而会影响 Cu 在渣中损失的形态及数量，因此优化炉渣组成对降低渣含铜尤为重要。

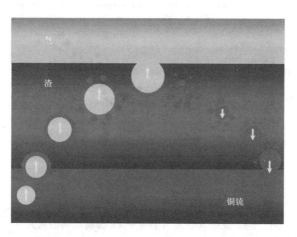

彩图7-1

图 7 - 1　SO_2 气泡浮升作用机理

7.2　渣相和铜锍之间多组元映射关系

氧气底吹炼铜过程中炉渣和铜锍两相共存，两相间的多组元存在一定的映射关系。

$w_{(S)}$、$w_{[Cu]}$、$w_{[Fe]}$ 和 $w_{[S]}$ 之间的映射关系较为明显，线性关系较为强，如图 7 -2 至图 7 -4 所示。

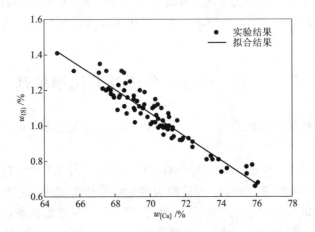

图 7 -2　渣中 S 含量与铜锍中 Cu 含量之间映射关系

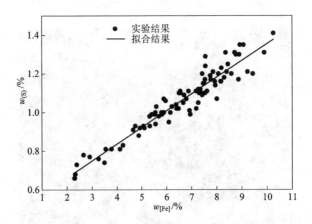

图 7 -3　渣中 S 含量与铜锍中 Fe 含量之间映射关系

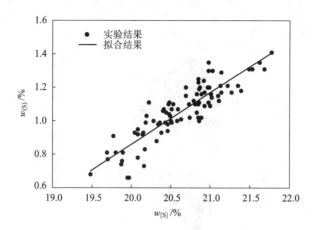

图 7 - 4　渣中 S 含量与铜锍中 S 含量之间映射关系

$w_{[Cu]}$ 在 65% 至 76% 范围内，$w_{[S]}$ 分布在 0.6% 至 1.4% 之间，$w_{[S]}$ 整体上呈现出随 $w_{[Cu]}$ 的增加而降低的趋势；$w_{[Fe]}$ 在 2.4% 至 10.2% 范围内，$w_{[S]}$ 与 $w_{[Fe]}$ 的线性关系也较强，$w_{[Cu]}$ 呈现出随 $w_{[Fe]}$ 的增加而增加的趋势；$w_{[S]}$ 为 19.5% ~ 21.8% 时，$w_{(S)}$ 随 $w_{[S]}$ 的增加而增加。$w_{[Cu]}$ 和 $w_{[Fe]}$ 对 $w_{(S)}$ 的耦合作用规律也较明显，由于 $w_{[Fe]}$ 和 $w_{[Cu]}$ 本身具有较高的线性相关性，图 7 - 5 中的 $w_{[Fe]}$、$w_{[Cu]}$ 响应区间也呈现条形，分布区域比较窄，随 $w_{[Cu]}$ 升高、$w_{[Fe]}$ 降低，$w_{(S)}$ 会降低，呈阶梯状分布，趋势明显。

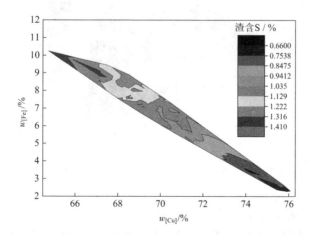

图 7 -5　渣中 S 含量与铜锍中 Cu、Fe 含量之间的复合映射关系

图 7 - 6 为 $w_{[Cu]}$ 和铁硅比对 $w_{(S)}$ 的耦合映射关系, 响应曲面的趋势较明显。

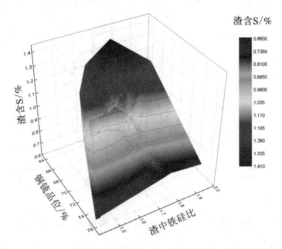

图 7 - 6　$w_{[Cu]}$ 和铁硅比对 $w_{(S)}$ 的耦合映射关系

由图 7 - 7 可以看出, $w_{[Cu]}$ 和铁硅比对 $w_{(S)}$ 有一定耦合作用, 在铁硅比 1.4 ~ 2.0 范围内, 随铁硅比的增加, $w_{(S)}$ 基本不变, 对应的图形呈等值带状; 但随 $w_{[Cu]}$ 的增加, $w_{(S)}$ 增加的趋势很明显, 呈阶梯状递增。

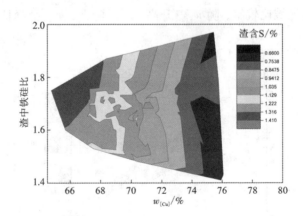

图 7 - 7　$w_{(S)}$ 在 $w_{[Cu]}$ 和铁硅比二维面上的投影

造成该现象的主要原因有两个:

(1)S 在渣中存在的形态主要是 Cu_2S 和 FeS, 铜锍相通过溶解和机械夹带作用进入炉渣, 以致渣中铜锍滴的成分与铜锍层中的成分基本一致, 因此 $w_{(S)}$ 与 $w_{[Cu]}$ 会表现出较大的相关性, 如图 7 - 6 所示。

（2）在氧气底吹炼铜过程中 $w_{[Cu]}$ 和铁硅比是两个独立的操作参数，相关性较弱，如图 7 - 8 所示，通过鼓氧量调节 $w_{[Cu]}$ 大小，通过配料调节铁硅比，虽然鼓氧量增大时，$w_{[Cu]}$ 升高，更多的 Fe 被氧化产于造渣，铁硅比应相应的增大，但配料的过程会加入更多 SiO_2，使铁硅比维持在理想范围。另外铁硅比与 $w_{[S]}$ 相关性也不大，如图 7 - 9 所示。

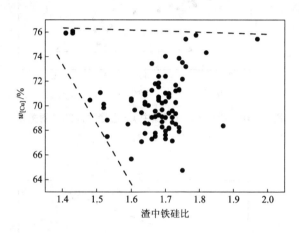

图 7 - 8　渣中铁硅比与铜锍中 Cu 含量之间的映射关系

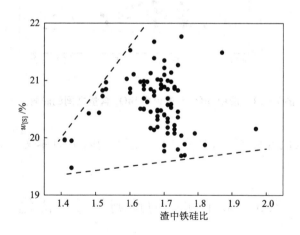

图 7 - 9　渣中铁硅比与铜锍中 S 含量之间的映射关系

除了上述的多组元存在映射关系外，其他组元之间也存在着一定的内在联系，具体如图 7 - 10、图 7 - 11 所示。

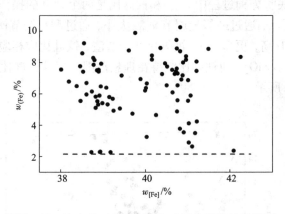

图 7 - 10 渣中 Fe 与铜锍中 Fe 含量之间的映射关系

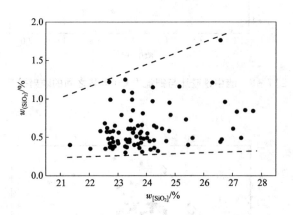

图 7 - 11 渣中 SiO₂ 与铜锍中 SiO₂ 含量之间的映射关系

由于上述其他组元之间的映射关系不是很明显，因此本文中不做进一步细化分析。

7.3 多组元行为预测与过程优化

7.3.1 基于铜锍中铜、硫和渣中硫预测渣含铜

由于铜锍在渣中的损失原因主要是机械夹带及溶解作用，Cu 在渣中存在的形态主要是 Cu_2S 和 Cu_2O，且渣中铜锍滴的成分与铜锍层中的成分近似，应可以通过 $w_{[S]}$、$w_{[Cu]}$ 和 $w_{(S)}$ 预测 $w_{(Cu)}$。具体运算方法见式(7 - 1)：

$$w_{(Cu)} = w_{[Cu]} \frac{w_{(S)}}{w_{(Cu)}} \qquad (7-1)$$

通过式(7-1)对 $w_{(Cu)}$ 进行预测分析,其预测值和测试值见图7-12,绝对误差见图7-13, $w_{(Cu)}$ 预测值分布在2.7%至4.7%之间,预测值与测试值整体趋势一致,但其绝对误差在 -0.4% 至0.8%之间,误差较大,预测准确度较低。

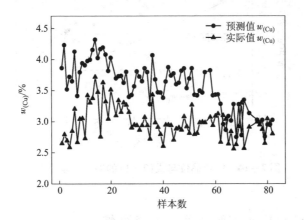

图7-12　渣中Cu含量的预测值与实际值之间的对比

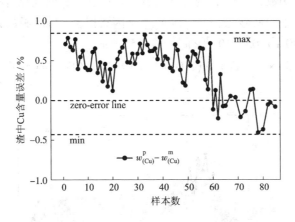

图7-13　式(7-1)的绝对误差分析

需要进一步分析上述预测方法的误差较大的原因,将铜锍品位作为自变量,绝对误差作为因变量,作图7-14,从图中可以看出绝对误差的分布规律:随着铜锍品位的升高,绝对误差由正值变为负值,且呈逐渐变化过程,其原因应该是随着铜锍品位升高,炉渣的氧势升高,该渣型对氧化物的亲和力变大,铜在渣中的

损失形态 Cu_2S 和 Cu_2O 的比例发生变化, 以 Cu_2O 形式损失的量增多, 以致在高品位铜锍时以式(7-1)预测的 $w_{(Cu)}$ 比实际值偏低。

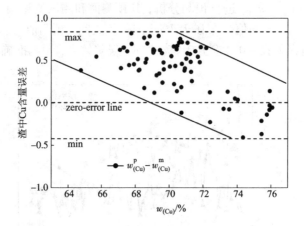

图 7-14　铜锍品位与式(7-1)的绝对误差的关系

7.3.2　基于铁硅比和铜锍品位预测渣含铜

鉴于 7.3.1 小节的分析, 有必要同时引入渣型铁硅比和铜锍品位 $w_{[Cu]}$ 因子, 建立复合的映射函数, 对 $w_{(Cu)}$ 进行预测分析及熔炼过程的优化(图7-15)。

通过对样本中的铁硅比、$w_{[Cu]}$ 和 $w_{(Cu)}$ 三因素拟合, 得出函数关系式(7-2):

$$w_{(Cu)} = 42.70 + 1.05 \times 10^{-2} \times w_{[Cu]}^2 - 1.55 \times w_{[Cu]}$$
$$- 5.56 \times [w(Fe)/w(SiO_2)]^2 + 19.83[w(Fe)/w(SiO_2)] \qquad (7-2)$$

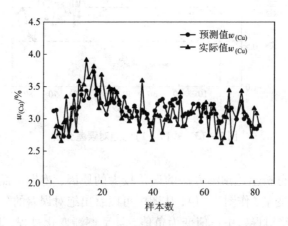

图 7-15　渣中 Cu 含量的预测值与实际值之间的对比

通过式（7 - 2）对 $w_{(Cu)}$ 进行预测分析，其预测值、测试值及绝对误差如图 7 - 16 所示，$w_{(Cu)}$ 预测值分布在 2.7% 至 3.7% 之间，预测值与测试值整体趋势较一致，绝对误差在 - 0.5% 至 0.5% 之间，误差较小，因此能通过式（7 - 2）对 $w_{(Cu)}$ 进行较准确的预测，同时也验证了铜锍品位和渣型的选择均对渣含铜有较大影响。

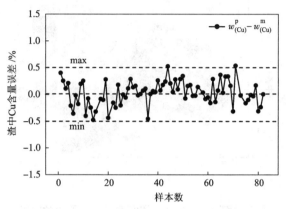

图 7 - 16　式（7 - 3）的绝对误差分析

7.3.3　氧气底吹铜熔炼过程优化

经 7.3.2 小节分析，铜锍品位和渣型的选择均对渣含铜有较大影响，因此有必要对 $w_{[Cu]}$ 和铁硅比二因子对 $w_{(Cu)}$ 的耦合作用进行深入分析，并优化氧气底吹炼铜过程。图 7 - 17 展示了 $w_{[Cu]}$ 和铁硅比对 $w_{(Cu)}$ 的耦合作用关系。

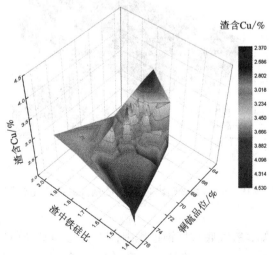

图 7 - 17　$w_{[Cu]}$ 和铁硅比对 $w_{(Cu)}$ 的耦合作用关系

从图 7 – 18 中可见耦合规律较明显, 样本数据空间内, 不同 $w_{(Cu)}$ 对应的区域有明显差异, $w_{[Cu]}$ 高于 70% 时, 随铁硅比的降低, $w_{(Cu)}$ 呈降低趋势; 铁硅比高于 1.8 时, 随 $w_{[Cu]}$ 的降低, $w_{(Cu)}$ 呈降低趋势。

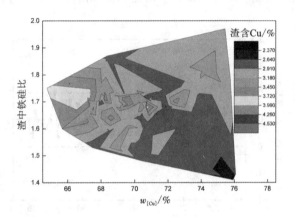

图 7 – 18 $w_{(Cu)}$ 在 $w_{[Cu]}$ 和铁硅比二维面上的投影

$w_{[Cu]}$ 和铁硅比响应空间内明显分化为 $w_{(Cu)} > 3.2\%$ 和 $w_{(Cu)} < 3\%$ 两个主要区域, 如图 7 – 19 所示。

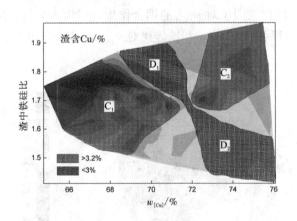

图 7 – 19 $w_{[Cu]}$ 和铁硅比对 $w_{(Cu)}$ 的耦合关系分析与优化

由图 7 – 19 可知, 氧气底吹炼铜过程中, 区域 C_1 和 C_2 所对应的 $w_{[Cu]}$ – 铁硅比下, 渣含铜 $w_{(Cu)} > 3.2\%$, 且随着 $w_{[Cu]}$ 和铁硅比继续同时增大, 渣含铜会进一步增大; 若在较高的铁硅比条件下, 满足渣含铜 $w_{(Cu)} < 3\%$, 那么生产的铜锍品

位不能太高，要小于 71%，对应图中 D_1 区域；若生产高品位的铜锍，$w_{[Cu]} >$ 73%，甚至 76% 以上，且同时满足渣含铜 $w_{(Cu)} < 3\%$，则渣型选择铁硅比 < 1.6，对应图中 D_2 区域。

对于氧气底吹炼铜工艺，D_1 区域铁硅比较高，适合造锍熔炼；D_2 区域 $w_{[Cu]}$ 较高，适合生产高品位铜锍，其延伸区域也适合铜锍底吹吹炼；因此氧气底吹连续炼铜工艺中的熔炼工序及连续吹炼工序可分别在 D_1 区域和 D_2 区域进行，或均在 D_2 区域进行。

7.4 本章小结

本章通过对氧气底吹铜熔炼产生的高铁硅比炉渣与高品位铜锍之间的多组元耦合作用行为及含量映射关系进行深入分析，优化底吹铜熔炼工艺。

（1）工业铜锍中的 $w_{[Cu]}$、$w_{[S]}$、$w_{[Fe]}$ 三者彼此之间呈现出较强的线性关系，且 $w_{[Fe]}$ 和 $w_{[S]}$ 对 $w_{[Cu]}$ 具有一定的耦合作用关系，随着 $w_{[Fe]}$ 增加，$w_{[S]}$ 也增加，$w_{[Cu]}$ 降低，呈阶梯状分布；工业渣的主要组元 $w_{(Cu)}$、$w_{(SiO_2)}$、$w_{(Fe)}$、铁硅比之间也呈现出一定的相关性，趋势明显。

（2）工业渣和铜锍中的多组元间呈现一定的相关性，其中 $w_{[Cu]}$、$w_{[Fe]}$ 和 $w_{[S]}$ 对 $w_{(S)}$ 的映射关系较为明显，线性关系较强；基于 $w_{[S]}$、$w_{[Cu]}$ 和 $w_{(S)}$，或基于铁硅比和 $w_{[Cu]}$ 都可以对 $w_{(Cu)}$ 进行预测，后者的准确性较强，说明了铜锍品位和渣型对渣含铜有较大影响。

（3）对于氧气底吹炼铜工艺，D_1 区域适合造锍熔炼，D_2 区域适合生产高品位铜锍，其延伸区域也适合铜锍底吹吹炼；氧气底吹连续炼铜工艺中的熔炼工序及连续吹炼工序可分别在 D_1 区域和 D_2 区域进行，或均在 D_2 区域进行。

第三篇

氧气底吹炼铜过程模拟与应用

第 8 章 底吹炼铜模拟软件 SKSSIM 开发及验证

近年来，随着模拟仿真计算的兴起，越来越多的仿真软件被应用于实际工业生产过程中。为了方便进行模拟仿真计算，本文开发了基于多相平衡的氧气底吹铜熔炼工艺过程仿真平台。本章以氧气底吹铜熔炼工艺过程的机理模型为基础，实现了高维线性约束 HLPSO 粒子群算法，采用面向对象技术设计的思想，开发了氧气底吹炼铜工艺过程仿真系统。为此，本章将详细介绍氧气底吹铜熔炼工艺过程仿真平台的设计、实现与验证。

8.1 熔炼系统开发

8.1.1 系统概述

氧气底吹铜熔炼工艺仿真平台主要功能是在非现场实际操作条件下完成对给定工况条件下，底吹炼铜过程的仿真计算。对现场采集的工艺参数及成分分析数据等做相应处理后应用于仿真计算，明晰氧气底吹铜熔炼过程中多元素的分配情况、反应体系中各组分之间的相互关系以及探究不同的过程参数对熔炼产出物的影响情况，从而在降低直接在现场试验验证风险的同时节约生产成本。同时此系统也可以作为对现场操作人员进行岗前模拟培训的平台，加深对氧气底吹炼铜工艺的认识和理解。

8.1.1.1 系统开发环境选择

系统开发环境的选择主要综合了两方面的考虑，一方面是从开发人员角度出发，采用系统开发的软件和系统不但要能够实现模拟仿真平台所需的功能模块，还要易于调试以及便于后期的维护；另一方面是从用户使用的角度考虑，开发的仿真平台必须图形操作界面直观、操作简单方便且能够稳定运行等。基于上述考虑，该仿真平台开发选择在 WIN10 操作系统下进行，选择在 Visual Studio 2013 应用程序集成开发环境下并使用 C#作为开发氧气底吹铜熔炼工艺仿真平台的计算机语言。由于系统涉及数据的存储且其查询量较小，选择简单的中小型数据库 Access 2013 作为系统数据库。上述的开发工具选择满足了用户和程序开发两方面的要求。

Visual Studio 2013 是美国微软公司开发的应用软件开发工具包，包括代码管控工具，集成开发环境等整个软件开发过程所需的工具。同时，在 Visual Studio 2013 平台下所开发的程序适用于所有微软支持的平台，其中就包括有. NET Framework、Windows CE、Windows Phone 等，而其下支持的开发语言包括 C、C++、C#、VB、VF 等。

Microsoft Office Access 是微软公司 Office 系列软件中的数据库管理系统。在本系统中，数据库主要有用户管理表、精矿成分表、计算参数表、给定工况计算结果表、变工况计算结果表。

8.1.1.2 系统体系结构及功能设计

氧气底吹铜熔炼仿真平台的功能主要划分为三大部分：氧气底吹铜熔炼工艺特性介绍、氧气底吹铜熔炼工艺仿真计算以及数据库维护功能。由于本文主要是关于对仿真计算的研究和开发，因而以下着重介绍氧气底吹铜熔炼工艺仿真计算子模块的体系结构及功能设计。

氧气底吹铜熔炼工艺仿真计算模块主要包括三大部分，第一部分是基本参数的输入，主要包括精矿成分、操作参数、各相中平衡组分以及算法参数，这是模拟仿真计算的条件。第二部分是系统的核心部分，为包含仿真计算模型及模型求解算法的预测系统，即基于反应体系总吉布斯自由能最小的多相平衡模型及 HLPSO 算法部分。第三部分是仿真计算结果的输出可视化或数据库存储。仿真结果主要包括平衡时工艺质量衡算，伴生元素在铜锍相、炉渣相及烟气相中的分配关系，各相各组分间相互关系以及过程参数和工艺参数趋势变化。图 8-1 是氧气底吹铜熔炼工艺模拟仿真功能图。

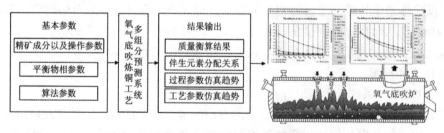

图 8-1 氧气底吹铜熔炼工艺模拟仿真功能图

图 8-2 是氧气底吹铜熔炼工艺仿真平台系统功能逻辑流程图。从软件输入界面获取到当前工艺参数以及 HLPSO 算法参数等，同时设定反应达到平衡时各相存在的组分后，就能够对当前给定的工况进行多相平衡模拟仿真计算。仿真平台会先计算获得在假定平衡时各相中各组分的含量，仿真计算结果还需通过机械夹杂模型进行修正，然后进行热量守恒计算，相关的计算结果能够自动存储数据库且打印在软件结果输出栏中。

在上述给定工况的基础下，能够针对单因素的改变（如精矿成分、氧气浓度

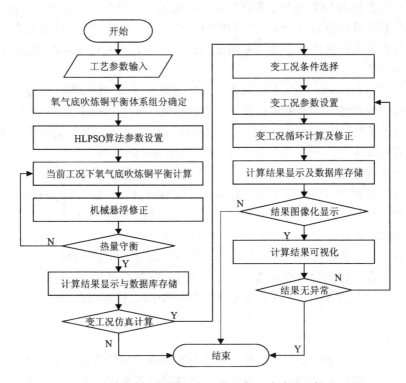

图 8 - 2　氧气底吹铜熔炼工艺仿真平台系统功能逻辑流程图

等）做变工况条件下的仿真计算，以探究单因素的改变对于整个氧气底吹铜熔炼过程的影响。在单因素变量选择之后需要设定其波动区间范围及计算点个数，从而仿真平台能够在波动区间范围内做给定次数的仿真计算，同时多次仿真计算结果自动保存数据库，以便后续可视化过程中调用绘制各因素对于氧气底吹铜熔炼过程行为影响的趋势图及历史查询。

8.1.2　系统开发关键技术

8.1.2.1　多线程开发及实现

由于操作系统在任务调度中是采用时间片轮转抢占式的调度方式，进程是任务调度的最小单位，每个进程拥有独立的内存，而一个进程可以有一个或多个线程，各线程共享所在进程的内存空间[126]。

由于氧气底吹铜熔炼工艺过程仿真平台中仿真计算过程是一个耗时非常多的过程，因而需要考虑其对 CPU 资源一直占用的情况。在 HLPSO 算法设置中，假设种群大小设置为 200，迭代次数为 1000 次，则完成一次仿真计算耗时大约为24 s。假设在仿真计算的同时，还需要进行其他操作，比如界面响应，如果此时计算线程一直占据着 CPU 资源，那么当前软件就无法实时响应界面的其他操作，而要等到仿真计算结束后才会响应。而同时，在仿真计算的时候，计算过程中的状态参数还需要实时传送至界面结果输出栏显示。为了解决上述问题，就需要使用多线程编程技术。

在. NET Framework 4.5.1 框架下，命名空间 System. Threading 已经实现了相关线程操作的封装。当需要进行仿真计算的时候，通过 Thread 类初始化一个新线程，并为该线程设置相应的休眠时间，这样该线程在做仿真计算的时候就不会一直占据着 CPU 资源，相应的 CPU 可以响应其他的操作。

关于多线程之间的数据传输，本文通过异步委托实现了从仿真计算线程中获取相关计算过程参数并传送至界面输出栏实时显示。异步委托实现过程中需要保持调用的方法与委托具有相同的签名，通过当前线程下的 Invoke( ) 方法调用目标方法，目标方法是通过委托实现的。当通过异步委托方式调用委托函数时，调用请求会在公共语言运行库下进行排队，并把相应的结果根据队列顺序返回到调用方。对于来自线程池的线程所调用的目标方法，能够实现并行执行目标方法和当前线程。通过上述方法，可以实现计算线程中的中间过程参数在界面输出栏中的实时显示。

8.1.2.2　数据库结构设计

良好的数据库结构设计能够使得程序与数据库之间的数据交换简单易行，同时也有利于数据库的维护。在数据库中，通过数据表来组织系统的数据，因而数据的设计即包含数据表的设计及数据表之间关系的设计。在氧气底吹铜熔炼工艺仿真平台数据库中主要的数据表有：用户管理表、精矿成分表、仿真计算参数表、给定工况仿真计算结果表、变工况仿真计算结果表等。其详细的结构设计如下所示。

（1）用户管理表

表 8-1 是用户管理表，主要包括用户 ID、用户名、登录密码以及登录仿真平台的时间。用户可以使用用户 ID 和密码登录系统，也可以使用用户名和密码登录系统。而一旦用户登录成功，立即在数据库中更新其最近登录时间。

表 8-1　用户管理表

字段名	字段类型	约束条件	描述
User_id	整型	不能重复	用户 ID，主键
User_name	短文本(255)	不能为空	用户名字
User_pwd	短文本(255)	不能为空	用户密码
User_logTime	日期/时间	不能为空	用户登录时间

（2）精矿成分表

表 8-2 是仿真计算所依赖的精矿成分表，主要包括精矿 ID、名称以及精矿中各元素的含量。

表 8-2　仿真计算精矿成分表

字段名	字段类型	约束条件	描述
Conc_id	整型	不能重复	精矿 ID，主键
Conc_name	短文本(255)	不能为空	精矿名称
Conc_Cu	单精度型	不能为空	精矿中 Cu 质量分数
Conc_Fe	单精度型	不能为空	精矿中 Fe 质量分数
Conc_S	单精度型	不能为空	精矿中 S 质量分数
Conc_SiO$_2$	单精度型	不能为空	精矿中 SiO$_2$ 质量分数
…	…	…	…

（3）仿真计算参数表

表 8-3 是仿真计算参数表，主要包括计算参数 ID、实际生产过程中的操作参数以及算法参数。计算输入参数保存数据库，有利于后期查询仿真结果时获取其所在工况下的计算参数。

表 8-3　仿真计算参数表

字段名	字段类型	约束条件	描述
Parameters_id	整型	不能重复	计算参数 ID，主键
Conc_rate	单精度型	不能为空	精矿加入速率
Oxygen_rate	单精度型	不能为空	氧气鼓入速率
Flux_rate	单精度型	不能为空	熔剂加入速率
Air_rate	单精度型	不能为空	空气鼓入速率
Conc_moisture	单精度型	不能为空	精矿湿度
Oxgyen_concentration	单精度型	不能为空	氧气浓度
Iteration_time	整型	不能为空	迭代次数
Swarm_size	整型	不能为空	种群大小

（4）给定工况仿真计算结果表

表8-4是给定工况仿真计算结果表，保存了每一次仿真计算结果的历史数据。同时在此表中关联了精矿成分数据以及计算参数数据。

表8-4　给定工况仿真计算结果表

字段名	字段类型	约束条件	描述
CurCalResult_id	整型	不能重复	当前计算 ID，主键
Conc_id	整型	不能为空	精矿 ID
Parameters_id	整型	不能为空	计算参数 ID
Calculation_time	时间/日期	不能为空	仿真计算的时间
Calculation_timeConsuming	单精度型	不能为空	仿真计算耗时
Adapative_Value	双精度型	不能为空	HLPSO 算法适应度值
Cu_2S_mole	单精度型	不能为空	平衡计算 Cu_2S 摩尔数
FeS_mole	单精度型	不能为空	平衡计算 FeS 摩尔数
Cu_mole	单精度型	不能为空	平衡计算 Cu 摩尔数
Cu_2O_mole	单精度型	不能为空	平衡计算 Cu_2O 摩尔数
…	…	…	…

（5）变工况仿真计算结果表

表8-5是变工况仿真计算结果表。相比于给定工况下的表，该表记录增加了仿真因素变量名称以及其值。

表8-5　变工况仿真计算结果表

字段名	字段类型	约束条件	描述
VarCalResult_id	整型	不能重复	变工况计算 ID，主键
Conc_id	整型	不能为空	精矿 ID
Parameters_id	整型	不能为空	计算参数 ID
Variable_name	短文本（255）	不能为空	仿真因素变量名称
Variable_value	单精度型	不能为空	仿真因素变量值
Count number	整型	不能为空	仿真计算点数
Calculation_time	时间/日期	不能为空	仿真计算的时间

续表 8 – 5

字段名	字段类型	约束条件	描述
Calculation_timeConsuming	单精度型	不能为空	仿真计算耗时
Adapative_Value	双精度型	不能为空	HLPSO 算法适应度值
Cu_2S_mole	单精度型	不能为空	平衡计算 Cu_2S 摩尔数
FeS_mole	单精度型	不能为空	平衡计算 FeS 摩尔数
Cu_mole	单精度型	不能为空	平衡计算 Cu 摩尔数
Cu_2O_mole	单精度型	不能为空	平衡计算 Cu_2O 摩尔数
…	…	…	…

8.1.2.3　用户界面的设计及开发

为了使用户能够更方便地使用软件的功能, 本小节对氧气底吹铜熔炼工艺仿真平台做了界面开发, 通过人机界面交互使得操作更加人性化和方便。图 8 – 3 是仿真平台系统导航界面。氧气底吹铜熔炼仿真平台的功能主要划分为三大部分: 氧气底吹铜熔炼工艺特性介绍、氧气底吹铜熔炼工艺模拟计算以及数据库维护功能。以下主要介绍实现氧气底吹铜熔炼工艺模拟计算子模块的相关界面。

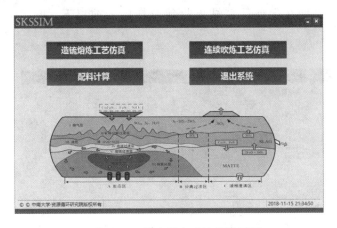

图 8 – 3　仿真平台系统导航界面

由导航界面进入仿真计算界面如图 8 – 4 所示, 为给定工况下的精矿成分及操作参数输入界面。之后的工艺仿真计算是以输入的精矿成分和操作参数等为基础。相应的输入参数可以保存至数据库, 以便后期需要查询仿真计算结果所对应的输入参数。

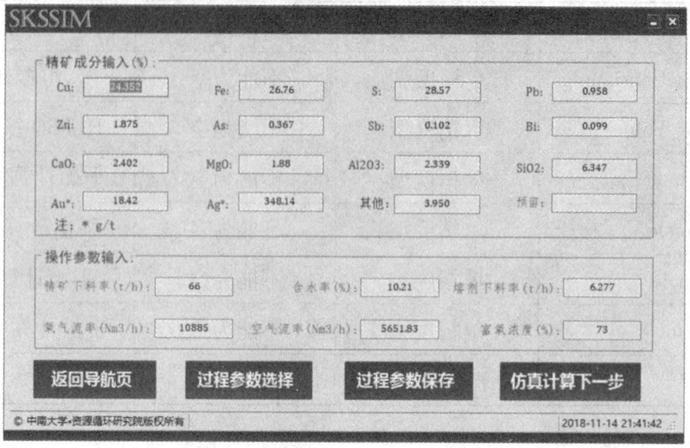

图 8-4　仿真平台精矿成分及操作参数输入界面

下一步进入相关仿真计算参数设置界面，如图 8-5 所示，需要设置平衡时各相的组分以及算法参数。平衡组分可以依据实际的生产情况进行选择，而算法参数的设置对于仿真计算的速度、收敛性及精确性影响比较大。对于不同的平衡组分意味着模型求解的问题维数不同，而算法参数的设置可以依据不同的问题维数做相应的调整，以期在保证计算结果收敛及精确的前提下，提高仿真计算的速度。

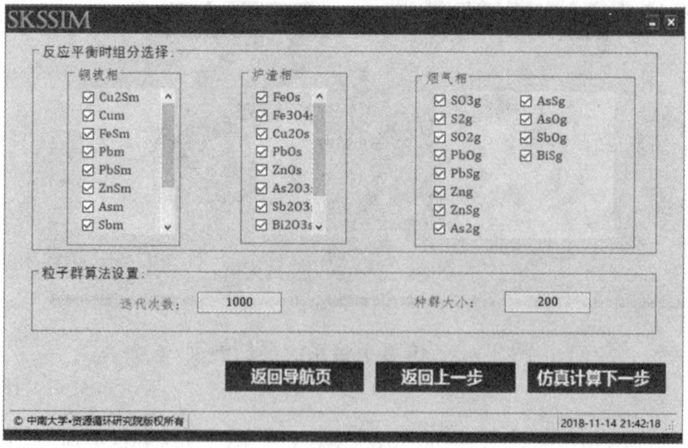

图 8-5　仿真平台平衡物质及算法参数设置界面

在上述输入和设定参数下的仿真计算结果显示界面如图 8 - 6 所示，上半部分为平衡时各相中组分仿真计算的摩尔量，而下半部分会打印显示出该次仿真计算过程中，相关计算状态参数、算法的性能评价指数以及氧气底吹铜熔炼工艺过程中的元素分配、渣含铜、铜锍品位等过程参数情况。

图 8 - 6　给定工况下仿真计算界面

不同工况条件仿真计算包括两个方面：一是不同的精矿成分，二是不同的操作工艺参数。如图 8 - 7 所示是变工况下参数设置及计算绘图界面。通过计算不同成分精矿中铜元素的含量，探讨精矿中铜元素含量对该工艺的影响情况。此处

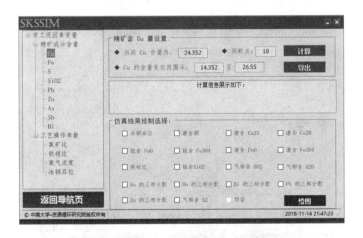

图 8 - 7　变工况下参数设置及计算绘图界面

的变工况主要是针对前述特定工况基础上的单因素模拟仿真，在相应计算参数设置基础上，仿真计算结果会打印并保存至数据库。仿真计算结束后可以通过绘图参数设置对计算结果可视化，分析相关趋势变化，而此处的计算结果来自数据库中变工况下的仿真计算结果。

　　氧气底吹铜熔炼仿真计算结果趋势图主要包括两类：一类是变工况条件下对于工艺参数(如铜锍品位、渣含铜、炉渣四氧化三铁含量等)的影响趋势图，如图8-8(a)所示；另一类是变工况条件下对伴生元素(如As、Sb、Bi等)的分配趋势图，如图8-8(b)所示。趋势图中可以通过增加对应坐标的网格更好地对应显示数据结果，同时可以重置调整坐标轴的区间范围。鼠标停留在相应的曲线上能够实时显示该点的坐标位置。同时，趋势图可以保存为图片进行本地存储。

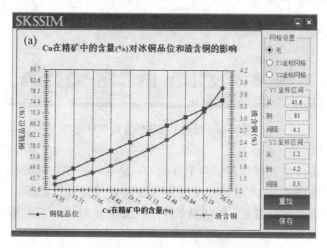

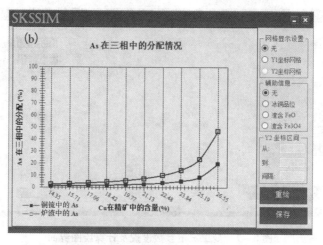

图8-8　变工况下仿真计算结果趋势图

8.1.3　面向对象关键类设计

面向对象设计中，类是核心，类主要实现了系统相关功能的封装，因而类的开发设计是系统开发过程中的重中之重。针对氧气底吹铜熔炼过程仿真平台开发的要求，所涉及的主要核心类有：HLPSO 算法类、过程参数传递类、变工况仿真计算类、图像绘制类、计算结果类、绘图参数类、矩阵处理类等。由于篇幅限制，本文只详细介绍 HLPSO 算法类、过程参数传递类、变工况仿真计算类以及图像绘制类，并给出了类的部分成员变量及成员函数。

8.1.3.1　HLPSO 算法类设计

HLPSO 算法类主要实现了针对氧气底吹铜熔炼工艺多相平衡数学模型求解功能的所有函数。主要包括种群粒子初始化函数、粒子位置范围函数、种群粒子迭代函数、反应体系总吉布斯自由能函数以及计算结果获取函数等。

```
public partial class HLPSO
{
    public Random rd = new Random( );        // 随机种子数
    private double esp = Math. Pow(10, -10);      // 用于计算精度控制
    private InputInfo InputPara;        // 过程参数传递
    private double[ ] MidVariable;        // 中间变量传递给 GibbsFunc 函数
    private double[ ] AdaptiveValue;        // 存储粒子适应度值
    private double[ , ] AdaptiveResults;        // 存储粒子位置结果
    private double[ ] ConstrainErr;        // 约束误差


    public delegate double Myfunc (Matrix x, InputInfo InputPara);        // 委托类
    public HLPSO (InputInfo DivInputPara)        // 构造函数
    public Matrix GetVarScope (Matrix A, Matrix b);        // 求取变量范围
    public Matrix InitVelocity (Matrix A);        // 种群速度初始化
    public Matrix GetA (ArrayList StrList, string Str);        // 平衡物质系数矩
阵获取
    public Matrix InitSwarm (int ParticleSize, Matrix A, Matrix b);        // 种群
初始化
    public void BaseStepPSO(Matrix VarScope, Matrix ParSwarm, Matrix
OptSwarm, Matrix A, Myfunc GibbsFunc, int k, int Iteration);        // 种群迭代
更新
```

```
    public double GibbsFunc (Matrix x, InputInfo InputPara);        // 目标函
数,即体系总吉布斯自由能
    public float[ , ] GetProcessResults (bool IsVarResults, double[ ] x, InputInfo
InputPara);        // 获取模拟仿真计算结果
}
```

8.1.3.2 过程参数传递类设计

过程参数传递类的设计对于仿真计算平台至关重要,因为在仿真计算过程中涉及较多的数据交换,因而把这些需要传递的中间参数整体封装,整体传递使得调用时候更加方便简单。该类中主要包括需要经常使用的中间计算参数,避免每次都去计算而耗费宝贵的 CPU 资源。

```
public class InputInfo
{
    private double[ ] InputMole;        // 输入系统元素的摩尔总量;
    private double[ ] InputPercent;        // 矿物成分含量;
    private string[ ] InputStr;        // 对应矿物成分含量中组分名字符
    private int[ ] AlgorithmPara;        // 算法相关参数
    private int[ ] SubstanceChoose;        // 平衡时组分
    private string[ ] SubstanceStr;        // 平衡时组分名字
    private double SPercent;        // 进入气相单质硫的含量
    private double O2Effiicency;        // 氧气利用效率
    private double[ ] TempInputMole;        // 中间过程元素摩尔质量

    public InputInfo( );        // 构造函数
}
```

8.1.3.3 变工况仿真计算类

针对变工况下模拟仿真复杂程度,设计了变工况计算 VarCalculation 类。实现不同工况的计算,只需要创建相应的 VarCalculation 对象,通过给其构造函数传入变工况条件下因素的名字以及相关的计算参数,构造函数会调用封装好的 FVarCalculation 函数即可实现不同工况下的仿真计算,简单方便。

```
public class VarCalculation
{
    private double esp;          // 计算精度
    private InputInfo InputPara;        // 过程参数传递
    private double[ ] Limit;         // 变工况条件变化区间
    private int InterverPoint;          // 变工况计算间隔点个数
    private int Dimension;          // 计算的维数
    private string VarName;          // 变工况条件名称


    public VarCalculation(string Name, InputInfo DivInputPara);          // 构造函
数
    public void FVarCalculation( );          // 变工况计算函数
}
```

8.1.3.4　图像绘制类设计

图像绘制类实现了对仿真结果可视化的所有功能。该类中主要包括图像初始化函数、坐标适应函数、图名及坐标设置函数等，实现了各种不同仿真结果趋势图的绘制。

```
public class CurveY
  {
      private Graphics objGraphics；// 提供绘制各种形状
      private Bitmap objBitmap；// 位图对象
      private float fltWidth = 500；// 图片的宽度,默认 500mm
      private float fltHeight = 400；// 图片的高度,默认 400mm
      private float fltYSlice1；// Y1 轴的刻度
      private float fltYSlice2；// Y2 轴的刻度
      private float fltYSliceValue1；// Y1 轴刻度的数值大小
      private float fltYSliceValue2；// Y2 轴刻度的数值大小
      private int GraphType；// 图像种类
      private int intCurveSize = 2；// 曲线数量
      private string lineY11Title；// Y11 线的名称
      private string lineY12Title；// Y12 线的名称
      private string lineY2Title；// Y2 线的名称
      private bool [ ] Grid = new bool [2] {false, false}；// 坐标网格
      ……// 受限于版面,省略一些成员变量
      public CurveY (int DivGraphType, DrawingInfo DrawingPara)；// 构造函数
      public void Fit (bool IsRedraw)；// 坐标调节
      public Bitmap CreateImage ()；// 创建图片
      private void InitializeGraph ()；// 初始化绘图
      private void SetAxisText (ref Graphics objGraphics)；// 设置坐标文字
      private void SetXAxis (ref Graphics objGraphics)；// 设置 X 坐标
      private void SetYAxis (ref Graphics objGraphics)；// 设置 Y 坐标
      private void DrawContent (ref Graphics objGraphics, int SymbolType, float[ ]
fltCurrentValues, Color clrCurrentColor, float YSliceBegin, float YSlice, float
YSliceValue)；// 绘制图片曲线内容
      private void CreateTitle (ref Graphics objGraphics)；// 设置图片名称
      private void CreateLineTitle (ref Graphics objGraphics)；// 设置曲线名称
  }
```

8.2　熔炼系统验证

8.2.1　熔炼工艺参数分析

选取国内某底吹连续炼铜厂入炉精矿成分和熔炼工艺操作参数,见表 8 – 6、表 8 – 7。在此条件下进行模拟计算,验证模拟软件的正确性和精确性。

表 8 – 6　稳定工况下入炉铜精矿成分表/%

成分	Cu	Fe	S	Pb	Zn	As	Sb
含量(湿矿 w)	20.74	22.77	23.34	1.72	2.01	0.41	0.09
含量(干矿 w)	22.67	24.89	25.51	1.88	2.20	0.45	0.10
成分	Bi	SiO_2	MgO	CaO	Al_2O_3	H_2O	其他
含量(湿矿 w)	0.07	12.96	0.46	1.65	2.20	8.5	3.07
含量(干矿 w)	0.08	14.16	0.50	1.80	2.40	0.00	3.36

表 8 – 7　稳定工况下工艺操作过程参数

工艺操作参数	生产数据
混合精矿加入速率(湿矿)/$(t \cdot h^{-1})$	76.99
精矿湿度/%	8.50
氧气鼓入速率/$(m^3 \cdot h^{-1})$	10672.33
空气鼓入速率/$(m^3 \cdot h^{-1})$	5465.59
富氧浓度/%	73
氧矿比/$(m^3 \cdot t^{-1})$	153
氧气效率/%	99

8.2.2　熔炼工艺仿真结果验证及分析

由表 8 – 8、表 8 – 9 可知,模拟结果与生产值吻合良好,铜锍中 Cu、Fe、S、Pb、As、Sb、Bi、SiO_2 模拟结果与生产数据的绝对误差分别为:0.23、0.12、2.5、0.57、0.02、0.02、0.02、0.01;炉渣中绝对误差分别为:0.06、0.48、0.08、0.11、0.00、0.00、0.01、0.83。其中,由于生产化验时缺少 Zn 元素含量统计数据,模拟结果未与实际值对照，炉渣中 As、Sb 元素含量由于四舍五入误差，导致模拟结果与生产值相同。说明该软件可以用于预测熔炼过程中多元素分配行为以及各组分之间的相互关系，进一步用于优化实际生产过程中的工业操作参数。

表 8-8　铜锍和炉渣模拟计算数据同工业生产数据对比表

成分 w/%	Cu	Fe	S	Pb	Zn	As	Sb	Bi	SiO$_2$	其他
模拟铜锍	70.22	3.86	19.85	2.26	0.91	0.13	0.04	0.05	0.79	1.89
工业铜锍	70.45	3.98	17.35	2.83		0.15	0.06	0.07	0.80	4.31
模拟炉渣	2.55	41.06	0.60	1.61	2.80	0.28	0.15	0.04	24.05	26.86
工业炉渣	2.61	40.58	0.52	1.50		0.28	0.15	0.03	24.88	29.35

表 8-9　微量杂质元素分配模拟计算数据同工业生产数据对比表

三相分配 比例/%	As		Sb		Bi		Pb		Zn	
	模拟	工业	模拟	工业	模拟	工业	模拟	工业	模拟	工业
铜锍相	8.91	8	12.96	12	19.67	20	36.34	35	12.52	
炉渣相	35.44	36	84.53	84	27.27	28	49.53	49	73.44	
气相	55.64	56	2.51	4	53.06	52	14.13	16	14.03	

8.2.3　熔炼过程热量衡算

实际熔炼温度受入炉物料成分、加料量、氧气鼓入速率等操作参数共同影响，模拟计算开始时假设熔炼温度，并非实际操作温度，因此需要对假设温度进行验证，以确保模拟结果的可靠性。

本文热平衡计算在表 8-6、表 8-7 所示的物料成分和生产条件下，以每小时底吹炉中的物料输入、输出量为基准，基准温度为 298 K，基准压力采用 101325 Pa。

8.2.3.1　热收入计算

（1）硫化物氧化放热

铜冶炼原料主要含有 Cu、Fe、S 三种元素，且主要以 CuFeS$_2$、FeS$_2$、Cu$_2$S、Cu$_5$FeS$_4$ 四种物相存在，利用 METSIM 计算分别生成单位质量四种化合物的放热量，列于表 8-10。

表 8 – 10　生成单位质量化合物的放热量

化合物	$q_1/(\text{kJ} \cdot \text{kg}^{-1})$
$CuFeS_2$	0.94×10^3
FeS_2	1.39×10^3
Cu_5FeS_4	0.76×10^3
Cu_2S	0.58×10^3

精矿中 Cu、Fe、S 三种元素含量约占干矿总质量的 60%~80%，在此范围内，通过计算机随机生成一份由上述四种化合物组成的 1000 kg 干精矿，其内包含的 Cu、Fe、S 三种元素含量和生成化合物放热量 Q_1' 是确定的，且一一对应。重复上述过程生成 150 份组分不同的原料，可以获得 150 组不同的 Cu、Fe、S 元素含量和对应的 Q_1' 关系。

分别绘制 Cu、Fe、S 三种元素含量与对应 Q_1' 的关系图，如图 8 – 9 所示，随着原料中元素含量的增加，Q_1' 近似呈线性变化，因此可以将三种元素含量变化对 Q_1' 的共同作用的影响进行线性回归，三元一次线性回归方程为：

$$Q_1' = 2414.7 \times Cu\% + 3310.9 \times Fe\% + 23611.0 \times S\% - 37852.0 \quad (8-1)$$

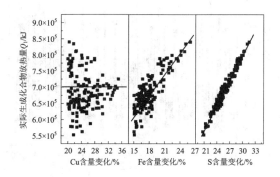

图 8 – 9　化学反应生成热与 Cu、Fe、S 含量的关系

由图 8 – 10 可知，根据拟合公式计算 Q_1' 与实际值吻合较好。由图 8 – 11 可知，计算值与实际值的相对误差小于 3%，说明该公式可用于计算熔炼过程生成原料中主要化合物的放热量 $Q_1 = m \times Q_1'$，其中 m 为入炉干矿质量。

$$
\begin{aligned}
Q_1 &= 70.45 \times (2414.7 \times 22.67 + 3310.9 \times 24.89 + 23611.0 \times 25.51 - 37852.0) \\
&= 49428717.57 \ (\text{kJ/h})
\end{aligned}
\quad (8-2)
$$

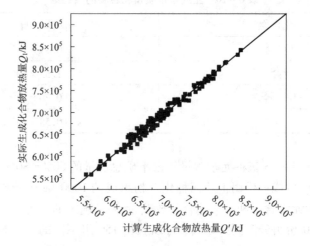

图 8 - 10　化学反应热模拟结果与实际值对比

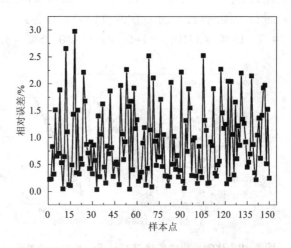

图 8 - 11　化学反应热计算值与实际值相对误差

　　利用 SKSSIM 模拟软件，在如表 8 - 6、表 8 - 7 所示的条件下，计算熔炼产物量，并通过 METSIM 计算生成单位质量各化合物的放热量（正）/吸热量（负），结果如表 8 - 11 所示。

表 8－11　反应达平衡时各相产物量及放/吸热量 q_2

相态	化合物	质量/kg	放热量(正)/吸热量(负)q_2/(kJ·kg^{-1})
铜锍相	Cu$_2$S	19834.73	0.48×10^3
	FeS	883.91	1.13×10^3
炉渣相	Cu$_2$O	160.11	1.19×10^3
	FeO	11790.20	3.63×10^3
	Fe$_3$O$_4$	10726.14	4.83×10^3
气相	S$_2$	2750.76	−2.00×10^3
	SO$_2$	21435.57	4.63×10^3

计算生成最终产物放热量 Q_2：

$$Q_2 = (19834.73×0.48+883.91×1.13+160.11×1.19+11790.20×3.63$$
$$+10726.14×4.83-2750.76×2.00+21435.57×4.63)×10^3$$
$$=199060870.9 \text{（kJ/h）} \tag{8-3}$$

则入炉物料化学反应放热量 Q_3：

$$Q_3 = Q_2 - Q_1 \tag{8-4}$$

（2）FeO 与 SiO$_2$ 造渣放热

每千克 Fe 发生造渣反应放热 $0.418×10^3$ kJ，由模拟结果可知，参与造渣的 Fe 为 16926.48 kg。

则 FeO 与 SiO$_2$ 的造渣放热量 Q_4：

$$Q_4 = 16926.48×0.418×10^3 = 7075268.64 \text{（kJ/h）} \tag{8-5}$$

8.2.3.2　热支出计算

（1）熔炼产物显热

摩尔定压热容 $C_{p,m}$ 是热力学计算中的重要参数之一，是指 1 mol 物质在恒压且不发生化学反应的条件下，升高 1 K（或 1℃）吸收或放出的热量，单位为 J/(mol·K) 或 J/(mol·℃)，一般为温度的函数，计算公式如：

$$C_{p,m} = A_1 + A_2×10^{-3}×T + A_3×10^5×T^{-2} + A_4×10^{-6}×T^2 \tag{8-6}$$

式中：T 分别为铜锍、炉渣和烟气的温度，K。各相中主要化合物及对应的热容计算系数 A_1、A_2、A_3、A_4 列于表 8－12。

表 8 - 12　连续炼铜产物中主要化合物的热容计算系数[127]

相态	序号 i	化合物	A_1	A_2	A_3	A_4
铜锍	1	Cu_2S	89.12	0.00	0.00	0.00
	2	FeS	71.13	0.00	0.00	0.00
	3	ZnS	49.25	5.27	-4.85	0.00
	4	PbS	61.92	0.00	0.00	0.00
炉渣	5	FeO	68.20	0.00	0.00	0.00
	6	Fe_3O_4	213.38	0.00	0.00	0.00
	7	Cu_2O	100.42	0.00	0.00	0.00
	8	PbO	64.35	0.00	0.00	0.00
	9	ZnO	49.00	5.10	-9.12	0.00
	10	SiO_2	58.91	10.04	0.00	0.00
	11	CaO	62.76	0.00	0.00	0.00
	12	MgO	60.67	0.00	0.00	0.00
	13	Al_2O_3	144.86	0.00	0.00	0.00
烟气	14	SO_2	43.43	10.63	-5.94	0.00
	15	SO_3	57.15	27.32	-12.89	-7.70
	16	S_2	36.48	0.67	-3.77	0.00
	17	CO_2	44.14	9.04	-8.54	0.00
	18	O_2	29.96	4.18	-1.67	0.00
	19	N_2	27.86	4.27	0.00	0.00
	20	H_2O	30	10.71	0.34	0.00

则反应产物带走热量：

$$Q_5 = \sum_{i=1}^{N} (n_i \times C_{p,m,i}) \times (T_k - 273)/1000 \ (kJ/h) \tag{8-7}$$

式中：i 为熔炼产物中化合物编号；N 为熔炼产物种类；n_i 和 $C_{p,m,i}$ 分别为第 i 种化合物的摩尔量和摩尔定压热容；T_k 为熔炼产物温度，其中铜锍温度为 T_1 K，炉渣温度为 T_2 K，烟气温度为 T_3 K。

（2）水分蒸发吸热

精矿中水蒸发消耗的热量：

$$Q_6 = W[(t_1 - t_0) \times C_1 + q_{潜}] + n[t_2 \times C_3 - t_1 \times C_2] \tag{8-8}$$

式中符号解释见表 8-13。

表 8-13　水蒸发吸热计算公式中符号意义对照表

符号	意义	单位	数值
W	精矿中水质量	kg	m_{H_2O}
n	精矿中水摩尔量	mol	n_{H_2O}
t_0	基准温度	K	298
t_1	水沸点	K	373
t_2	烟气温度	K	T_3
C_1	基准温度下水的比热容	kJ/(kg·K)	4.20
$q_{潜}$	水蒸发潜热	kJ/kg	2256
C_2	沸点温度下水的比热容	kJ/(mol·K)	0.034
C_3	烟气温度下水的比热容	kJ/(mol·K)	C_{p,H_2O}

表 8-13 中 $C_{p,H_2O} = (30 + 10.71 \times 10^{-3} \times T_3 + 0.34 \times 10^5 \times T_3^{-2})/1000$ [kJ/(mol·K)]。

代入数据，混合精矿中带入的水分蒸发吸热量：

$$Q_6 = m_{H_2O} \times [(373 - 298) \times 4.20 + 2256] +$$
$$n_{H_2O} \times [T_3 \times C_{p,H_2O} - 373 \times 34.24] \text{ kJ/h} \tag{8-9}$$

（3）炉体散热

底吹熔炼炉尺寸 $\phi 4.4$ m $\times 18$ m，烟道开口尺寸 $\phi 1.2$ m。

①通过炉壁表面的散热损失。

氧气底吹熔炼炉与 PS 转炉类似，近似为一个圆柱体，由一个侧面（炉身）和两个底面（底吹炉端面）组成，三个面的总散热量构成炉壁表面散热，计算公式如下：

$$Q_{壁} = q_{壁} F \tag{8-10}$$
$$q_{壁} = k_{总}(t_{外} - t_{空}) \tag{8-11}$$
$$k_{总} = k_{辐} + k_{对} \tag{8-12}$$

式中符号解释见表 8-14。

炉身对流传热速率

$$q_{炉身} = 5.30 \times (473 - 293) = 954 \text{ (W/m}^2)$$

端面对流传热速率

$$q_{端面} = 2.63 \times (423 - 293) = 341.9 \text{ (W/m}^2)$$

$$Q_{炉身} = q_{炉身} \times S_{炉身} = 954 \times 244.17 = 232938.18 \text{ (W)} = 838577.45 \text{ (kJ/h)}$$
$$\tag{8-13}$$

$$Q_{端面} = q_{端面} \times S_{端面} = 341.9 \times 30.40 = 10393.76 \text{ W} = 37417.54 \text{ (kJ/h)} \quad (8-14)$$

$$Q_{壁} = Q_{炉身} + Q_{端面} = 875994.99 \text{ (kJ/h)} \quad (8-15)$$

表 8-14 炉壁表面散热计算公式中符号意义对照表

符号	意义	单位	数值
$k_{对}$	炉身总换热系数	W/(m² · K)	5.30
	端面总换热系数	W/(m² · K)	2.63
$t_{外}$	炉身表面温度	K	473
	端面表面温度	K	423
$t_{空}$	空气温度	K	293
F	炉身散热面积	m²	244.17
	端面散热面积	m²	30.40

②通过炉门炉孔的热损失。

对于底吹炉,烟道开口面积较大,因此熔炼炉内辐射热损失近似为烟道口辐射热量:

$$Q_{门辐} = 5.67(0.01T)^4 F_{孔} \, \Phi k_{开口} \text{ (W)} = 20.41(0.01T)^4 F_{孔} \, \Phi k_{开口} \text{ (kJ/h)}$$
$$(8-16)$$

式中:T 为辐射温度,即烟气温度 T_3 K;$F_{孔}$ 为烟道口面积($\pi \times 1.44$)m²;Φ 为遮掩系数,对于底吹炉特点取 0.8;$k_{开口}$ 为底吹炉每小时内烟道打开时间,取 1 h/h。带入数据计算底吹熔炼炉辐射热量:

$$Q_{门辐} = 20.41 \times (0.01 \times T_3)^4 \times \pi \times 1.44 \times 0.8 \times 1 \text{ (kJ/h)} \quad (8-17)$$

③炉体散热。

$$Q_7 = Q_{壁} + Q_{烟门辐} \quad (8-18)$$

8.2.3.3 热量守恒计算

由热量守恒定律可知,进入和排出氧气底吹熔炼炉的热量相等,即:

$$Q_3 + Q_4 = Q_5 + Q_6 + Q_7 \quad (8-19)$$

公式是一个关于 T_1、T_2、T_3 的三元四次方程,根据实际生产经验,取 $T_1 = T_3 + 100$,$T_2 = T_3 + 70$,将方程化为一元四次方程,使用牛顿迭代算法求解,得铜锍温度 $T_1 = 1480.70$ K、炉渣温度 $T_2 = 1450.70$ K、烟气温度 $T_3 = 1380.70$ K,与实际生产情况较为吻合。计算底吹熔炼过程热量平衡,列于表 8-15,可见模拟过程热量守恒,计算结果可靠。

表 8 – 15　氧气底吹熔炼过程热量平衡表

项目		热量/(kJ·h^{-1})	百分含量/%
热收入	硫化物氧化放热	149632153.33	95.49
	造渣放热	7075268.64	4.51
	合计	156707421.97	100.00
热支出	铜硫带走热	18440671.08	11.78
	炉渣带走热	52837984.9	33.72
	水分蒸发吸热	32229114.69	20.57
	烟气带走热	49640700.24	31.66
	炉体散热	3558950.99	2.27
	合计	156707421.97	100.00

8.3　连续吹炼系统开发

8.3.1　连续吹炼系统结构及功能

铜锍氧气底吹连续吹炼系统功能如图 8 – 12 所示，主要包括：

图 8 – 12　氧气底吹连续吹炼仿真系统组成与结构

（1）基本参数输入模块，熔炼和吹炼过程投入的物料参数、工艺操作参数、反应体系平衡时各相组成成分以及模型求解算法参数，均作为基本条件被存储到数据库和传递到组分预测系统；

（2）氧气底吹连续吹炼工艺组分预测系统，由氧气底吹造锍熔炼工艺热力学模型、连续吹炼热力学模拟及求解算法组成，是该模拟软件的核心；

（3）模拟仿真计算模块，基于第一部分输入的基本参数，利用第二部分的工艺组分预测系统，实现了包括稳定工况/变工况条件下的质量衡算、热量衡算、元素分配行为模拟及工艺指标随工况变化趋势模拟，计算结果为反应平衡时各相中各组分的摩尔量；

（4）计算结果输出模块，根据上一步计算结果，整理元素在各相中的含量、分配比例以及工艺指标值等，保存到数据库或导出为 Excel 文件，也可直接在模拟软件中绘制工况波动对工艺指标的影响图。

图 8-13 是氧气底吹连续吹炼仿真计算流程图。模拟软件以输入基本参数

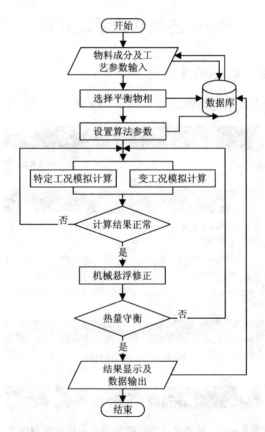

图 8-13　氧气底吹连续吹炼仿真计算流程图

（物料参数、操作参数、平衡组分和算法参数）为基准，实现稳定工况、变工况条件下的仿真模拟计算，根据计算误差判断计算是否成功，然后根据实际生产情况对理论计算结果进行机械悬浮修正，利用修正后的结果计算连续吹炼过程是否热量守恒。输入的基本参数和相关计算结果及时储存到数据库，便于进行历史查询。

8.3.2　连续吹炼系统程序界面

本小节主要介绍铜锍氧气底吹连续吹炼仿真系统功能界面图。图 8 - 14 为连续吹炼模拟参数设置界面，连续吹炼工艺物料种类较多且成分差异较大，因此分别设置每种物料的加料量、温度和成分等信息，最后统计不同物料中的同种元素总量用于仿真计算，统计不同物料的温度用于热量衡算。在操作工艺条件设置栏，共有氧气流量、空气流量、氮气流量、富氧浓度、氧气利用率和吹炼温度六种参数可供调整。为方便用户查看历史计算信息，可将物料信息按照物料种类以时间戳为关键字分别储存到数据库不同的表中。

图 8 - 14　氧气底吹连续吹炼模拟参数设置界面

氧气底吹连续吹炼工艺可采用三相操作，也可采用四相操作，因此在软件中设置粗铜、铜锍、炉渣和烟气四相，如图 8 - 15 所示。在进行仿真计算时根据实际情况选取相态数。平衡物相中化合物种类和计算参数的选取与实际计算条件有关，当选定平衡物相中化合物种类较多时，应适当增加粒子群规模和迭代次数，以保证计算结果可靠。

稳定工况仿真计算结果显示如图 8 - 16 所示，上部为多相平衡时体系中各组

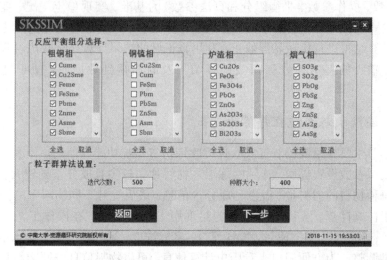

图 8 – 15　氧气底吹连续吹炼平衡物相选择界面

分的摩尔量，下部打印出算法性能评价指数、主要过程参数以及元素分配情况。计算结果自动保存到数据库。此外还可利用导出功能，将计算结果导出到 Excel 文档。

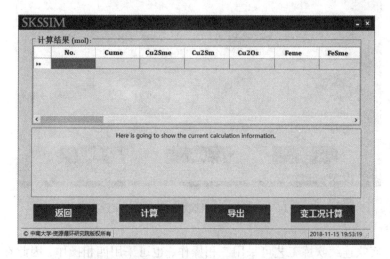

图 8 – 16　氧气底吹连续吹炼稳定工况计算界面

　　特定工况下仿真计算对实际生产的指导意义有限，不适合复杂工况波动情况，因此变工况下仿真计算能很好地弥补这一缺点。

　　当研究某一工况条件变化对连续吹炼工艺过程的影响时，以特定工况计算时采用的吹炼物料成分和操作参数为基准,上下浮动一定值作为参数范围进行多次仿真计算。考虑到一种工艺参数可能受不同因素变化的影响,在软件开发时可设置相应的选项,如图 8 - 17 所示。计算结果自动保存到数据库,便于进行历史追溯。主要计算结果展示在界面中部,全部计算信息可以导出保存到 Excel 文档。

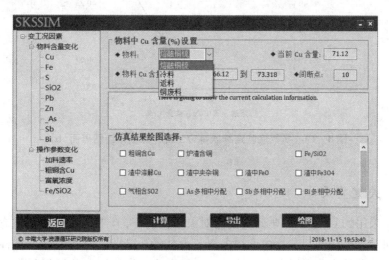

图 8 - 17　氧气底吹连续吹炼变工况计算界面

考虑到粗铜含铜、渣含铜、铁硅比和微量元素在各相中分配比例等工艺指标能直接反映出连续吹炼过程是否正常,因此在 SKSSIM 模拟软件中实现快速绘图功能,根据工况波动条件下仿真计算结果直接绘制上述工艺指标的变化曲线,为实际生产提供指导,如图 8 - 18、图 8 - 19 所示。

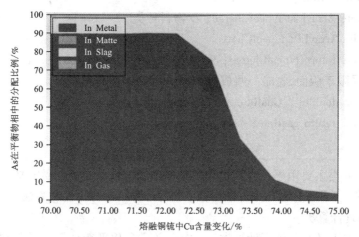

图 8 - 18　氧气底吹连续吹炼变工况计算结果绘图界面(a)

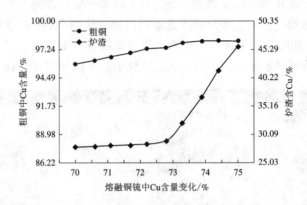

图 8 – 19　氧气底吹连续吹炼变工况计算结果绘图界面(b)

8.3.3　关键类设计

本文采用的 C#是一种典型的面向对象编程语言，类是其中的重要概念，为了体现面向对象编程的封装、继承和多态三大特性，提高模拟软件易维护性、易拓展性以及开发效率，必须合理设计类。氧气底吹连续炼铜工艺模拟软件中，主要包括以下类。

（1）参数传递类

```
public class CalInfo
{
    public CalInfo( ){ } //构造函数
    private ArrayList typeofCharge; //物料种类
    public ArrayList typeofCharge
    {get { return typeofCharge; } set { typeofCharge = value; }}
    //受限于版面,省略一些成员变量
    public double[ ] GasRate //气体流量
    {get { return gasRate; } set { gasRate = value; }}
}
```

InputInfo 类主要用于在计算过程中传递中间参数，其中主要定义了入炉物料种类、组成、工艺操作参数、算法参数、临时计算结果等属性和方法。

（2）仿真计算类

BalanceCalculation 仿真计算类，其中定义了多相平衡计算相关的属性、字段和方法，主要用于根据输入基本参数计算稳定工况和变工况条件下各相中各组分摩尔量,并对计算结果进行机械悬浮修正、存储和导出。

```
public partial class BalanceCalculation
  {
      public  BalanceCalculation ( string  Name, string  DivCondition, InputInfo
  DivCInputPara, bool DivIsBurdenContent) //构造函数
      {
        esp = Math.Pow(10, -8); //运行最大误差
        CInputPara = DivCInputPara; //计算参数
        //受限于版面,省略一些成员变量
        IsChargeContent = DivIsBurdenContent; //变量是否为物料成分
      }
    public void Calculation( )
      {
        DateTime dtBegin = DateTime.Now; //计时开始
        CalcualteDone = false; //判断计算是否完成
            //受限于版面,省略一些成员变量
        int Iteration = (int)CInputPara.AlgorithmPara[0]; //算法迭代次数
      }
    private InputInfo CInputPara; //计算所需参数
}
```

（3）图像绘制类

Drawing 图像绘制类,是根据工况波动条件下的计算结果绘制元素分配行为、工艺指标随物料成分、工艺操作参数变化的影响趋势图,主要包括绘制图像方法、坐标属性、绘图数据字段等。

```
public partial class Drawing
  {
      public CDrawing (int DivArraySize) //构造函数
      {
        ArraySize = DivArraySize;
        cuMetal = new double[ArraySize];
      }
    //受限于版面,省略一些成员变量
```

```
    public void DrawingDoubleYAxis(string Line1Name, string Line2Name) 绘制
双 Y 轴图形
    {
    chart1. ChartAreas[0]. AxisX. Title = xAxisText; //X 轴名称
    chart1. ChartAreas[0]. AxisX. TitleFont = new Font("Microsoft YaHei UI",
10.5F);
    chart1. ChartAreas[0]. AxisX. MajorGrid. LineDashStyle = ChartDashStyle.
Dash;
    chart1. ChartAreas[0]. AxisX. MajorGrid. LineColor = Color. LightGray;
    chart1. ChartAreas[0]. AxisX. LabelStyle. Format = "N2";
    chart1. ChartAreas[0]. AxisX. LabelStyle. Font = new Font("Microsoft Sans
Serif", 10F);
    }
    public void DrawingSingleYAxis(bool IsEleDistribution, string LineName) //
绘制单 Y 轴图形
    {
    Color color1 = Color. FromArgb(108, 166, 250);
    chart1. ChartAreas[0]. AxisX. Title = xAxisText; //X 轴标题
    }
    public Series DrawSeries(double [ ] x, double[ ] y, string chartTypeName)
    {
    Series series = new Series ( );
    }
}
```

（4）数据导出类

利用 ExportToExcel 类描述了计算结果导出相关的方法、属性和字段，包括文件名、保存位置等字段和数据存储方法。

```
public Class ExportToExcel;
    {
    private void ExportToExcel( ) //导出 Excel 方法
    {
            DirectoryInfo directoryInfo = new DirectoryInfo (Directory.
GetCurrentDirectory( )); //新建对象
```

```
        string SavePathString;
        FileMode. Open, FileAccess. Read))
            {
            HSSFWorkbook hwbook = new HSSFWorkbook(file);
            //受限于版面,省略一些成员变量
            for (int i = 0; i < CInputPara. GasRate. Length - 1; i + +)
                {
                    hsheet. GetRow (15). GetCell (4 ∗ i + 4). SetCellValue
(CInputPara. GasRate[i]); //气体鼓入速率
                }
            }
        }
    }
```

(5)温度闭环计算类

TemperatureCal 类主要用于根据仿真结果计算反应过程是否满足热量守恒,包括热量计算所需各组分含量字段,温度守恒方程计算方法,温度守恒方程一阶导数计算方法和牛顿迭代计算方法。

```
public class TemperatureCal
    {
    public TemperatureCal(InputInfo DivInputPara, double[][]
DivResultsRepaired) //构造函数
        {
        InputPara = DivInputPara;
        }
    //受限于版面,省略一些成员变量
    private double dHeatEquilibriumEquation(double DivT2) //热差导数
        {
        double T2 = DivT2; //气相温度
        //受限于版面,省略一些成员变量
        }
    public double Newton(double DivT2) //牛顿迭代算法
        {}
    private static int Itrmax = 1000; //总迭代次数
    }
```

8.3.4　数据库结构设计

数据库作为重要存储媒介，存储着包括输入物料参数、操作参数、算法参数、计算结果等详细数据，在仿真计算过程中频繁进行数据读取、写入操作。因此良好的数据库结构设计不仅要有利于数据库的维护、复用和程序拓展，还需要保证数据读写效率。本文采用的 SQL LocalDB 数据库是一种关系型数据库，主要通过数据表组织和管理数据，因此数据库结构优劣与数据表的建立息息相关。氧气底吹连续吹炼系统数据库主要包括以下各表。

（1）操作参数表

表 8 - 16 为操作参数表，主要用于保存仿真计算时间、物料种类、加料量、气体鼓入速率等。

表 8 - 16　操作参数表

字段名	字段类型	约束条件	描述
Id	int	不能重复	序号，主键
DataTime	datatime	不能为空	工艺参数记录时间
OxygenRate	float	不能为空	氧气鼓入速率
AirRate	float	不能为空	空气鼓入速率
Molten_Matte	float	不能为空	热态铜锍加入量
Fuel	float	不能为空	熔剂加入量
…	…	…	…

（2）入炉物料信息表

表 8 - 17 为入炉物料信息表，主要包括物料 ID、名称以及各元素含量，用于保存入炉物料详细成分信息。

表 8 - 17　入炉物料信息表

字段名	字段类型	约束条件	描述
Id	int	不能重复	序号，主键
DataTime	datatime	不能为空	信息记录时间
Weight	float	不能为空	加料量
Cu	float	不能为空	Cu 含量
Fe	float	不能为空	Fe 含量
…	…	…	…

（3）稳定工况计算结果表

表 8-18 为稳定工况计算结果表，主要包括 ID、计算时间、最小吉布斯自由能、温度和各组分摩尔量等。

表 8-18　稳定工况计算结果表

字段名	字段类型	约束条件	描述
Id	int	不能重复	序号，主键
DataTime	datatime	不能为空	模拟记录时间
AdapterValue	float	不能为空	最小吉布斯自由能
Temperature	float	不能为空	温度
Cume	float	不能为空	粗铜中 Cu 含量
…	…	…	…

（4）变工况计算结果表

表 8-19 为变工况计算结果表，主要用于仿真计算序号、时间、自变量因素和反应平衡时各组分摩尔量等信息。

表 8-19　变工况计算结果表

字段名	字段类型	约束条件	描述
Id	int	不能重复	序号，主键
DataTime	datatime	不能为空	模拟记录时间
Variable	float	不能为空	自变量因素
Cume	float	不能为空	粗铜中 Cu 含量
Feme	float	不能为空	粗铜中 Fe 含量
…	…	…	…

8.4 连续吹炼系统验证

8.4.1 连续吹炼工艺参数分析

选取了国内某底吹炼铜厂，稳定生产时某段时间内处理的连续吹炼物料成分及采用的工艺参数，如表 8 – 20、表 8 – 21 所示。在此条件下进行模拟计算，验证模拟软件的正确性和精确性。

表 8 – 20 连续吹炼入炉物料成分表

组分	Cu	Fe	S	Pb	Zn	As	Sb	Bi	SiO$_2$	C	其他
热态铜锍	71.12	3.53	18.16	2.53	0.75	0.21	0.058	0.08	0.50		3.06
冷态铜锍	71.21	3.47	17.87	2.55	1.24	0.19	0.065	0.09	0.64		2.68
铜米	95.00	0.18	0.15	0.0035	0.06	0.0033	0.019	0.0048	0.52		4.06
残极	99.07		0.005								0.93
熔剂		0.17							92.11		7.72
焦炭										90	10

表 8 – 21 连续吹炼工艺操作过程参数

指标	工艺参数
热态铜锍加入速率/(t·h^{-1})	10
冷态铜锍加入速率/(t·h^{-1})	8
铜米加入速率/(t·h^{-1})	7
残极加入速率/(t·h^{-1})	2.2
石英加入速率/(t·h^{-1})	0.7
焦炭加入速率/(t·h^{-1})	0.4
氧气鼓入速率/(m^3·h^{-1})	2515
压缩空气鼓入速率/(m^3·h^{-1})	2913
氮气鼓入速率/(m^3·h^{-1})	2806
富氧浓度/%	38
铁硅比	0.8
操作温度/K	1493 ~ 1513

8.4.2　连续吹炼工艺仿真结果验证及分析

利用 FactSage 绘制了 Cu_2S-Cu 二元相图，如图 8-20 所示，如果完全是四相操作，铜锍量充足，理论上，粗铜中会溶解 8.2% 的 Cu_2S，相应含 S 量 1.6% 左右，实际粗铜含 S 仅为 0.3%，在如表 8-20、表 8-21 所示的生产条件下进行模拟计算，最终产物中不存在铜锍相，与实际情况较为吻合，因此可近似认为吹炼终点是三相操作。

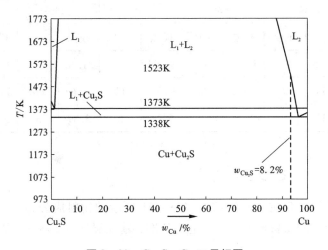

图 8-20　Cu_2S-Cu 二元相图

对比工业生产条件下的模拟结果与生产数据如表 8-22、表 8-23 所示，粗铜中 Cu、Fe、S、Pb、As、Sb、Bi、SiO_2 模拟结果与生产数据的绝对误差分别为：0.34、0.02、0.03、0.38、0.02、0.02、0.03、0.002；连续吹炼炉渣中各元素绝对误差分别为：0.11、0.01、0.02、0.39、0.02、0.004、0.003、0.87。其中，由于缺少元素 Zn 的分析化验数据，模拟结果未与实际值对照。结果显示模拟结果与实际生产数据印证良好，说明该软件可以用于预测连续吹炼过程中多元素分配行为，为实际生产提供理论指导。

表 8-22　粗铜和炉渣模拟计算数据同工业生产数据对比表

成分 w/%	Cu	Fe	S	Pb	Zn	As	Sb	Bi	SiO_2	其他
模拟粗铜	96.65	0.08	0.360	0.68	0.39	0.14	0.038	0.056	0.098	1.51
工业粗铜	96.99	0.10	0.33	1.06		0.12	0.055	0.09	0.10	1.16

续表 8 - 22

成分 w/%	Cu	Fe	S	Pb	Zn	As	Sb	Bi	SiO₂	其他
模拟炉渣	27.11	18.76	0.09	8.80	2.5	0.09	0.063	0.047	22.7	19.84
工业炉渣	27.00	18.86	0.11	8.41		0.0652	0.059	0.05	23.57	21.87

表 8 - 23　微量杂质元素分配模拟计算数据同工业生产数据对比表

三相分配比例/%	As		Sb		Bi		Pb		Zn	
	模拟	工业	模拟	工业	模拟	工业	模拟	工业	模拟	工业
粗铜相	90.15	90	77.65	77	83.62	82	31.48	31	37.71	
炉渣相	8.74	9	20.15	22	11.07	12	64.62	66	58.68	
气相	1.11	1	2.20	1	5.31	6	3.89	3	3.62	

8.4.3　连续吹炼过程温度衡算

本文热平衡计算在如表 8 - 20、表 8 - 21 所示的物料成分和生产条件下，以每小时吹炼炉中的物料输入、输出量为基准，基准温度为 298 K，基准压力采用 101325 Pa。

8.4.3.1　热收入计算

（1）热态铜锍显热

热态铜锍入炉温度为 1273 K，铜锍中化合物组成和热容可根据表 8 - 12 查得，并利用公式计算，连续吹炼过程热态铜锍带入显热：

$$Q_1 = \sum_{i=1}^{4} (n_i \times C_{p,m,i}) \times (1273 - 273)/1000 \ (kJ/h) \qquad (8-20)$$

（2）铜锍氧化热

每千克 Cu_2S 氧化放热 1365 kJ/kg，FeS 氧化放热 6210 kJ/(kg·K)，入炉物料中 Cu_2S 质量 m_{Cu_2S} kg，FeS 质量为 m_{FeS} kg，铜锍氧化反应放热量：

$$Q_2 = (m_{Cu_2S} \times 1365 + m_{FeS} \times 6210) \ (kJ/h) \qquad (8-21)$$

（3）造渣热

对 1 kg Fe 而言，其造渣反应放热量为 0.418×10^3 kJ。由模拟结果可知，参与造渣的 Fe 为 m_{Fe} kg，造渣反应放热量：

$$Q_3 = m_{Fe} \times 0.418 \times 1000 \ (kJ/h) \qquad (8-22)$$

（4）焦粒燃烧放热

利用 METSIM 计算燃烧 1 kg C 放热量为 26.76×10^3 kJ，投入物料含 C 质量为 m_C kg，其燃烧放热量：

$$Q_4 = m_C \times 2.68 \times 10^4 (\text{kJ/h}) \qquad (8-23)$$

8.4.3.2　热支出计算

（1）粗铜显热

假设粗铜温度 T_1 K，热容 $C_{p,m,Cu} = 31.38 \times T_1$，反应平衡时粗铜摩尔量为 n_{Cu}，则该温度下粗铜显热为：

$$Q_5 = C_{p,m,Cu} \times n_{Cu} \times (T_1 - 298)/1000 \ (\text{kJ/h}) \qquad (8-24)$$

（2）炉渣显热

假设炉渣温度 T_2 K，该温度下炉渣组成和热容 $C_{p,m,i}$ 可根据表 8-12 和公式计算，则炉渣显热为：

$$Q_6 = C_{p,m,i} \times n_i \times (T_2 - 298)/1000 \ (\text{kJ/h}) \qquad (8-25)$$

式中：n_i 为炉渣中主要化合物的物质的量。

（3）烟气显热

假设烟气温度 T_3 K，根据模拟结果，烟气中 SO_2、SO_3、CO_2、O_2、N_2 的物质量分别为 n_{SO_2}、n_{SO_3}、n_{CO_2}、n_{O_2}、n_{N_2}，其 $C_{p,m,i}$ 可利用公式以及表 8-12 列出的系数计算，烟气显热为：

$$Q_7 = C_{p,m,i} \times n_i \times (T_3 - 298)/1000 \ (\text{kJ/h}) \qquad (8-26)$$

（4）炉体散热

连续吹炼炉体尺寸 $\phi 4.1$ m $\times 18$ m，其换热系数、遮掩系数等参数选取参照底吹熔炼炉，则：

炉身面积

$$S_1 = 3.14 \times (4.1 \times 18 - 1.44) = 227.21 \ (\text{m}^2)$$

端墙面积

$$S_2 = 2 \times 3.14 \times 2.05 \times 2.05 = 26.39 \ (\text{m}^2)$$

炉身散热

$$q_1 = 954 \times 227.21 + 341.9 \times 26.39 = 225781.08(\text{W}) = 812811.89 \ (\text{kJ/h})$$

烟道口辐射热量

$$q_2 = 20.41 \times (0.01 T_3)^4 \times 3.14 \times 1.44 \times 0.8 \times 1 \ (\text{kJ/h})$$

炉体散热

$$Q_8 = q_1 + q_2$$

（5）冷料吸热

入炉冷铜锍、残极、铜米等冷料在升温过程中存在相变过程，Cu_2S 和 FeS 同时存在固相晶型转变过程，其从基准温度升高到 T_1 吹炼温度吸收的热量可由下式计算。

$$q_p = n\left(\int_{25}^{T_{tr}} C_p' \mathrm{d}T + \Delta H_{tr} + \int_{T_{tr}}^{T_M} C_p'' \mathrm{d}T + \Delta H_M + \int_{T_M}^{T_1} C_p''' \mathrm{d}T\right) \qquad (8-27)$$

式中：T_{tr} 和 ΔH_{tr} 分别为固相晶型转变点和转变热；ΔH_M 为物质在熔炼 T_M 时的熔化热；C_p' 为固相摩尔定压热容；C_p'' 为变型固相摩尔定压热容；C_p''' 为液相定压热容；n 为物质的摩尔量。Cu_2S、FeS、Cu 三种物质的热容可由公式计算。

$$C_p = A_1 + A_2 \times 10^{-3} \times T + A_3 \times 10^5 \times T^{-2} \qquad (8-28)$$

式中：A_1、A_2、A_3 列于表 8-24 中。

表 8-24 冷料熔化热计算热力学数据[127]

物质	相	A_1	A_2	A_3	T_m/T_{tr} /K	$\Delta H_{tr}/\Delta H_M$ /(J·mol^{-1})
Cu	固相	24.853	3.787	-1.389		
	液相	31.380	0	0	1357	13263
Cu$_2$S	固相(α)	81.588	0	0		
	固相(β)	97.278	0	0	376	3849
	固相(γ)	85.019	0	0	623	837
	液相	89.119	0	0	1403	10878
FeS	固相(α)	0.502	167.36	0		
	固相(β)	72.802	0	0	411	2385
	固相(γ)	51.045	9.958	0	598	502
	液相	71.128	0	0	1468	32342

入炉冷铜锍、铜米以及残极等冷料熔化吸热量为：

$$Q_9 = q_{冷铜锍} + q_{铜米} + q_{残极} = 11186345.34 \text{（kJ）} \qquad (8-29)$$

8.4.3.3 热量守恒计算

根据热量守恒定律，热收入与热支出相等，即

$$Q_1 + Q_2 + Q_3 + Q_4 = Q_5 + Q_6 + Q_7 + Q_8 + Q_9 \qquad (8-30)$$

式(8-30)是关于温度 T_1、T_2、T_3 的三元四次方程，根据实际生产经验取 $T_1 = T_3 + 100$、$T_2 = T_3 + 70$，带入式(8-30)，利用牛顿迭代算法求解，获得粗铜温度 $T_1 = 1512.15$ K，吹炼渣温度 $T_2 = 1482.15$ K，烟气温度 $T_3 = 1412.15$ K，与实际生产情况一致。计算连续吹炼过程热量平衡，列于表 8-25 中。

表 8 − 25　氧气底吹连续吹炼过程热量平衡表

项目		热量/(kJ·h⁻¹)	百分含量/%
热收入	热态铜锍显热	7312500.00	17.37
	铜锍氧化热	24875304.75	59.10
	造渣热	269355.02	0.64
	焦粒燃烧放热	9633600.00	22.89
	合计	42090759.77	100.00
热支出	粗铜带走热	11574848.27	27.50
	炉渣带走热	3780410.64	8.98
	烟气带走热	9640679.71	22.90
	炉体散热	3741905.72	8.89
	冷料熔化热	13352915.43	31.72
	合计	42090759.78	100.00

8.5　本章小结

本章主要介绍了氧气底吹炼铜模拟软件开发过程中的相关细节。

(1)针对氧气底吹炼铜工艺数学模型,设计了数据库关键表结构,同时设计了模拟软件参数传递、仿真计算等关键类,并给出了其中涉及的关键函数。最后依据面向对象的软件工程思想,使用 C#编程语言开发了 SKSSIM 模拟软件。

(2)根据国内某底吹炼铜厂采集的物料成分和操作参数,利用 SKSSIM 软件模拟了氧气底吹连续炼铜过程元素分配行为,并与工业生产数据作对比。同时基于热量守恒定律,采用牛顿迭代算法计算了反应达平衡时的体系温度。结果显示计算值与实际值印证良好,SKSSIM 可进一步用于氧气底吹连续炼铜过程多元素分配行为模拟,为实际生产提供理论支撑。

第9章 多相平衡过程模拟与工艺优化

本章利用 SKSSIM 软件,采用工业试验和计算机模拟相结合的方法,研究底吹造锍熔炼和底吹连续吹炼过程中,入炉物料成分和工艺操作参数变化对底吹炼铜工艺的影响。最后,以降低粗铜含砷为目的,研究了砷在熔炼和连续吹炼过程中的分配行为,形成优化配料方案和砷的定向分配开路机制,实现砷定向分配行为调控,完善氧气底吹连续炼铜理论体系,推动我国自主创新技术应用。

9.1 多相平衡过程模拟

9.1.1 初始计算条件

以我国某氧气底吹炼铜厂的实际生产数据为初始计算条件。具体如表 9-1 和表 9-2 所示。

表 9-1 稳定工况下入炉铜精矿成分表

成分	Cu	Fe	S	Pb	Zn	As	Sb
含量 $w/\%$	24.35	26.76	28.57	0.96	1.88	0.37	0.10
成分	Bi	SiO_2	MgO	CaO	Al_2O_3	其他	
含量 $w/\%$	0.10	6.35	1.88	2.4	2.34	3.94	

表 9-2 稳定工况下工艺操作过程参数

序号	工艺操作参数	SKS 铜冶炼厂生产数据
1	混合精矿(干矿)加入速率/$(t \cdot h^{-1})$	66
2	精矿湿度/%	10.21
3	熔剂加入速率/$(t \cdot h^{-1})$	6.277
4	熔炼温度/K	1475 ± 20
5	炉子负压/Pa	$50 \sim 200$

续表 9-2

序号	工艺操作参数	SKS 铜冶炼厂生产数据
6	氧气鼓入速率/($m^3 \cdot h^{-1}$)	10885
7	空气鼓入速率/($m^3 \cdot h^{-1}$)	5651
8	总氧气鼓入速率/($m^3 \cdot h^{-1}$)	12072
9	富氧浓度/%	73
10	氧气效率/%	99

9.1.2　结果验证

表 9-3 和表 9-4 为 SKSSIM 计算结果与实际生产数据的对比。

表 9-3　铜锍和炉渣模拟计算数据同工业生产数据对比表

成分 w/%	Cu	Fe	S	Pb	Zn	As	Sb	Bi	SiO_2
模拟铜锍	70.31	4.80	20.38	1.69	1.02	0.07	0.04	0.06	0.82
工业铜锍	70.77	5.52	20.22	1.73	1.07	0.07	0.04	0.06	0.51
模拟炉渣	2.93	42.07	0.73	0.37	2.08	0.07	0.12	0.02	25.18
工业炉渣	3.16	42.58	0.86	0.43	2.19	0.08	0.13	0.02	25.24

表 9-4　微量杂质元素分配模拟计算数据同工业生产数据对比表

三相分配比例/%	As		Sb		Bi		Pb		Zn	
	模拟	工业	模拟	工业	模拟	工业	模拟	工业	模拟	工业
铜锍相	6.23	5.91	12.58	12.31	18.74	19.10	56.71	55.61	17.35	17.76
炉渣相	11.06	12.08	72.30	71.05	11.13	11.40	23.47	24.91	66.46	64.86
气相	82.71	82.01	15.12	16.64	70.13	69.50	19.82	19.48	16.19	17.38

对比分析上述 SKSSIM 模拟计算数据和工业生产数据可知，SKSSIM 软件模拟结果是可靠的，可用于预测氧气底吹铜熔炼工艺过程中多元素的分配行为以及各组分之间的相互关系，进而指导实际生产。

9.1.3　多相平衡模拟与结果分析

9.1.3.1　精矿中铜元素含量变化对熔炼过程的影响

保持氧气鼓入速率10885 m^3/h、空气鼓入速率5651 m^3/h、总富氧浓度73%

不变。将入炉精矿中铜元素含量调整为 14.352% ~ 26.55%，模拟分析精矿中铜元素含量变化对熔炼过程的影响。在计算过程中，入炉精矿中的其他成分，因铜元素含量的波动而按比例相应地调整。图 9 - 1、图 9 - 2 分别是精矿中铜含量变化对铜锍品位和渣含铜、渣中 FeO 和 Fe_3O_4 含量的影响。

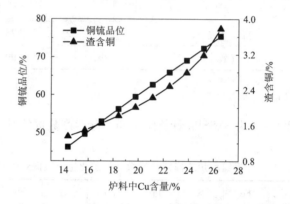

图 9 - 1　精矿中 Cu 含量变化对铜锍品位和渣含铜的影响

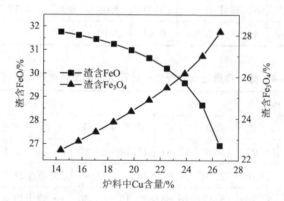

图 9 - 2　精矿中 Cu 含量变化对渣中 FeO 和 Fe_3O_4 含量的影响

由图 9 - 1 可知，在总氧气鼓入速率 12072 m^3/h 不变的条件下，随着精矿中铜含量的增加，铜锍品位和渣含铜均逐渐上升。主要是因为，当入炉铜精矿中铜含量不断升高，相应的入炉精矿中的铁和硫元素等主元素的含量会相应减少，由于鼓入的氧气量是一定的，则被氧化的铁和硫元素总量是基本稳定的，所以铜锍品位不断升高；铜锍品位升高后，通过机械夹杂和化学溶解等形式进入炉渣的铜量也会增大，导致渣含铜升高。由图 9 - 2 可知，在生成高品位铜锍的同时，高氧势的条件下炉渣中的部分 FeO 会转化成 Fe_3O_4，因而炉渣中的 Fe_3O_4 含量会随着炉料中铜元素含量增加而上升；由于进入反应体系中铁元素的减少，且被氧化成 Fe_3O_4，所以 FeO 的含量相应减少。

精矿中铜元素含量变化对伴生元素 Pb、Zn、As、Sb、Bi 等在烟气、炉渣、铜锍三相中分配行为的影响分别如图 9 - 3 ~图 9 - 7 所示。

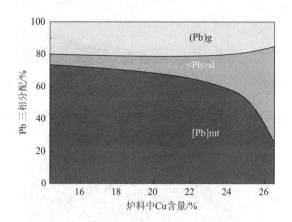

图 9 - 3　精矿中 Cu 含量变化对 Pb 元素在三相中分配行为的影响

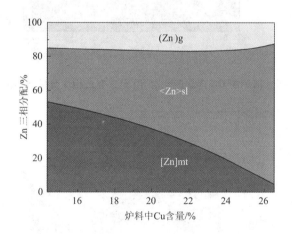

图 9 - 4　精矿中 Cu 含量变化对 Zn 元素在三相中分配行为的影响

由图 9 - 3 ~图 9 - 7 可知，在研究范围内，在低含铜时，Pb 主要进入铜锍相，随着精矿中铜元素含量的升高，Pb 在铜锍相中的分配比例逐渐降低，在渣相中的分配比例升高；在高含铜时，Pb 主要进入渣相，而在气相中的分配比例变化不明

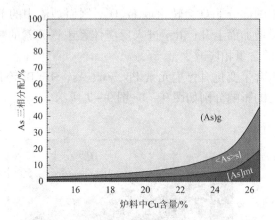

图 9 – 5　精矿中 **Cu** 含量变化对 **As** 元素在三相中分配行为的影响

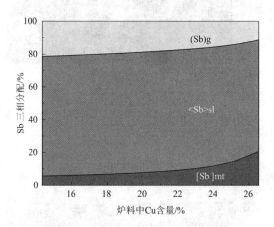

图 9 – 6　精矿中 **Cu** 含量变化对 **Sb** 元素在三相中分配行为的影响

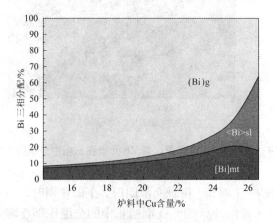

图 9 – 7　精矿中 **Cu** 含量变化对 **Bi** 元素在三相中分配行为的影响

显。随着铜元素含量的增加，Zn 在渣相的分配逐渐增多，在铜锍相中逐渐减小，而对于气相影响较小。As 和 Bi 在气相中的分配率减小，而在渣相和铜锍相中的分配率却增加。Sb 元素 70% 以上进入渣相，20% 左右进入气相，10% 左右进入铜锍相，且随着精矿中铜元素含量的升高，Sb 在三相中的分配不显著。

由图 9 – 8 可知，在铜锍相中的分配，As、Sb 和 Bi 有相近的规律，而 Pb、Zn 都是随着炉料中铜元素含量升高而分配减小。在图 9 – 9 渣相中，随着精矿中铜元素含量升高，Zn、Pb、Bi、As 在渣相中的分配增长趋势显著，而 Sb 在渣相中略微下降。在图 9 – 10 气相中，As 和 Bi 主要进入气相，而后期随着铜元素含量升高，其在气相中的分配下降趋势显著，而 Pb、Zn 和 Sb 变化趋势较小，只有略微减少。

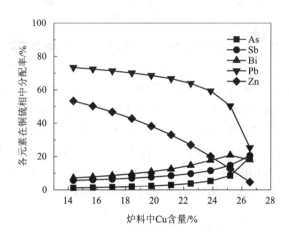

图 9 – 8　伴生元素 Pb、Zn、As、Sb、Bi 在铜锍相中分配率的对比

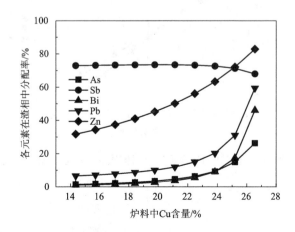

图 9 – 9　伴生元素 Pb、Zn、As、Sb、Bi 在渣相中分配率的对比

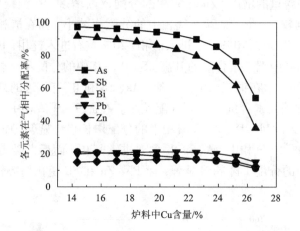

图 9 - 10　伴生元素 Pb、Zn、As、Sb、Bi 在气相中分配率的对比

9.1.3.2　精矿中铁元素含量变化对熔炼过程的影响

保持氧气鼓入速率 10885 m^3/h、空气鼓入速率 5651 m^3/h、总富氧浓度 73%不变。将入炉精矿中铁含量调整为 16.76% 至 36.76%，模拟分析精矿中铁元素含量变化对熔炼过程的影响。在计算过程中，入炉精矿中的其他成分，因铁元素含量的波动而按比例相应地调整，其他操作条件不变。图 9 - 11、图 9 - 12 分别是精矿中铁含量变化对铜锍品位和渣含铜、渣中 FeO 和 Fe_3O_4 含量的影响。

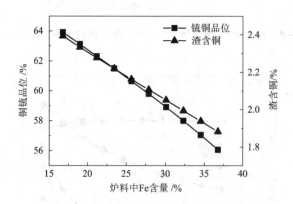

图 9 - 11　精矿中 Fe 含量变化对铜锍品位和渣含铜的影响

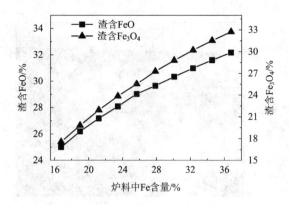

图 9 – 12　精矿中 Fe 含量变化对渣中 FeO 和 Fe₃O₄ 含量的影响

由图 9 – 11 可知，在总氧气鼓入速率 12072 m³/h 不变的条件下，随着精矿中铁含量的增加，相应的铜和硫元素等主元素含量是减少的。由于进入反应体系中的铜元素含量减少，且最终进入铜锍中的 Fe 含量增多，所以产物中铜锍品位是不断降低的，而同时渣含铜随铜锍品位降低而降低。由图 9 – 12 可知，由于炉料带入的 SiO_2 量也在减少，原先和硫反应的部分氧气此时和铁反应而进入渣，因而整体来说炉渣中的 FeO 和 Fe_3O_4 含量会随着炉料中铁含量增加而上升。

精矿中铁含量变化对伴生元素 Pb、Zn、As、Sb、Bi 等在烟气、炉渣、铜锍三相中分配行为的影响分别如图 9 – 13 ～图 9 – 17 所示。

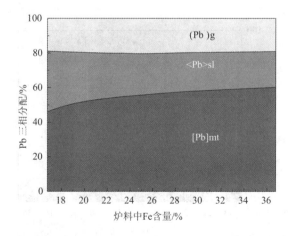

图 9 – 13　精矿中 Fe 含量变化对 Pb 元素在三相中分配行为的影响

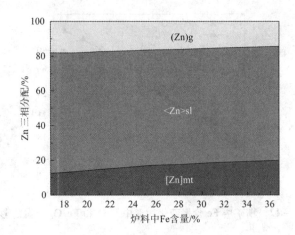

图 9 – 14　精矿中 Fe 含量变化对 Zn 元素在三相中分配行为的影响

由图 9 – 13 ~ 图 9 – 17 可知，随着精矿中铁含量的升高，Pb 在三相中的分配变化很小，在渣相中几乎不变，在气相中轻微降低，在铜锍相中轻微上升。Zn 在三相中的分配变化规律近似 Pb，但 Zn 比 Pb 更多进入渣相。As 和 Bi 分配规律相近，主要进入气相，且随着炉料中铁含量的升高，进入气相的比例更高，而进入渣相和铜锍相的比例降低。Sb 主要进入渣相，且随着精矿中铁含量的升高，在渣相中的分配比例增大，但在气相中的分配比例降低，在铜锍相中的分配比例几乎不变。

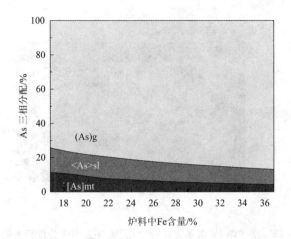

图 9 – 15　精矿中 Fe 含量变化对 As 元素在三相中分配行为的影响

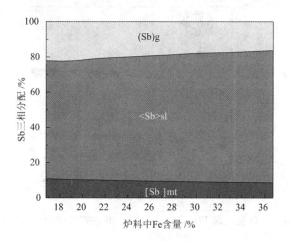

图 9 – 16　精矿中 Fe 含量变化对 Sb 元素在三相中分配行为的影响

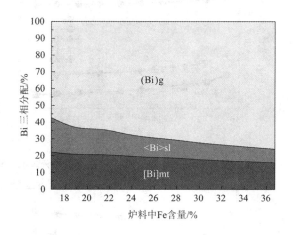

图 9 – 17　精矿中 Fe 含量变化对 Bi 元素在三相中分配行为的影响

　　由图 9 – 18 可知，Pb 在铜锍相中的分配比例高于 Zn、As、Sb 和 Bi，且精矿中铁含量的变化对上述伴生元素在铜锍相中的分配影响较小。在图 9 – 19 渣相中，较少的 Pb、As 和 Bi 分配进入渣相，且呈现降低趋势，而 Zn 和 Sb 在渣相中的分配比例高于 60%，变化幅度较小。在图 9 – 20 气相中，大部分的 As 和 Bi 进入气相，且随精矿中铁含量增加，进入气相的比例不断增加，而 Pb、Zn、As 和 Sb 进入气相的比例较少，且变化不大。

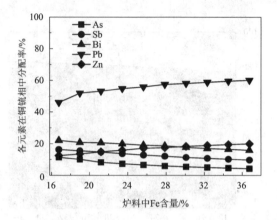

图 9-18 伴生元素 Pb、Zn、As、Sb、Bi 在铜锍相中分配率的对比

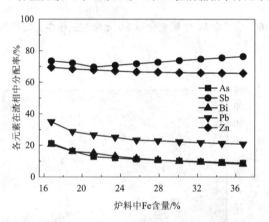

图 9-19 伴生元素 Pb、Zn、As、Sb、Bi 在渣相中分配率的对比

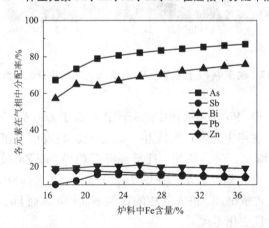

图 9-20 伴生元素 Pb、Zn、As、Sb、Bi 在气相中分配率的对比

9.1.3.3　精矿中硫元素含量变化对熔炼过程的影响

保持氧气鼓入速率 10885 m³/h、空气鼓入速率 5651 m³/h、总富氧浓度 73% 不变。将入炉精矿中硫元素含量调整为 26.57% 至 40.57%，模拟分析精矿中硫元素含量变化对熔炼过程的影响。在计算过程中，入炉精矿中的其他成分，因硫元素含量的波动而按比例相应地调整，其他操作条件不变。图 9 - 21、图 9 - 22 分别是精矿中硫含量变化对铜锍品位和渣含铜、渣中 FeO 和 Fe₃O₄ 含量的影响。

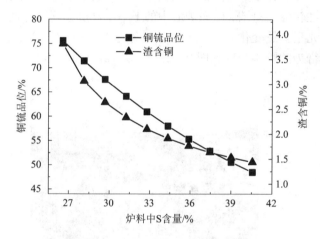

图 9 - 21　精矿中 S 含量变化对铜锍品位和渣含铜的影响

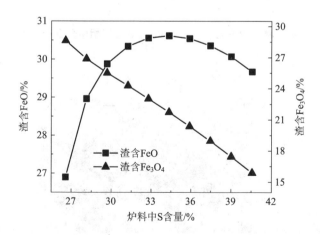

图 9 - 22　精矿中 S 含量变化对渣中 FeO 和 Fe₃O₄ 含量的影响

　　由图 9 - 21 可知，在总氧气鼓入速率 12072 m^3/h 不变的条件下，随着精矿中硫含量的增加，铜和铁元素等主元素含量减少。硫氧化过程消耗了大量的氧气，因而铜锍品位呈下降趋势，而渣含铜随铜锍品位下降也呈下降趋势。由图 9 - 22 可知，由于炉料中带入的 SiO_2 不断减少，整体来看炉渣中 FeO 的含量是逐渐增多的。当炉料中硫含量超过一定比例时，大量的氧气因消耗于与硫的反应，同时随着精矿中硫含量的增加，进入反应体系的铁含量减小，因而此时进入炉渣中的 FeO 含量随着硫元素的增多而降低。而由于炉料中硫元素含量的增加，反应体系始终处于还原性较强的氛围，因而炉渣中的 Fe_3O_4 含量会逐渐降低。

　　精矿中硫元素含量变化对伴生元素 Pb、Zn、As、Sb、Bi 等在烟气、炉渣、铜锍三相中分配行为的影响分别如图 9 - 23 ~ 图 9 - 27 所示。

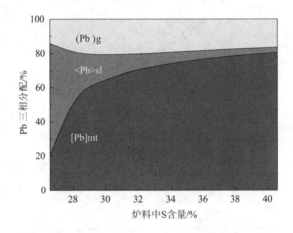

图 9 - 23　精矿中 S 含量变化对 Pb 元素在三相中分配行为的影响

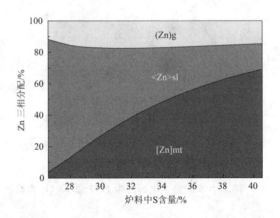

图 9 - 24　精矿中 S 含量变化对 Zn 元素在三相中分配行为的影响

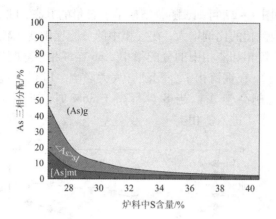

图 9 – 25　精矿中 S 含量变化对 As 元素在三相中分配行为的影响

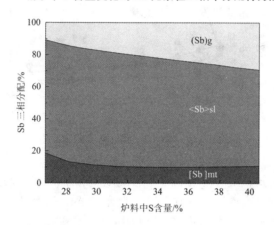

图 9 – 26　精矿中 S 含量变化对 Sb 元素在三相中分配行为的影响

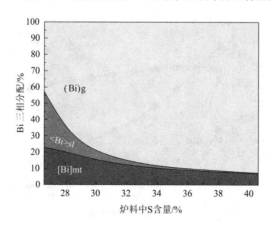

图 9 – 27　精矿中 S 含量变化对 Bi 元素在三相中分配行为的影响

由图 9-23~图 9-27 可知，随着精矿中硫含量的升高，Pb 和 Zn 进入渣相的比例降低，进入铜锍相的比例增大，在气相中的分配比则变化较小。As 几乎全部进入气相，而在铜锍相和渣相中的分配很小。Sb 在气相中分配比例逐渐增大，大部分的 Sb 进入渣相，在铜锍相中分配没有太大影响。Bi 的分配规律与 As 近似，但进入铜锍相的比例高于 As。当 S 含量高于 36% 时，Bi 约 10% 进入铜锍相，88% 进入气相，几乎不进入渣相。

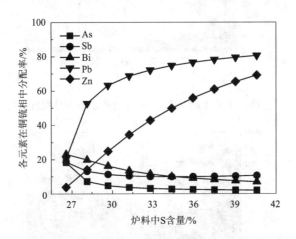

图 9-28　伴生元素 Pb、Zn、As、Sb、Bi 在铜锍相中分配率的对比

由图 9-28 可知，在铜锍相中的分配，大部分的 Pb 和 Zn 进入了铜锍相，且随精矿中硫含量的升高而不断增加，但伴生元素 As、Sb 和 Bi 是先略微降低，然后呈现一个稳定的趋势。在图 9-29 渣相中，Pb、Zn、As、Sb 以及 Bi 都呈下降的

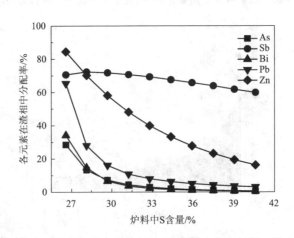

图 9-29　伴生元素 Pb、Zn、As、Sb、Bi 在渣相中分配率的对比

趋势，Sb 主要进入渣相，而 As、Pb、Bi 元素随炉料中硫元素的增加最后几乎不进入渣相，在图 9-30 气相中，As、Bi 更倾向于进入气相，且随着精矿中硫含量的升高，进入气相的比例不断升高，说明还原性气氛有利于伴生元素 As、Bi 挥发。Sb 呈现略微的上升趋势。而 Pb 和 Zn 进入气相的比例几乎不变，当硫含量高于30% 时，进入气相的比例均略微降低。

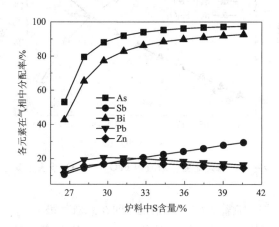

图 9-30 伴生元素 Pb、Zn、As、Sb、Bi 在气相中分配率的对比

9.1.3.4 氧矿比变化对熔炼过程的影响

氧矿比是铜冶炼过程中的重要控制参数，为了明确氧矿比变化对底吹熔炼过程的影响，通过控制氧气鼓入速率10885 m³/h、空气鼓入速率5651 m³/h、富氧浓度73%不变，即总氧气鼓入速率12072 m³/h不变，使精矿加入速率在62 t/h 至76 t/h 范围内波动，从而控制工艺过程中氧矿比波动范围为158.8～194.7 m³/t。在此过程中，保持炉料中各元素成分和其他操作条件不变。图 9-31、图 9-32

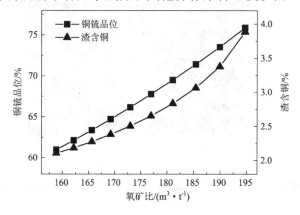

图 9-31 氧矿比变化对铜锍品位和渣含铜的影响

分别是氧矿比变化对铜锍品位和渣含铜、渣中 FeO 和 Fe_3O_4 含量的影响。

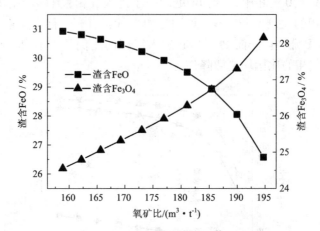

图 9 - 32　氧矿比变化对渣中 FeO 和 Fe_3O_4 含量的影响

由图 9 - 31 可知，随着氧矿比的增加，即在总氧气鼓入速率12072 m^3/h 不变的条件下，降低精矿加入速率，铜锍品位随着氧矿比升高而升高，而渣含铜的变化规律和铜锍品位变化近似。由图 9 - 32 可知，由于氧矿比升高，导致反应体系中氧势升高，更多的 FeO 被氧化成 Fe_3O_4，因此渣中 FeO 含量呈下降趋势，Fe_3O_4 含量呈上升趋势。

氧矿比变化对伴生元素 Pb、Zn、As、Sb、Bi 等在烟气、炉渣、铜锍三相中分配行为的影响分别如图 9 - 33 ~图 9 - 37 所示。

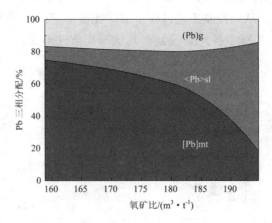

图 9 - 33　氧矿比变化对 Pb 元素在三相中分配行为的影响

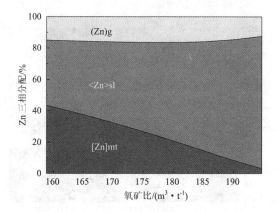

图 9 - 34　氧矿比变化对 Zn 元素在三相中分配行为的影响

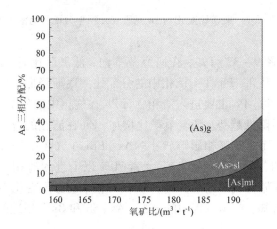

图 9 - 35　氧矿比变化对 As 元素在三相中分配行为的影响

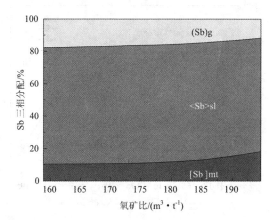

图 9 - 36　氧矿比变化对 Sb 元素在三相中分配行为的影响

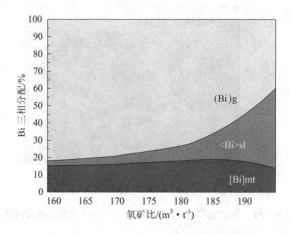

图 9-37 氧矿比变化对 Bi 元素在三相中分配行为的影响

由图 9-33 ~图 9-37 可知，在研究范围内，低氧矿比时，Pb 主要进入铜锍相，随着氧矿比的升高，Pb 在铜锍相中的分配比例逐渐降低，在渣相中的分配比例升高；高氧矿比时，Pb 主要进入渣相，而 Pb 在气相中的分配比例变化不明显，呈轻微的先增加后降低趋势。随着氧矿比增加，Zn 在渣相的分配逐渐增多，在铜锍相中逐渐减小，而对于气相影响较小。As 和 Bi 在气相中的分配率减小，而在渣相和铜锍相中的分配率却增加。Sb 元素 70% 以上进入渣相，而进入气相和铜锍相的比较少，且随着氧矿比的升高，Sb 在三相中的分配变化不显著。

由图 9-38 可知，在铜锍相中的分配，As、Sb 和 Bi 有相近的规律，而 Pb、Zn

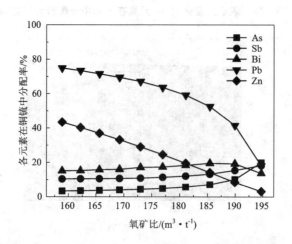

图 9-38 伴生元素 Pb、Zn、As、Sb、Bi 在铜锍相中分配率的对比

都是随着氧矿比升高而分配减小。在图 9 - 39 渣相中，随着氧矿比的升高，Pb、Zn、Bi、As 在渣相中的分配增长趋势显著，而 Sb 在渣相中略微下降。在图 9 - 40 中，As 和 Bi 主要进入气相，而后期随着氧矿比升高，其在气相中的分配下降趋势显著，而 Pb、Zn 和 Sb 变化较小，只有略微减少。

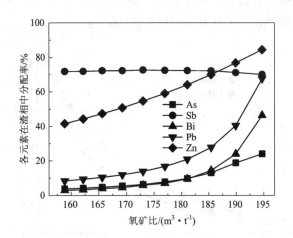

图 9 - 39　伴生元素 Pb、Zn、As、Sb、Bi 在渣相中分配率的对比

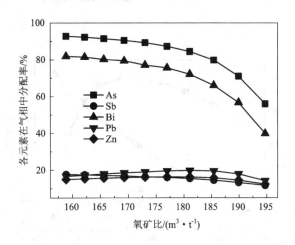

图 9 - 40　伴生元素 Pb、Zn、As、Sb、Bi 在气相中分配率的对比

9.1.3.5　富氧浓度对熔炼过程的影响

富氧浓度对熔炼过程有重要影响，为了具体明确富氧浓度对底吹熔炼过程的影响，本文将氧气鼓入速率波动范围调整为 $4885 \sim 11610$ m^3/h，由于同时还有空气鼓入，所以鼓入的富氧浓度波动范围为 $57.63\% \sim 74.14\%$。在此过程中，保持炉料中各元素成分和其他操作条件不变。图 9 - 41、图 9 - 42 分别是富氧浓度对铜锍品位和渣含铜、渣中 FeO 和 Fe$_3$O$_4$ 含量的影响。

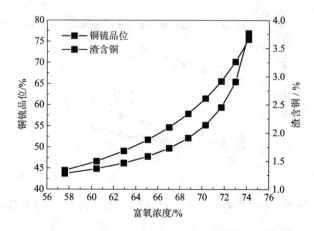

图 9 - 41　富氧浓度对铜锍品位和渣含铜的影响

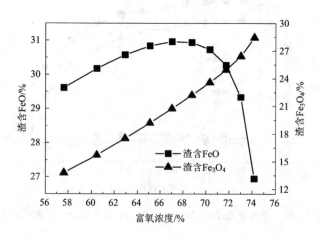

图 9 - 42　富氧浓度对渣中 FeO 和 Fe$_3$O$_4$ 含量的影响

由图 9 – 41 可知，随着富氧浓度的增加，在原先精矿加入速率不变的操作条件下，意味着在单位时间内，每吨矿消耗的氧气量上升，因此铜锍品位随着富氧浓度升高而升高，渣含铜也随着铜锍品位升高而同时升高。由图 9 – 42 可知，渣相中 Fe_3O_4 含量由于富氧浓度的升高，导致反应体系中氧势的升高；由于氧量相对来说充足，更多的铁元素被氧化而进入渣相，FeO 的含量随着富氧浓度的升高先略微升高，之后随着渣量的增加及 FeO 转化为 Fe_3O_4，导致其含量随富氧浓度的升高而呈下降趋势。

富氧浓度对伴生元素 Pb、Zn、As、Sb、Bi 等在烟气、炉渣、铜锍三相中分配行为的影响分别如图 9 – 43 ~图 9 – 47 所示。

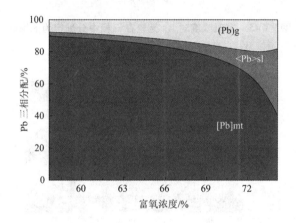

图 9 – 43　富氧浓度对 Pb 元素在三相中分配行为的影响

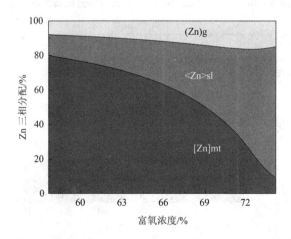

图 9 – 44　富氧浓度对 Zn 元素在三相中分配行为的影响

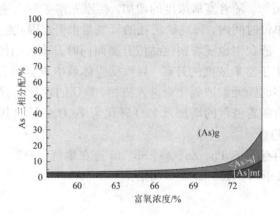

图 9-45 富氧浓度对 As 元素在三相中分配行为的影响

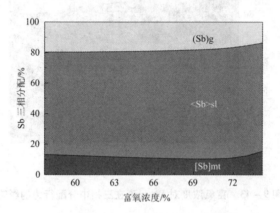

图 9-46 富氧浓度对 Sb 元素在三相中分配行为的影响

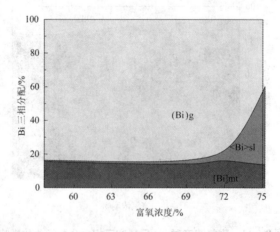

图 9-47 富氧浓度对 Bi 元素在三相中分配行为的影响

　　由图 9-43~图 9-47 所示，随着富氧浓度的升高，Pb 和 Zn 在三相中的分配有近似的规律，在气相中变化不大，而在渣相中的分配均不断增大，降低了其在铜锍相中的分配。As 主要进入气相，但随着富氧浓度的升高，进入气相的比例降低，而在铜锍相和渣相中的分配呈略微的上升趋势。Sb 在气相中分配比例略微下降，大部分的 Sb 进入渣相，而在铜锍相中分配有略微先下降后上升的趋势。Bi 在气相中的分配先缓慢变化，后急剧降低，在渣相中分配呈不断增大的趋势，而在铜锍相中分配的变化不是很显著。

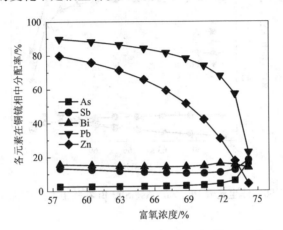

图 9-48　伴生元素 Pb、Zn、As、Sb、Bi 在铜锍相中分配率的对比

　　由图 9-48 可知，Pb 和 Zn 在铜锍相中的分配比例远高于 As、Sb、Bi，随着富氧浓度增大，As、Sb、Bi 在铜锍相中的分配变化不大，而 Pb 和 Zn 在铜锍相中的分配都呈急剧下降的趋势。在图 9-49 渣相中，Pb、Zn、As 以及 Bi 都呈上升的趋

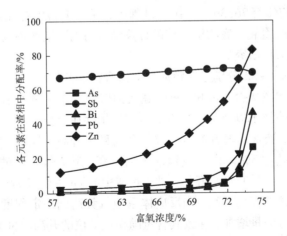

图 9-49　伴生元素 Pb、Zn、As、Sb、Bi 在渣相中分配率的对比

势，尤其 Zn 的上升趋势最明显。而大部分的 Sb 进入渣相，在高富氧浓度下，增强了 Zn、Sb、Pb、Bi 元素在渣相中的分配。在图 9-50 中，在高富氧浓度下，As、Bi 在气相中分配均急剧下降，因此高的富氧浓度并不利于 As、Bi 挥发进入气相，而 Pb、Zn 和 Sb 在气相中的分配比例低于 20%，且变化幅度较小。

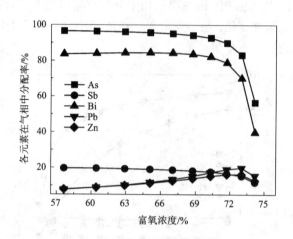

图 9-50　伴生元素 Pb、Zn、As、Sb、Bi 在气相中分配率的对比

9.1.3.6　铜锍品位对熔炼过程的影响

铜锍品位和渣型铁硅比是铜火法冶炼过程中的重要控制参数，因此有必要明确这些关键参数对氧气底吹铜熔炼过程的影响，指导生产实践。

为了明确铜锍品位对底吹熔炼过程的影响，调节总氧气鼓入速率范围为 $6067 \sim 12807$ m^3/h，控制富氧浓度接近实际生产的 73%，则相应的产出铜锍品位波动范围为 42.57% 至 76.36%。在此过程中，保持炉料中各元素成分和其他操作条件不变。同时将氧气底吹铜熔炼的计算结果与闪速铜熔炼技术以及其他学者的研究结果进行对比研究。

图 9-51、图 9-52 分别是铜锍品位对渣含铜、渣含 FeO 和 Fe_3O_4 的影响。

由图 9-51 和图 9-52 可知，氧气底吹铜熔炼的渣含铜及渣中 FeO 和 Fe_3O_4 含量与闪速铜熔炼技术以及其他学者的研究结果存在差异。在底吹过程中，随着铜锍品位的增加，渣含铜随着铜锍品位的升高稳步升高。铜锍品位超过 70% 时，渣含铜一般都会超过 3%。由于铜锍品位的升高，反应体系中的氧势逐渐升高，因此炉渣中 Fe_3O_4 含量升高。开始，进入炉渣中的 Fe 主要以 FeO 形式存在，FeO 含量随着铜锍品位升高而升高，当反应体系中氧势达到一定程度后，大量的 FeO 被氧化为 Fe_3O_4 且渣量增加，导致其含量随铜锍品位的升高而呈下降趋势。

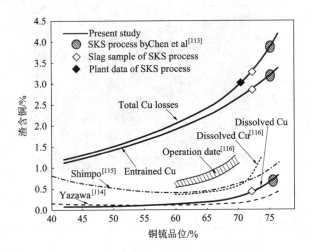

图 9 – 51　铜锍品位对渣含铜的影响

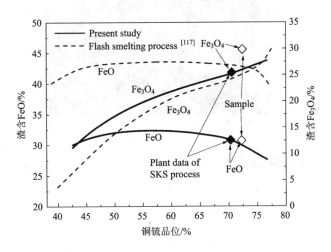

图 9 – 52　铜锍品位对渣中 FeO 和 Fe₃O₄ 含量的影响

　　铜锍品位对伴生元素 Pb、Zn、As、Sb、Bi 等在烟气、炉渣、铜锍三相中分配行为的影响分别如图 9 – 53 ~ 图 9 – 57 所示。

　　由图 9 – 53 ~ 图 9 – 57 可知，Pb、Zn、As、Sb、Bi 在底吹熔炼过程中的三相分配规律不同于闪速熔炼和艾萨炉熔炼。在底吹熔炼过程中，Pb 和 Zn 在三相中的分配有近似的规律，随着铜锍品位的升高，在气相中变化不大，略微地先增加后降低，而在渣相中的分配均不断增大，降低了其在铜锍相中的分配。大部分 As

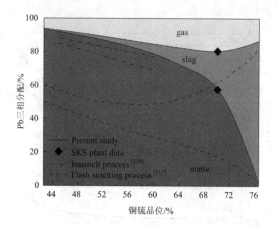

图 9 – 53 铜锍品位对 Pb 元素在三相中分配行为的影响

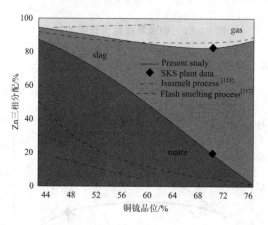

图 9 – 54 铜锍品位对 Zn 元素在三相中分配行为的影响

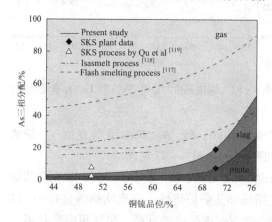

图 9 – 55 铜锍品位对 As 元素在三相中分配行为的影响

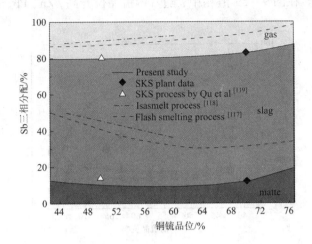

图 9-56　铜锍品位对 Sb 元素在三相中分配行为的影响

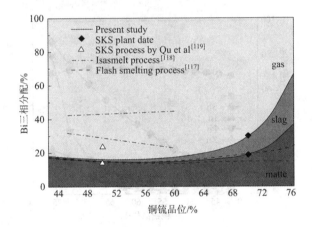

图 9-57　铜锍品位对 Bi 元素在三相中分配行为的影响

进入气相，但随着铜锍品位的升高，进入气相的比例降低，而在铜锍相和渣相中的分配呈明显的上升趋势。Sb 在气相中分配比例略微下降，大部分的 Sb 进入渣相，而在铜锍相中分配有略微先下降后上升的趋势。Bi 在气相中的分配先缓慢变化，后急剧降低，在渣相中的分配呈不断增大的趋势，而在铜锍相中分配的变化是先缓慢降低，后增大。

　　由图 9-58 可知，在铜锍相中的分配，As、Sb 和 Bi 有相近的规律，低铜锍品位时变化不大，铜锍品位高于 70% 时急剧增大，而 Pb、Zn 都是随着铜锍品位升

高而分配减小。在图 9 - 59 渣相中，随着铜锍品位升高，Zn、Pb、Bi、As 在渣相

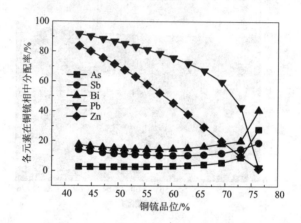

图 9 - 58　伴生元素 Pb、Zn、As、Sb、Bi 在铜锍相中分配率的对比

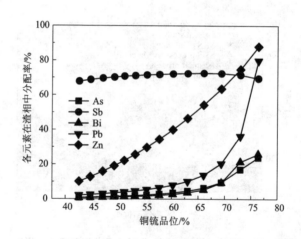

图 9 - 59　伴生元素 Pb、Zn、As、Sb、Bi 在渣相中分配率的对比

中的分配增长趋势显著，而 Sb 在渣相中的分配略微下降。在图 9 - 60 中，As 和
Bi 主要进入气相，后期随着铜锍品位升高，其在气相中的分配下降趋势显著，而
Pb、Zn 和 Sb 在气相中的分配变化趋势较小，在 20% 以内起伏波动。

9.1.3.7　铁硅比对熔炼过程的影响

渣型铁硅比会影响渣的黏度、密度、渣锍界面张力等性质，进而影响铜锍和
熔渣的沉降分离效果，同时渣化学性质的改变对杂质元素的脱除也有一定的
影响。

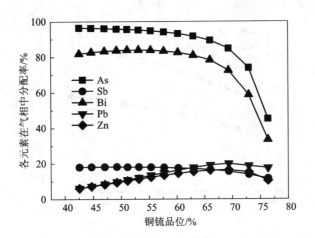

图 9 – 60 伴生元素 Pb、Zn、As、Sb、Bi 在气相中分配率的对比

为明确渣型铁硅比对底吹熔炼过程的具体影响，保持总氧气鼓入速率 12072 m³/h 不变，混合精矿（干矿）加入速率 66 t/h 不变，调节熔剂加入速率范围为 3.5~9.0 t/h，所有熔剂进入渣相，则产出的熔渣铁硅比波动范围为 1.33~2.17。在此过程中，保持其他操作条件不变。图 9 – 61、图 9 – 62 分别是铁硅比变化对铜锍品位和渣含铜、渣中 FeO 和 Fe_3O_4 含量的影响。

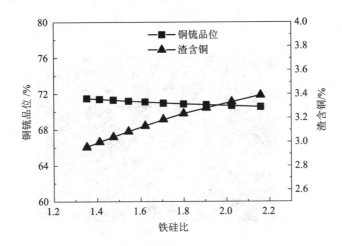

图 9 – 61 铁硅比对铜锍品位和渣含铜的影响

由图 9 – 61 可知，铁硅比对铜锍品位影响很小，随着铁硅比的增加，铜锍品位在 71% 上下变化；铁硅比增加，会增加熔渣的黏度，铜锍的机械夹杂增多，进

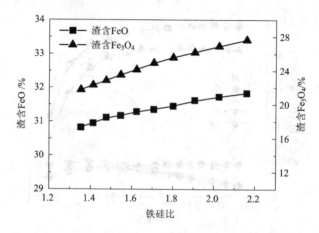

图9 – 62　铁硅比对渣中 FeO 和 Fe₃O₄ 含量的影响

而导致渣含铜升高。由图 9 – 62 可知，随着铁硅比增加，渣中 FeO 和 Fe₃O₄ 的含量都呈上升趋势。Fe₃O₄ 含量升高的原因主要是，高铁硅比的熔渣中 FeO 的活度较高，导致更多的 FeO 被氧化为 Fe₃O₄。

铁硅比对伴生元素 Pb、Zn、As、Sb、Bi 等在烟气、炉渣、铜锍三相中分配行为的影响分别如图 9 – 63 ~ 图 9 – 67 所示。

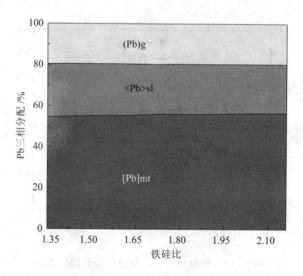

图9 – 63　铁硅比对 Pb 元素在三相中分配行为的影响

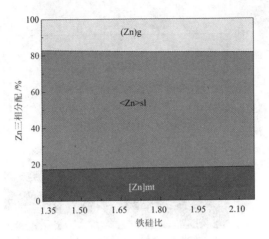

图 9 - 64　铁硅比对 **Zn** 元素在三相中分配行为的影响

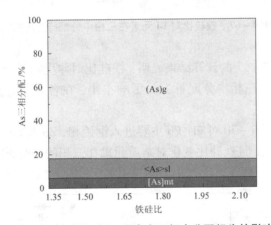

图 9 - 65　铁硅比对 **As** 元素在三相中分配行为的影响

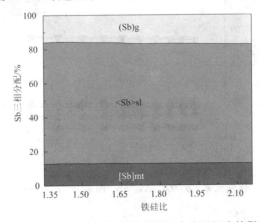

图 9 - 66　铁硅比对 **Sb** 元素在三相中分配行为的影响

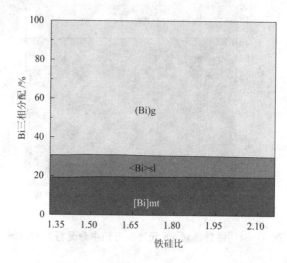

图 9-67　铁硅比对 Bi 元素在三相中分配行为的影响

图 9-63~图 9-67 的计算结果表明：铁硅比对伴生元素 Pb、Zn、As、Sb、Bi 在烟气、炉渣、铜锍三相中分配行为的影响很小，在各相的分配比例基本稳定，有略微变化。

由图 9-68~图 9-70 可知，Pb 主要进入铜锍相，Zn 和 Sb 主要进入渣相，As 和 Bi 主要进入气相，且铁硅比变化对杂质元素在三相的分配影响不显著。

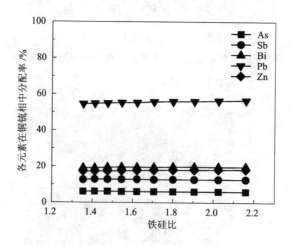

图 9-68　伴生元素 Pb、Zn、As、Sb、Bi 在铜锍相中分配率的对比

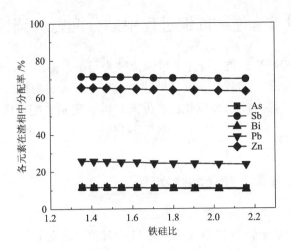

图 9 – 69　伴生元素 Pb、Zn、As、Sb、Bi 在渣相中分配率的对比

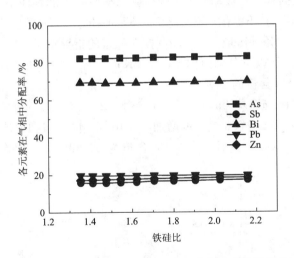

图 9 – 70　伴生元素 Pb、Zn、As、Sb、Bi 在气相中分配率的对比

　　因此可以通过调节铁硅比，降低铜在渣中的损失，但对于调控杂质元素在三相中的定向分配，调节铁硅比并不是有效的措施。

9.2　连续炼铜过程中砷分配行为调控

本章利用 SKSSIM 软件,以降低粗铜含砷为目的,采用工业试验和计算机模拟相结合的方法,研究造锍熔炼和连续吹炼过程中,入炉物料成分和工艺操作参数对砷分配规律的影响,形成优化配料方案和砷的定向分配开路机制,实现砷定向分配行为调控,完善氧气底吹连续炼铜理论体系,推动我国自主创新技术应用。

9.2.1　造锍熔炼工艺砷分配行为研究

9.2.1.1　入炉物料成分变化的影响

以国内某底吹冶炼厂(以下简称 SKS[1#])为对象,研究了干精矿中 Cu、Fe、S、As 元素含量变化,对底吹熔炼过程中砷在各相分配行为的影响。利用 SKSSIM 模拟软件,在保证熔炼过程正常进行的条件下,改变入炉干精矿中 Cu、Fe、S、As 元素含量,并根据其含量波动,按比例相应调整原料中的其他组分含量。控制氧气鼓入速率 10602 m³/h、空气鼓入速率 5365 m³/h、富氧浓度为 73%。分析了适合现行工艺的优化条件区域,对现场调控有一定的指导意义。同时对比分析了国内其他底吹冶炼厂(以下分别简称 SKS[2#]、SKS[3#])As 在生产过程的分配。

(1)精矿中 Cu 含量的影响

将入炉精矿(干矿)中 Cu 元素含量调整为 12.67%～24.50%,如图 9 – 71、图 9 – 72 所示,随着精矿中 Cu 含量的增加,As 由烟气向炉渣和铜锍中转移,导致炉渣和铜锍中的 As 含量逐渐升高。当 Cu 含量为 24.50% 时,铜锍中 As 含量达到

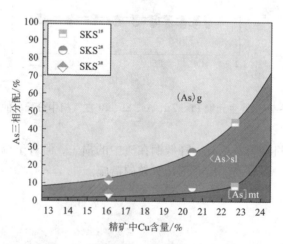

图 9 – 71　精矿中 Cu 含量对 As 元素在三相中分配行为的影响

0.47%，严重影响铜锍质量。

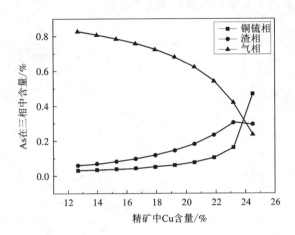

图 9-72　精矿中 Cu 含量对三相中 As 元素含量的影响

这主要是因为铜锍品位随着精矿中 Cu 含量的增加而升高，铜锍品位升高导致铜锍中 As 的活度降低，而且高品位铜锍对 As 的亲和力较大，因此更多的 As 进入铜锍当中。对比其他底吹熔炼工艺可知，降低入炉物料 Cu 品位，可使铜锍含 As 比例降低，元素 As 主要挥发进入烟气中。

（2）精矿中 Fe 含量的影响

将入炉精矿（干矿）中 Fe 元素含量调整为 14.89%~34.89%，随着精矿中 Fe 元素的增加，铜锍品位逐渐降低，从而使铜锍中 As 含量降低。如图 9-73、

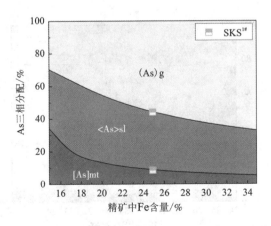

图 9-73　精矿中 Fe 含量对 As 元素在三相中分配行为的影响

图9-74所示，随着精矿中 Fe 含量的升高，As 主要进入气相，且进入气相的比例呈上升趋势，而进入渣相和铜锍相的比例降低。

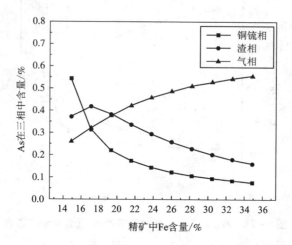

图9-74　精矿中 Fe 含量对三相中 As 元素含量的影响

因此在其他条件维持不变时，适当增加精矿中的 Fe 含量，可以使 As 更多地进入气相中，从而减少铜锍中 As 含量。

（3）精矿中 S 含量的影响

将入炉精矿（干矿）中 S 元素含量调整为 23.80%~36.00%，如图9-75、图9-76所示，随着精矿中 S 含量升高，As 在烟气中富集的趋势逐渐增加，而进入炉渣和铜锍的比例降低。

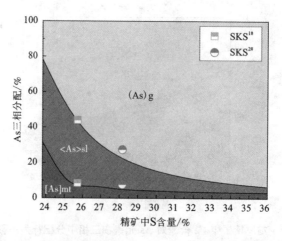

图9-75　精矿中 S 含量对 As 元素在三相中分配行为的影响

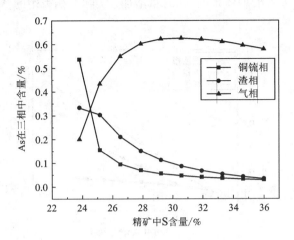

图 9 - 76 精矿中 S 含量对三相中 As 元素含量的影响

随着精矿中 S 含量的增加，熔炼体系硫势升高，元素 As 优先被氧化成低价氧化物 AsO 进入气相，同时生成挥发性较强的 AsS，导致 As 几乎全部进入气相之中，故增加入炉精矿含 S，有利于熔炼过程脱砷。但是为了维持正常生产，需要维持适宜的硫铜比，S 含量不宜太高。其他底吹炼铜厂的生产数据印证了这一结论。

(4)精矿中 As 含量的影响

As 元素分配比例随入炉精矿(干矿)中 As 元素含量的影响，如图 9 - 77、图 9 - 78 所示。调整 As 含量变化范围 0.045% 至 0.9%，随着精矿中 As 含量的增加，As 主要富集在烟气中，As 在炉渣中的分配比例逐渐升高，在铜锍中的分配比

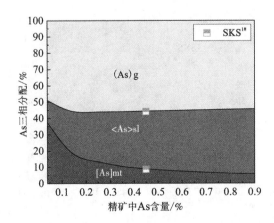

图 9 - 77 精矿中 As 含量对 As 元素在三相中分配行为的影响

例降低。但由于进入冶炼体系的 As 总量增加，实际上铜锍中的 As 含量也是逐渐增加的。

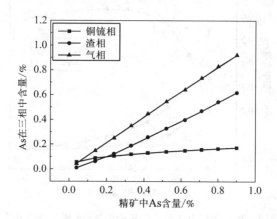

图 9 - 78 精矿中 As 含量对三相中 As 元素含量的影响

9.2.1.2 熔炼工艺参数的影响

（1）氧矿比的影响

稳定连续的生产过程中，通常控制氧矿比在一个稳定的值，氧矿比变化受精矿加入速率、氧气鼓入速率空气鼓入速率综合影响。本研究通过控制精矿加入速率，调整氧矿比变化，调节范围是 128.51～160.01 m^3/t，其他操作条件和入炉混矿成分保持不变。

随着氧矿比的升高，As 在铜锍和炉渣中的分配比例逐渐升高，烟气中的 As 则呈减少趋势，如图 9 - 79、图 9 - 80 所示。与其他底吹熔炼工艺相比，SKS[1#] 所采用的生产工艺氧矿比偏高，熔炼体系氧势较高，导致大量 As 被氧化入渣。因

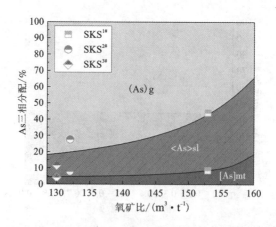

图 9 - 79 氧矿比对 As 元素在三相中分配行为的影响

此，适当降低氧矿比，可以降低铜锍中的 As 含量。

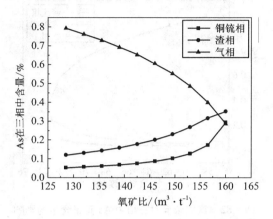

图 9 - 80　氧矿比对三相中 As 元素含量的影响

（2）富氧浓度的影响

如图 9 - 81、图 9 - 82 所示，通过改变氧气鼓入速率，固定空气鼓入速率，调整富氧浓度 58.24% ~ 74.20%，而其他操作条件和入炉混矿成分保持不变。随着富氧浓度升高，As 逐渐向渣中富集，烟气中的 As 含量快速降低，炉渣中的 As 含量逐渐升高。

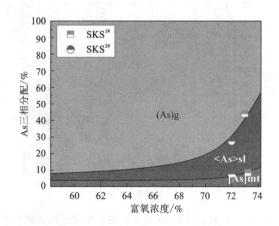

图 9 - 81　富氧浓度对 As 元素在三相中分配行为的影响

原因在于，富氧浓度升高时，体系氧势增加，以 As_xS_y 形式存在的 As 逐渐被氧化为 As_2O_3 及 As，As_2O_3 进入炉渣，As 进入铜锍。在工业生产中，烟气带走热量占总热量的比例很大，因此提高富氧浓度能减少热量支出，减少燃料的使用

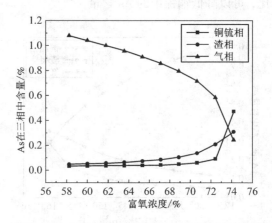

图 9 – 82　富氧浓度对三相中 As 元素含量的影响

量，实现自热熔炼。然而为了控制铜锍中 As 含量，富氧浓度不宜过高。

（3）铜锍品位的影响

通过调节氧气鼓入速率，控制铜锍品位变化为 42.29% ~ 74.42%，对应氧气鼓入速率为 7000 ~ 11160 m³/h，其他操作条件和入炉混矿成分保持不变。分析其对底吹熔炼性能的影响，如图 9 – 83、图 9 – 84 所示。

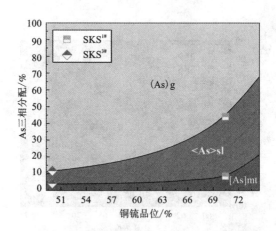

图 9 – 83　铜锍品位对 As 元素在三相中分配行为的影响

随着铜锍品位的增加，As 在逐渐向渣中富集，烟气中的 As 含量逐渐降低，炉渣中的 As 含量逐渐升高。铜锍中的 As 在铜锍品位小于 70% 时增加缓慢，之后便急剧升高。由于铜锍品位和富氧浓度的改变都是通过调节氧气鼓入速率实现的，因此两者对 As 分配行为的影响较为相似。

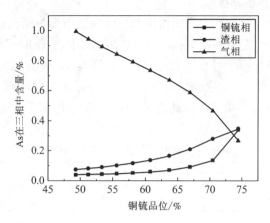

图 9 - 84　铜锍品位对三相中 As 元素含量的影响

As 在铜锍中以 AsS 的形式存在，As 在铜锍中的活度系数随铜锍品位的升高而降低，高品位铜锍对 As 的吸引力较强，降低了 As 的活度及蒸气压。此外，铜锍中 S 的活度也会随铜锍品位升高而降低，使铜锍中硫势降低，导致铜锍中 AsS 的化学势减小，挥发性降低，被保留在铜锍中。因此为了控制铜锍中 As 含量，铜锍品位不宜太高。

9.2.1.3　熔炼工艺综合优化指标

通过研究入炉物料成分、熔炼工艺参数对熔炼过程中 As 在三相分配行为的影响，提出了入炉物料组分含量控制范围及工艺参数调控范围，形成了优化生产条件，可降低铜锍中的 As 含量。

（1）入炉精矿组分含量调控

为维持原有熔炼过程的自热熔炼、高铜锍品位、渣型铁硅比等参数，并且能更好地脱除 As，建议入炉精矿组分含量控制范围见表 9 - 5。

表 9 - 5　入炉精矿组分含量控制范围

成分	原生产成分（湿矿）	优化范围（湿矿）	优化范围（干矿）
Cu	20.74	17%~19%	19%~21%
Fe	22.78	23%~24%	24~26%
S	23.53	24%~26%	26%~28%
As	0.41	≤0.4%	≤0.43%
H_2O	8.50	8%~10%	

（2）熔炼工艺参数调控

底吹熔炼过程中应选择合适的熔炼制度，参数指标控制在适当的范围内，经过研究，在入炉精矿成分如表 8 - 20 所示、熔炼条件如表 8 - 21 所示，得出优化指标控制条件见表 9 - 6，可使铜锍中 As 含量降至 0.1%。但元素分配行为受多种因素综合影响，且每种因素影响程度不一，为强化脱砷而剧烈调整优化指标，造成炉况波动却是得不偿失，因此需要根据实际生产情况，逐步调整上述优化指标。

表 9 - 6　底吹熔炼优化工艺参数指标

工艺操作参数	现有指标	优化指标
氧矿比/（$m^3 \cdot t^{-1}$）	153	130 ~ 140
富氧浓度/%	73	70 ~ 72
铜锍品位/%	70.45	68 ~ 70
炉渣铁硅比	1.75 ~ 1.95	1.8

9.2.2　连续吹炼工艺砷分配行为研究

9.2.2.1　入炉物料成分变化的影响

（1）铜锍品位变化的影响

在计算过程中，维持加料速率、氧矿比、铁硅比、富氧浓度等操作参数不变，将入炉热态铜锍品位调整为 70% ~ 75%，热态铜锍中的其他成分随铜锍品位的波动而按比例相应调整。物料中铜锍品位对吹炼过程的影响如图 9 - 85 ~ 图 9 - 88 所示，随着入炉铜锍品位的增加，粗铜中 As 的分配比例先从 89.60% 缓慢升高至

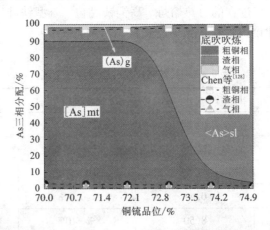

图 9 - 85　铜锍品位对 As 元素在三相中分配比例的影响

90.05%，当铜锍品位达到 72.25% 时，快速降低(面积减少)。

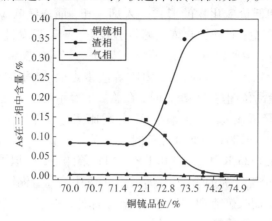

图 9-86 铜锍品位对三相中 As 元素含量的影响

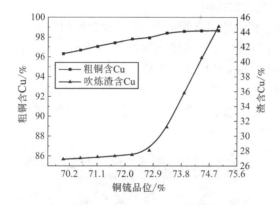

图 9-87 铜锍品位对粗铜含 Cu 和渣含 Cu 的影响

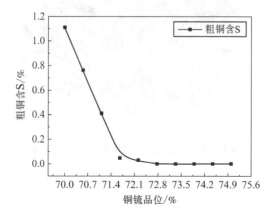

图 9-88 铜锍品位对粗铜含 S 的影响

这是因为不同于精矿中以硫化物形态存在的 As，在相对较弱的氧势条件下大部分以硫化物和低价氧化物的形式进入烟气相，而连续吹炼工艺处理物料中 As 多以原子形态存在，且连续吹炼过程氧势较强，导致挥发进入气相中的 As 较熔炼工艺大大降低，主要以氧化入渣的形式除去。当入炉铜锍品位低于 72.25%时，随着铜锍品位增加，渣量减少，由吹炼渣带走的 As 量减少，粗铜含 As 升高[128, 129]。当铜锍品位超过 72.25%时，在总鼓氧量不变的情况下，氧气充足，造成过吹，使 As 大量氧化进渣，粗铜中 As 分配比例急剧降低。如图 9 - 85 所示，过吹同时导致渣含铜升高，因此合理控制过吹程度，有利于连续吹炼过程脱砷。

Chen 等[128] 在 1523 K 和 $p_{SO_2} = 0.1 \times 10^5$ Pa 条件下，模拟了连续吹炼过程入炉铜锍品位对 As 分配行为的影响，绘于图 9 - 85 中。随着铜锍品位增加，粗铜中 As 含量逐渐增加，而吹炼渣和烟气中 As 逐渐降低，由于未达到过吹条件，粗铜含砷没有出现急剧降低的趋势。

（2）铜锍含 As 变化的影响

在计算过程中，将入炉热态铜锍中 As 元素含量调整为 0.04% ~ 0.8%，维持加料速率、氧矿比、铁硅比、富氧浓度等操作参数不变，热态铜锍中的其他成分据 As 元素含量的波动而按比例相应地调整。如图 9 - 89、图 9 - 90 所示。

随着铜锍中 As 含量增加，As 向炉渣中分配的比例增加，粗铜中比例减少，但进入粗铜中的 As 物质总量仍是增加的。因此应控制入炉物料含砷量。

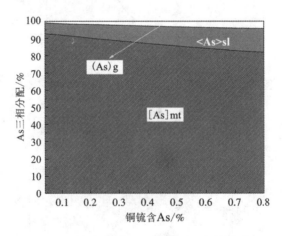

图 9 - 89　铜锍含 As 对粗铜含 As 的影响

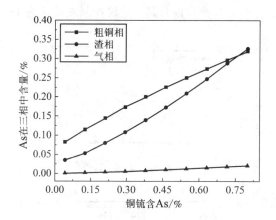

图 9 - 90　铜锍含 As 对三相中 As 元素含量的影响

9.2.2.2　连续吹炼工艺参数的影响

（1）氧矿比的影响

通过控制热态铜锍加入速率为 $9.3 \sim 10.4$ t/h，调整氧矿比为 $170 \sim 180$ m³/t，而其他操作条件和入炉物料成分保持不变。图 9 - 91 ~图 9 - 94 是氧矿比变化对底吹吹炼过程的影响图。

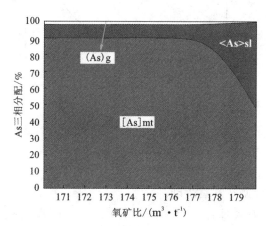

图 9 - 91　氧矿比对 As 元素在三相中分配比例的影响

如图 9 - 91、图 9 - 92 所示，在吹炼阶段，氧矿比小于 177 m³/t 时，元素 As 主要聚集在粗铜相中，且随着氧矿比的增加粗铜含砷缓慢增加，当氧矿比超过 177 m³/t 时，粗铜中 As 快速降低，逐渐进入渣中，而气相含砷随着氧矿比的变化一直维持在较低水平。这是由于随着氧矿比的升高，连续吹炼体系氧势升高，As 元素被氧化进入渣中。从图 9 - 93 可知，吹炼过程中，较高的氧矿比会导致大量

Cu 氧化入渣,因此氧矿比不能一直升高,建议控制氧矿比为 177 ~ 178 m³/t。

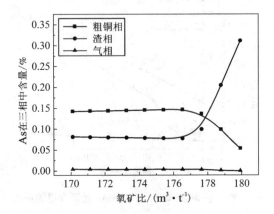

图 9 – 92　氧矿比对三相中 As 元素含量的影响

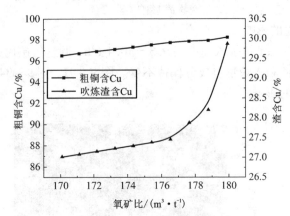

图 9 – 93　氧矿比对粗铜含 Cu 和渣含 Cu 的影响

(2)富氧浓度的影响

①空气鼓入速率调节富氧浓度。

通过控制空气鼓入速率为 2700 ~ 3600 m³/h,调整富氧浓度为 38.31% ~ 36.55%,而其他操作条件和入炉物料成分保持不变。图 9 – 95 ~图 9 – 98 是富氧浓度变化对底吹吹炼过程的影响关系图。

由图 9 – 95、图 9 – 96 可知,随着富氧浓度的增加(空气流量降低),元素 As 在炉渣中的分配量减少,逐渐向粗铜中富集,导致粗铜品位降低。这是因为通过降低空气流量增加富氧浓度,体系总氧气鼓入速率降低,氧势呈下降趋势,导致吹炼过程脱杂能力降低。因此,若由空气鼓入速率调节富氧浓度值时,富氧浓度不宜太高。

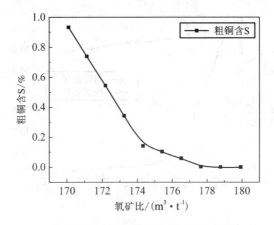

图 9-94 氧矿比对粗铜含 S 的影响

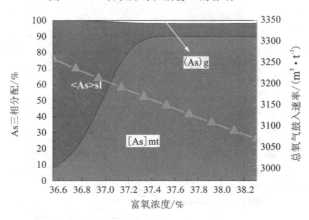

图 9-95 富氧浓度对 As 元素在三相中分配比例的影响

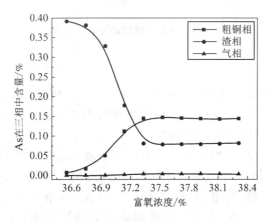

图 9-96 富氧浓度对三相中 As 元素含量的影响

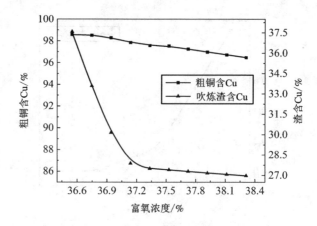

图 9 - 97　富氧浓度对粗铜含 Cu 和渣含 Cu 的影响

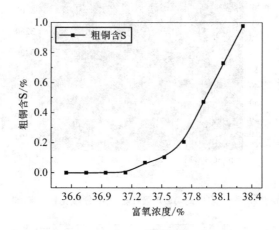

图 9 - 98　富氧浓度对粗铜含 S 的影响

②氧气鼓入速率调节富氧浓度。

通过控制氧气鼓入速率为 2450 ~ 2629 m³/h, 调整富氧浓度为 37.48% ~ 38.82%, 而其他操作条件和入炉物料成分保持不变。图 9 - 99 ~ 图 9 - 102 是富氧浓度变化对底吹吹炼过程的影响图。

由图 9 - 99、图 9 - 100 可知, 随着富氧浓度的增加(氧气流量增加), 元素 As、Cu、S 的分配行为与空气鼓入速率引起的富氧浓度变化趋势相反, 元素 As 在粗铜中的分配量先缓慢增加, 而后急剧减少, 逐渐向炉渣中富集, 与文献[128]研究结果一致。因此, 若由氧气鼓入速率调节富氧浓度值时, 富氧浓度可以适当升高。

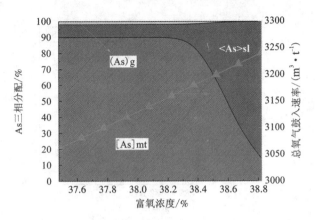

图 9 - 99　富氧浓度对 As 元素在三相中分配比例的影响

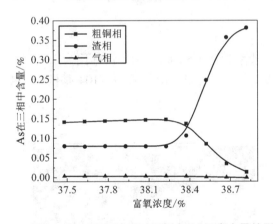

图 9 - 100　富氧浓度对三相中 As 元素含量的影响

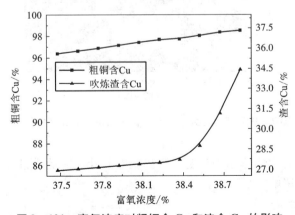

图 9 - 101　富氧浓度对粗铜含 Cu 和渣含 Cu 的影响

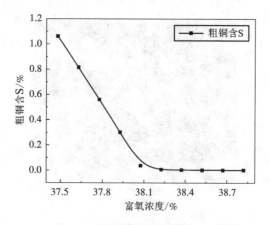

图 9 - 102　富氧浓度对粗铜含 S 的影响

③铁硅比的影响。

通过控制石英加入速率为 $0.4 \sim 1$ t/h，调整铁硅比为 $0.6 \sim 1.27$，而其他操作条件和入炉物料成分保持不变。图 9 - 103、图 9 - 104 是铁硅比变化对底吹吹炼过程的影响关系图。

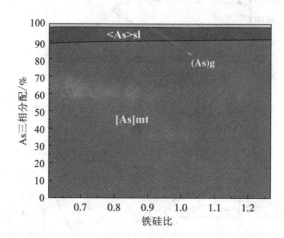

图 9 - 103　铁硅比对 As 元素在三相中分配比例的影响

由于铁硅比对吹炼体系中硫势、氧势影响较小，因此铁硅比变化对元素 As 分配比例几乎无影响。

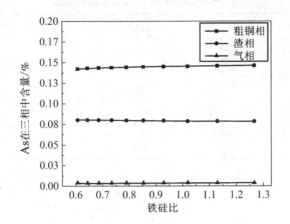

图 9 - 104 铁硅比对三相中 As 元素含量的影响

9.2.2.3 连续吹炼工艺综合优化指标

综合熔炼和吹炼工序的模拟结果可知,吹炼段的杂质脱除能力十分有限,大部分 As 仍进入粗铜之中,因此建议优先考虑向有利于熔炼阶段脱砷的方向调整参数,实现前端脱砷[130]。

吹炼过程降低粗铜含 As 量的优化条件有:

(1)控制入炉铜锍品位 70% 左右。考虑到吹炼阶段脱砷效果不佳,而熔炼阶段生产低品位铜锍有利于脱砷,因此控制入炉铜锍品位为 70% 左右。

(2)控制入炉热态铜锍含 As < 0.3%。物料含 As 量增加导致吹炼产物中 As 的物质总量增加,因此应控制进入吹炼炉的物料含砷量。

(3)控制氧矿比为 177 ~ 178 m^3/t,最佳富氧浓度值视调节因素而定。若调节空气鼓入速率改变富氧浓度,最佳富氧浓度则为 37%;若调节氧气鼓入速率改变富氧浓度,最佳富氧浓度则为 38.5%。

(4)适当降低铁硅比。铁硅比对体系氧势、硫势影响较小,对 As 分配行为影响也较小,但是适当降低铁硅比、增大渣量、及时排渣,可以降低渣中脱砷产物活度,增加脱砷效果。

初步研究结果表明,在推荐入炉成分及吹炼工艺参数条件下进行生产,理论粗铜中 As 含量可降至 0.12%,后续会对此结果继续优化,以进一步降低粗铜含砷(表 9 - 7)。

表 9-7 入炉精矿组分含量控制范围

工艺操作参数	现有指标	优化指标
铜锍品位/%	71	69~70
铜锍含 As/%	0.2	0.3
氧矿比/(m³·t⁻¹)	173	177~178
富氧浓度/%	38	37/38.5
炉渣铁硅比	0.8	0.7

9.3 本章小结

本章以氧气底吹铜熔炼多相平衡为研究对象,采用计算机模拟的方法,利用 SKSSIM 对该工艺过程进行模拟仿真研究,为解决实际生产过程中的问题提供理论支持。

(1)通过 SKSSIM 软件,对氧气底吹铜熔炼工艺中的过程参数(包括精矿中主成分 Cu、Fe、S 含量,氧矿比和富氧浓度)以及工艺参数(包括铜锍品位、铁硅比)进行模拟仿真,研究了其对底吹铜熔炼过程中渣含铜、渣型、渣含 Fe_3O_4、铜锍品位等的影响,研究结果对于降低渣含铜、优化熔炼过程有积极作用。

(2)通过 SKSSIM 软件,研究了伴生元素 Pb、Zn、As、Sb、Bi 在烟气、炉渣、铜锍三相中分配行为,并考察了多种因素对伴生元素分配行为的影响。研究发现:Pb 主要进入铜锍相,Zn 和 Sb 主要进入渣相,As 和 Bi 主要进入气相;生产实践中可以通过调节入炉物料中 Cu、Fe、S 含量,富氧浓度、氧矿比、铜锍品位等工艺措施,实现对伴生元素定向分配的调节。

(3)砷在造锍熔炼工艺中主要进入气相中脱除,在连续吹炼工艺中通过造渣脱除,前者的脱砷能力较后者强。并且,造锍熔炼工艺中弱氧势条件有利于脱砷,而连续吹炼工艺中强氧势条件有利于脱砷。

第 10 章　氧气底吹炉内多相流数值模拟与分析

10.1　氧气底吹炉内气泡生长行为仿真研究

氧气底吹熔池熔炼是一种高效冶金方法。底吹炉熔体的主要动力来源于气体,气体与液体的剧烈运动和动量交换是底吹炉内重要的现象。气体从冶金炉底部喷入熔池形成气泡,与熔体间发生强烈反应和交互作用。利用气泡上浮驱动熔池内熔体循环流动来加快传递过程,能使熔体内部形成均匀扩散区,实现剧烈搅拌。在气相与液相之间以及气泡之间的相互作用过程中,影响其行为规律的重要因素包括:气泡尺寸、生长规律及运动轨迹。同时,这些因素也为两相能量和质量传递过程及冶金工业设备设计提供理论依据和重要指导。气泡微细化在冶金喷吹冶过程中具有重要的作用和意义。在熔体中,可以通过饱和溶液自发形核而形成气泡,也可以通过喷嘴或孔口喷入气流而形成气泡[131]。

10.1.1　单气泡在水中自由上浮

10.1.1.1　单气泡自由上浮机理分析

气泡是气液两相流中的基本研究对象,气泡运动是一种气液界面的非定常流动[132]。液体深度 $h = 0.1$ m、半径 $r = 0.02$ m 的气泡在水中自由上浮过程中的运动变化情况如图 10 – 1 所示。

从图 10 – 2 可以看到,气泡在上浮过程中,由于受到浮力和重力的不平衡作用,整个气泡向上运动。在气泡外部,下面压强大于上面压强,气泡下边界向内凹陷,使气泡呈现弯月牙形状,然后冲破气液界面。在气泡内部,上半部分压强大于下半部分压强,并且随着气泡的上升,气泡内部压强越来越小,当上升临近气液界面时,气泡压强达到最小。

图 10 – 3 为气泡上升过程中速度变化规律。随着气泡上升,气泡中心速度逐渐增大,最大可以达到 0.19059 m/s,往两边方向逐渐减小,靠近壁面的位置由于环流的作用,速度又增大。当气泡冲破气液界面,即 $t = 1.54$ s 时,弯月牙状的气泡两端破裂,瞬时速度可达到 0.767172 m/s。由于液滴的飞溅,下落时液滴速度最大,可达到 1.2 m/s。由此可见,熔池内适当的喷溅对于加快物料在熔池上表面的扩散有较大帮助。

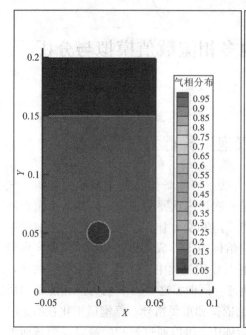
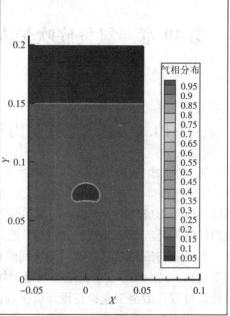
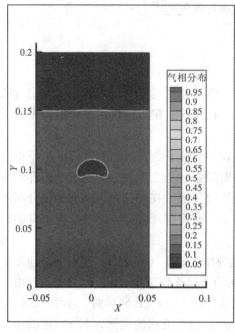
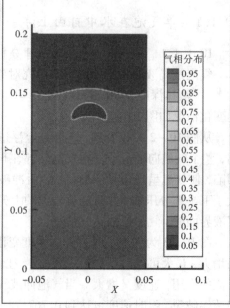

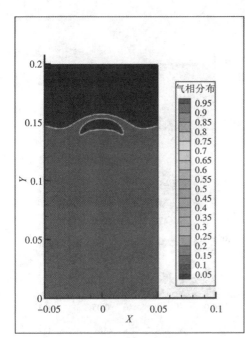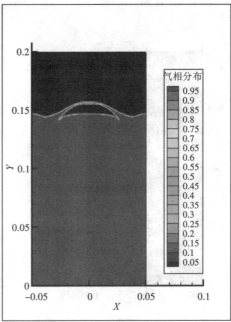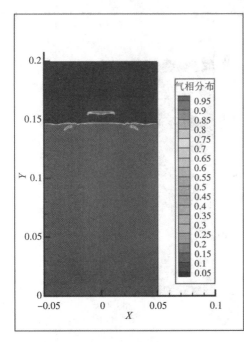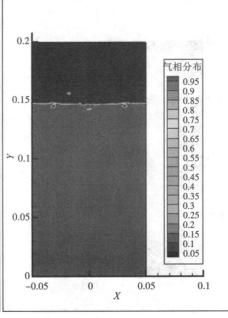

图 10 − 1 气泡在水中破裂行为——相分布

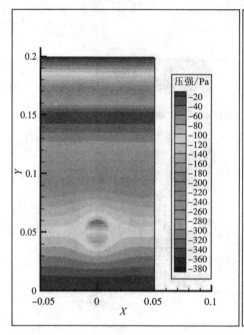
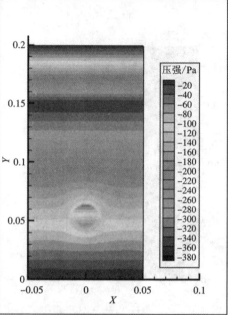
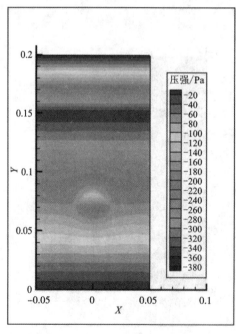
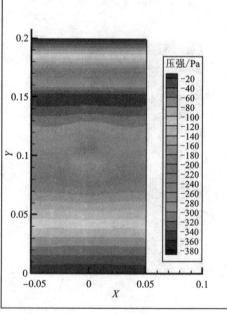

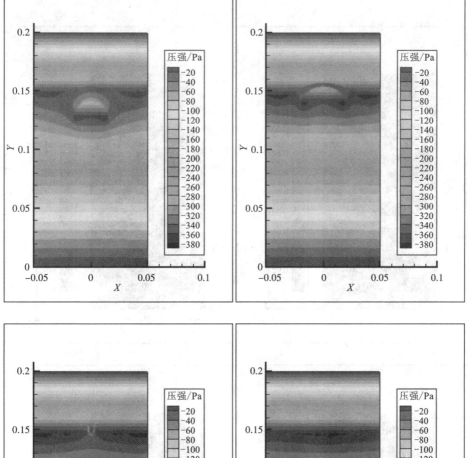

图 10 - 2　气泡在水中破裂过程中压强变化

彩图10-3

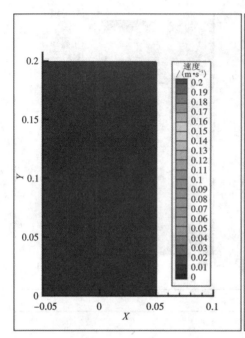

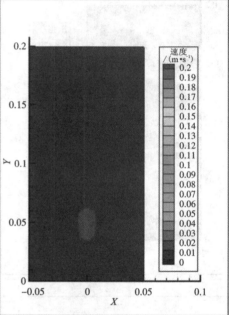

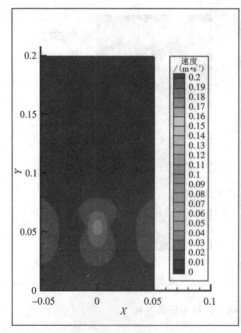

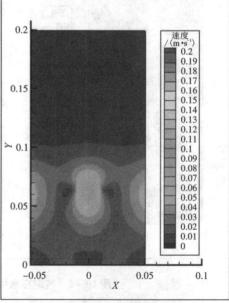

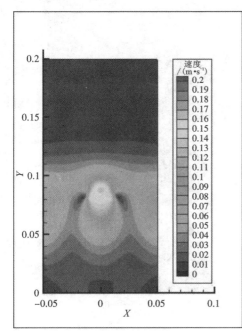
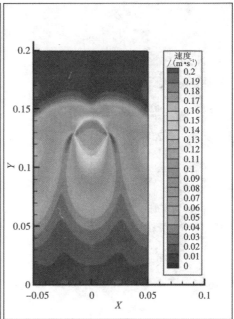
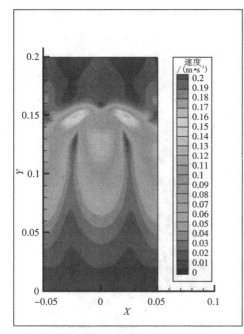
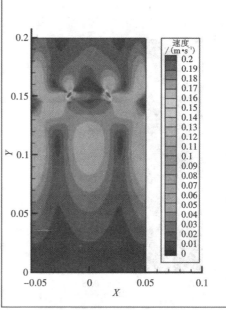

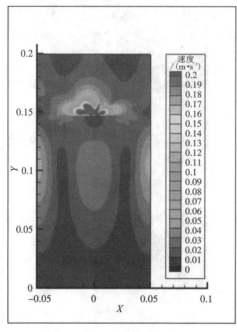
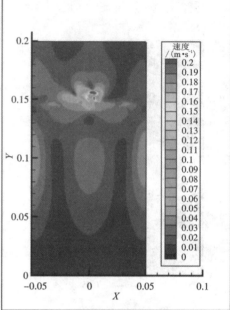
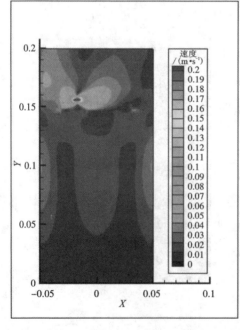
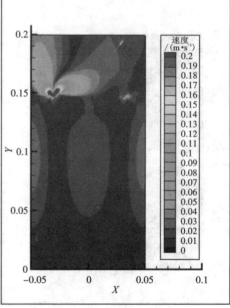

图 10 - 3　气泡在水中破裂过程中速度变化

从图 10 - 4 可知，在气泡破裂过程中，由于气泡左右受力平衡，气泡沿着竖直方向运动。气泡速度变化主要在气泡轴线上。当时间 $t < 1.5$ s，即气泡未破裂时，最大速度处于气泡运动轨迹上，先增大后减小，当 $t = 1.28$ s 时，气泡速度 $v_{max} = 0.194$ m/s。当 $t > 1.5$ s 后，气泡破裂，此时，最大速度已经不处在中心轴线上，而是气泡破裂的位置（B）和飞溅的液滴下落的位置（C、D、E 三点）。

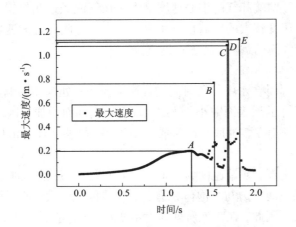

图 10 - 4　气泡破裂过程中最大速度随时间变化

（A—1.28 s, 0.194 m/s; B—1.54 s, 0.767 m/s; C—1.69 s, 1.08415 m/s;
D—1.70 s, 1.11393 m/s; E—1.83 s, 1.13269 m/s）

图 10 - 5 为气泡轴线上距离液面不同高度位置的瞬时速度变化，可以发现，当深度大于 0.02 m 时，每个位置的瞬时速度变化先增大后减小，即当气泡运动到

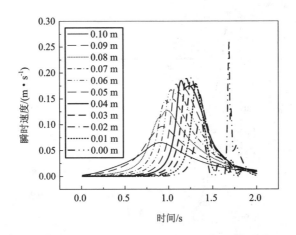

图 10 - 5　距离液面不同高度位置的瞬时速度随时间变化

该位置时，速度最大，当气泡远离该位置时，速度逐渐变小。另外，位置越深，气泡运动到该位置时间越短，速度就越小。当 $t = 1.26$ s 时，处于 0.02 m 深度的位置速度最大，$v_{max} = 0.191$ m/s。当深度小于 0.02 m 时，距离界面越近，由于受到界面张力的阻碍作用，气泡速度减小。在深度处于 $0.02 \sim 0.08$ m 的位置时，速度出现拐点。当气泡开始上升，受到不平衡作用力，气泡变形导致气泡内部速度分布不均，在弯月牙两端和气泡中心速度最大。在气泡经过此位置时，气泡继续变形，气泡内中心速度较大的区域也发生微变形，使得此位置的速度又增大，持续极短时间；由于气泡的远离，速度逐渐下降。

10.1.1.2　单气泡在水中停留时间

气泡自由上浮时在水中停留时间受气泡半径和所处深度影响。可以发现，停留时间随气泡尺寸的增大而减小，随熔池深度的增加而增加。因此在熔池熔炼过程中，尽可能使气泡在熔池底部破裂成微小气泡，能够增加气泡停留时间以及气液接触面积。

单气泡自由上浮，初始速度为 0 m/s，所以气泡速度的增加主要来源于气泡所受浮力的作用。而浮力与气泡体积有关，气泡体积越大，所受浮力越大，那么气泡的速度越大。因此，在气泡所处深度不变时，气泡直径越大，运动速度越大，气泡在熔池内的停留时间越短。而当气泡直径不变时，深度越深，距离越远，气泡在熔池内停留时间越长。

如图 10 - 6 所示，不同深度的气泡在熔池内的停留时间 T 与 r 成一定的关系，拟合曲线函数为 $T = 0.0873R^{-0.627}$，其中 $R^2 = 0.99643$。

图 10 - 7 为不同深度的气泡在水中的停留时间随气泡尺寸变化。图 10 - 8 为不同尺寸的气泡在水中的停留时间随气泡位置变化。

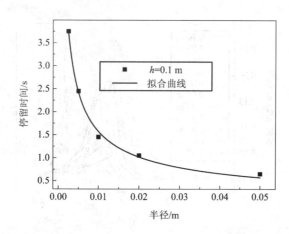

图 10 - 6　深度为 $h = 0.1$ m 处的气泡在水中停留时间随气泡尺寸变化

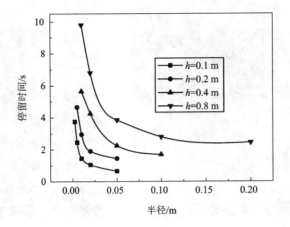

图 10 - 7　不同深度的气泡在水中的停留时间随气泡尺寸变化

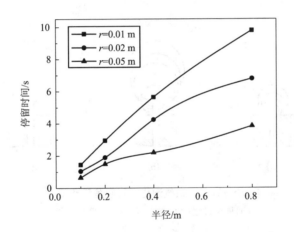

图 10 - 8　不同尺寸的气泡在水中的停留时间随气泡位置变化

10.1.2　底吹炉内根部气泡的长大

10.1.2.1　根部气泡长大理论分析

一般认为,气体经小孔通过一定厚度的液层,因气体流量、速度不同可有两种状态:低速气体从喷枪口出来的瞬间形成一个大的椭球形气泡,而后脱离形成离散的单个气泡,如图 10 - 9 所示;高速气体通过喷枪会形成连续射流,纯气流区呈喷射锥状,进入液相后破碎为尺寸不一的微小气泡,如图 10 - 10 所示。然而对于一般浸没式喷枪来说,气体流速并不高,氧枪根部气泡主要以鼓泡流形式生成。孔口气泡生长到脱落示意图如图 10 - 11 所示。

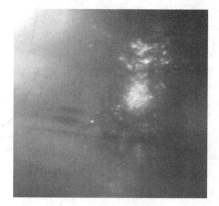

图 10-9　鼓泡流　　　　　　　　　　　图 10-10　射流

(a)　　　　　　　　　　(b)　　　　　　　　　　(c)

图 10-11　孔口气泡生长到脱落示意图[133]

(a)膨胀过程；(b)脱落过程；(c)脱落时状况

10.1.2.2　底吹炉内氧枪口处气泡生长

在氧气底吹熔炼炉内，具有一定倾斜角度的氧枪，并且气泡初速度不为 0 的情况下，气泡受力不均匀，因此气泡生长不规则。图 10-12 显示了气泡初始生长过程中相分布和速度分布。分析得到：氧枪中心速度可达 18 m/s，整个气泡内部，气泡中心速度最大。随着气泡的长大，气泡中心速度逐渐增大。在氧枪中心线的两侧，气泡内部各自形成旋涡。当气泡脱离氧枪口或者气泡破裂时，气泡速度减小。当气泡从氧枪口生成或者在气泡长大过程中，气泡速度增大。当气泡开始脱离氧枪口时，气泡在上升过程中能量不断传递给熔体，速度变小。不同形状的气泡，气泡形状变形越大，速度越大。

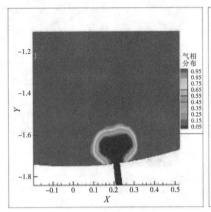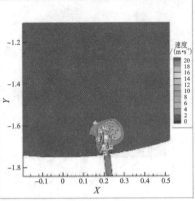

$t=0.05$ s

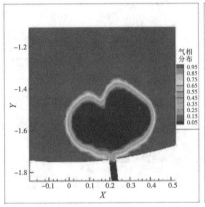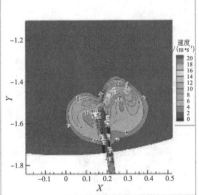

$t = 0.20$ s

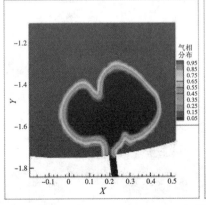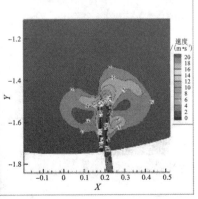

$t = 0.25$ s

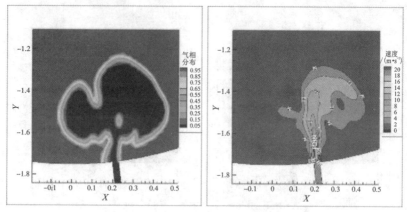

$t = 0.30\ \text{s}$

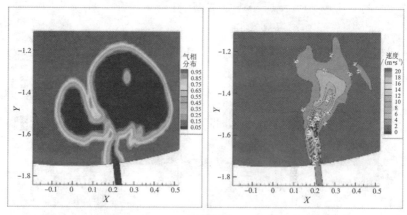

$t = 0.35\ \text{s}$

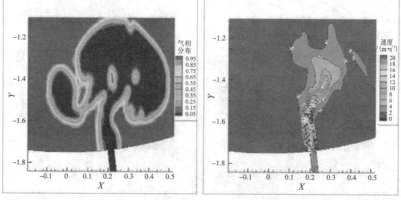

$t = 0.40\ \text{s}$

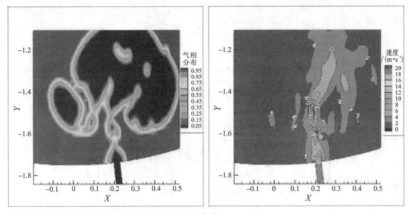

$t = 0.45\ \mathrm{s}$

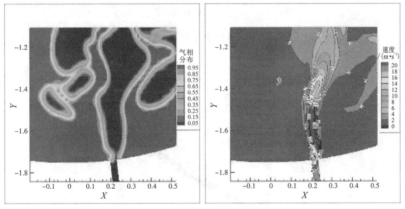

$t = 0.60\ \mathrm{s}$

图 10 - 12 气泡初始生长过程中相分布和速度分布

由图 10 - 13 可知，氧枪出口中心的速度随时间变化在 16 m/s 至 20 m/s 内波动，约为 18 m/s 时，处于稳定状态。与图 10 - 12 的气泡速度分布显示的氧枪中心速度一致，证明浸没式喷枪的气流速度并没有达到射流状态。

10.1.2.3 氧枪口气泡形成时间分析

气泡形成时间，即气泡从氧枪口形成到脱离的时间。它是熔池熔炼过程中的重要参数。为了深入研究底吹熔炼炉内气泡形成及运动机理，提取氧枪 30 个连续气泡的形成时间，如图 10 - 14 所示，其直线拟合数据见表 10 - 1。

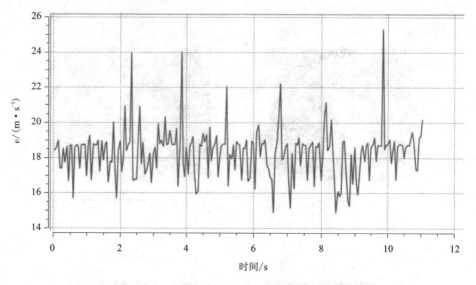

图 10 – 13　氧枪(倾角 7°)中心出口处的速度变化

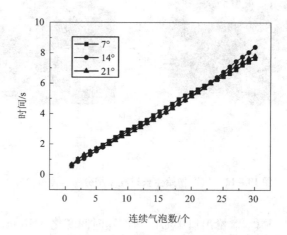

图 10 – 14　不同倾角下氧枪出口处气泡生成时间

表 10 – 1　不同角度下氧枪出口处气泡生成时间直线拟合

角度/(°)	拟合直线	R^2	气泡生成频率
7	$y = 0.2393x + 0.528$	0.999	4.18
14	$y = 0.2728x + 0.0388$	0.9926	3.67
21	$y = 0.2545x + 0.2277$	0.9973	3.93

由图 10 - 12 可知，初始气泡在熔池内的生成时间较长，约为 0.5 s。原因是气泡上浮主要受表面张力、浮力和黏力作用，而底吹炉内的熔体初始时刻呈静止状态，刚生成的气泡受到的浮力较小，其上升速度很小，因此气泡长大并脱离时间较长。随着时间和气体喷吹流量的增加，熔池内连续气泡或者气团在上升时，其两侧形成巨大旋涡，从而形成较强的搅动并带动熔体运动。熔池内运动越剧烈，氧枪根部气泡在长大过程中，受到周围流体运动的反作用力更强烈，也就更加容易破裂，因此形成时间变短。由表 10 - 1 可以看出气泡平均生成时间约为 0.25 s，频率约为 4 Hz。

由图 10 - 15 可知，在 11 s 内，$w(O_2) < 0.95$ 的峰一共有 40 个，说明氧枪口处 11 s 内生成 40 个气泡，气泡生长频率也约等于 4 Hz。与前文研究（图 10 - 14 和表 10 - 1）统计结果一致，验证了结果的准确性。

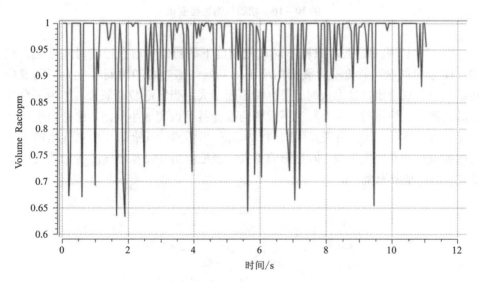

图 10 - 15　氧枪(倾角 7°)中心出口处的 O_2 相分布比率

10.1.2.4　氧枪出口处初始气泡尺寸

初始气泡尺寸，即氧枪出口处第一个气泡从生成到脱离时的气泡直径。随着气流量的增加，气泡直径逐渐增加，所受浮力也逐渐增大，当气泡所受浮力大于气泡脱离氧枪所受到的阻力时，气泡脱离氧枪口。初始气泡形成时间约为 0.5 s。图 10 - 16 为初始气泡生长到气泡脱离时气泡直径的变化。从图中可以看出，在 0.45 s 时刻，气泡直径达到最大，为 410.395 mm。而后逐渐变小，是因为气泡脱离氧枪，在气泡上升过程中发生气泡变形甚至破裂。初始气泡尺寸约为 400 mm。

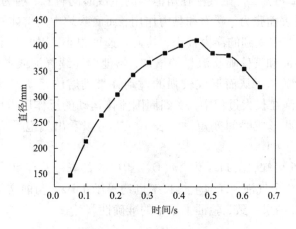

图 10 - 16　初始气泡直径变化

　　图 10 - 17 表示的是单氧枪不同氧枪角度下的初始气泡直径随时间变化。图
10 - 18 表示的是双氧枪不同氧枪角度下的初始气泡直径随时间变化。研究发现
初始气泡在氧枪出口处形成时,其直径不断增大。当气泡脱离氧枪,作为一个独
立的气泡进入熔体后,随机发生不规则的改变甚至破裂成小气泡,这是由于气泡
上浮导致熔体的波动,由缓慢到剧烈,从而互相影响。氧枪的倾角对气泡的形成
时间和直径都有一定影响,但是影响不大。氧枪倾角并没有使气液接触状态发生
变化,仍旧是鼓泡型。

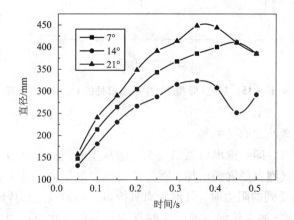

图 10 - 17　单氧枪不同氧枪倾角下初始气泡直径随时间变化

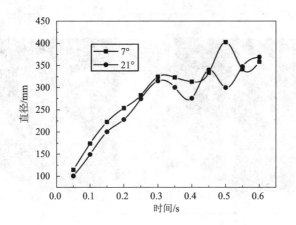

图 10 - 18　双氧枪不同氧枪倾角下初始气泡直径随时间变化

10.1.3　熔池内气泡生长变化

初始气泡从氧枪口处与氧枪脱离后，开始上浮。在浮力作用下，气泡向上运动，继续变形、破裂或者融合。由于受到热膨胀和熔体阻碍作用，被击散形成若干细小气泡或流股。气泡在上浮过程中的变化对底吹熔炼炉内气液作用有重要作用。

10.1.3.1　气泡破裂过程

图 10 - 19 为典型的气泡破裂过程，气泡在上升过程中呈细长条形，与氧枪根部气泡分离。图中黑色方框内长条形气泡从 1.0 s 到 1.05 s 的时间变化过程中，在喉口处分裂变为两个扁圆形的气泡；虚线圆形框内扁圆形气泡由于受力不均，从小裂缝变成大裂缝，变成两个小气泡。而且从大气泡破裂变成小气泡时，气液接触面积增大，气泡速度由大变小，将能量传递给熔体，加强了气液之间的搅拌作用。因此，大气泡具有搅动熔池、加快传质的作用，而小气泡具有较大接触面积、加快熔池内反应的作用。

10.1.3.2　气泡融合过程

图 10 - 20 为氧气底吹炉内气泡融合过程。对比图 10 - 19 发现，气泡破裂发生时间为 0.05 s，可能还更小。但是气泡融合却需要 0.3 s，甚至可能更长的时间。因此，在熔池内气泡破裂比气泡融合更容易发生。这是由于熔池内不发生不规则的湍流运动，熔池气含率为 15% 左右，所占比例较小，气体与液体发生碰撞的概率更大，使得气泡体积变小；而气泡与气泡融合的概率很小。在熔池内部气泡上浮造成气泡变形，气泡越不规则，越容易发生破裂变成小气泡。所以熔池内部的平均气泡直径与初始气泡相比更小。

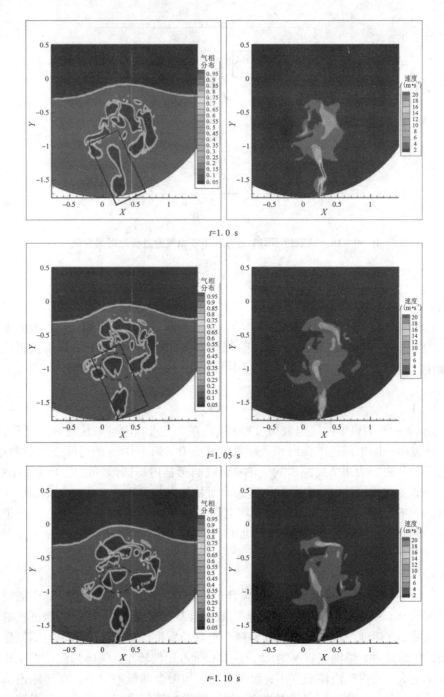

图 10 – 19　气泡破裂过程

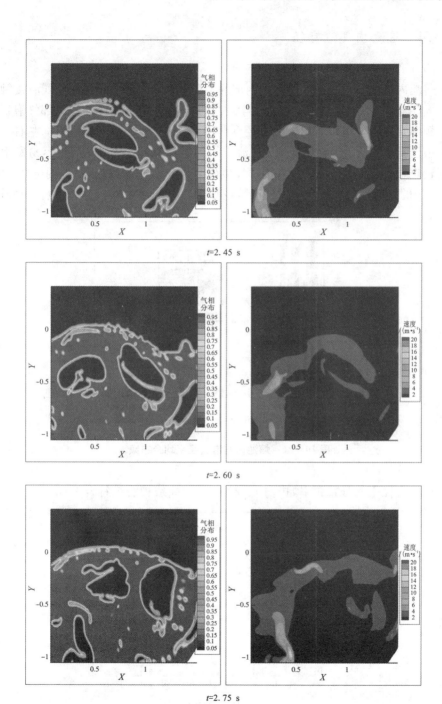

图 10 - 20　气泡融合过程

10.1.4　熔池内气泡直径

10.1.4.1　熔池内气泡直径分布

熔池内气泡直径是底吹熔炼炉内部的重要参数。气泡直径越小，气液接触面积越大，能够加快传热传质，促进化学反应进行。图 10 - 21 为熔池内部气泡直径分布频率直方图。可以看出气泡直径 0 ~ 100 mm 占比最大，达到 80% 左右。在前文中已有介绍，因为在熔池中，气流与熔体碰撞剧烈，使得气泡更容易发生破裂而较难融合，所以熔池中大气泡都发生破裂变成小气泡，使得熔池内部 0 ~ 100 mm 直径的气泡占较大比例。大气泡数量较少，其大小基本与初始气泡直径相近。

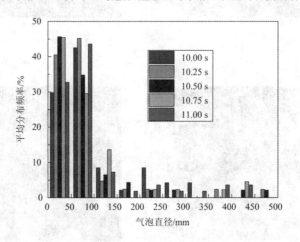

图 10 - 21　熔池内气泡直径平均分布频率

气泡直径平均分布频率如图 10 - 22 所示。曲线拟合最符合 Boltzmann 函数，

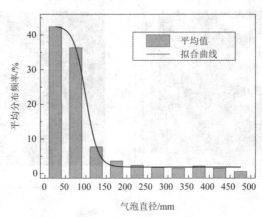

图 10 - 22　气泡直径平均分布频率及拟合曲线

其表达式为 $y = \dfrac{A_1 - A_2}{1 + e^{(x - x_0)/d_x}} + A_2$，各数值如表 10 - 2 所示。

表 10 - 2　拟合曲线函数常数、值及标准差

常数	值	标准差
A_1	42.67689	0.96925
A_2	1.89005	0.34139
x_0	99.36203	2.26815
d_x	14.54753	1.20627

残差平方和为 4.78251，$R^2 = 0.99675$。该方程以气体分子运动论为依据，描述了气体运动的变化规律，从连续流到高稀薄流的各个流域均具有广泛的适用性。在熔池内气体的运动规律符合 Boltzmann 方程。

10.1.4.2　单氧枪和双氧枪气泡数量对比

底吹炉内的熔炼过程达到稳定状态后，单氧枪熔池内部状态如图 10 - 23 所示，双氧枪熔池内部状态如图 10 - 24 所示。对比两图可以发现，双氧枪熔池内部的气体分布比单氧枪的气体分布更均匀，反应更剧烈。

单氧枪和双氧枪
熔池内部状态

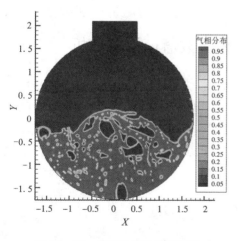

图 10 - 23　单氧枪熔池内部状态

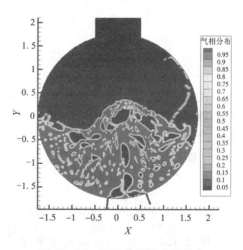

图 10 - 24　双氧枪熔池内部状态

单氧枪和双氧枪不同直径气泡数量对比如图 10 - 25 所示，可以发现，双氧枪时，直径为 0 ~ 100 mm 的气泡数量远高于单氧枪。因为单氧枪生成的气泡从氧枪口脱离后就主要靠着浮力上升，熔池内也只有一个主气流股，气泡与其他气泡或者熔体碰撞的概率小，熔池内的搅拌剧烈程度不高。而在双氧枪状态下，熔池内部有两股气流对向运动，两股气流相撞，导致熔池内剧烈的搅拌，使得熔池内流体流速大，气泡之间互相碰撞，小气泡数量远多于单氧枪的气泡数量，所以熔池内气泡在流体中的分布更加均匀。在前文中研究发现，大气泡具有搅动熔池、加快传质的作用，而小气泡具有较大接触面积、加快熔池内反应的作用。熔池内气泡数量多，小气泡占比大，对氧气底吹冶炼过程具有重要的作用。

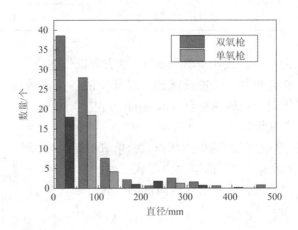

图 10 - 25 单氧枪和双氧枪不同直径气泡数量对比

10.2 氧气底吹炉内多相流数值模拟与分析

氧气底吹炉内的反应过程是涉及热量传递、质量传递、流体流动及化学反应等的多相流动过程。使用 CFD 仿真模拟可以帮助我们研究高温状态下复杂的多相流动状态。本章将分析氧气底吹过程中的气 - 锍两相流和气 - 锍 - 渣三相流的模拟结果，全面了解氧气底吹炉内多相流运动机理及规律，为氧气底吹内气泡生长行为研究作指导。

10.2.1 气 - 锍两相流动数值模拟与分析

10.2.1.1 氧气底吹炉内相分布
高速气体通过喷枪会形成一个喷射锥似的液相区，形成气液两相体系；而对于一般浸没式喷枪来说，气体流速并不高，气体通过喷枪口的瞬间就会形成一个椭球形气泡，由于受到高温、熔体阻碍、浮力等作用，气泡膨胀长大并在上浮的过程中被击散形成若干细小气泡或流股。萧泽强[118]将此两相体系分为三个区域：氧枪喷口处的纯气流区、熔体不断被卷入气相的气体连续相区和运动剧烈的液体连续相区。在气体连续相区，由于气泡的"气泡泵"作用，气体与冶金炉中的熔体之间进行充分热交换和动量交换，气体的动能被熔池内的熔体消耗掉，熔体的高温传递给气体；在液体连续相区，熔体内高温流体快速达到均匀混合状态，气体、液体和固体颗粒的接触面积达到最大，传质传热更快。

底吹熔炼过程中气相在氧枪压力作用下进入熔体内形成气泡，随着时间的变化，气泡体积逐渐增大，使得气泡受力越来越大，气泡长大带动气泡两侧液相运动，而后反作用于气相，使气泡受到液相阻力和切应力变大，气泡从氧枪口脱离形成单个气泡。在气泡运动初期阶段，熔体速度极小，基本处于静止状态。此时，气泡的剪切力较小，主要受浮力和表面张力作用，而表面张力能够维持气泡形状，浮力会使气泡向上运动，所以气泡变形较小，有轻微变形且不容易发生破裂。而随着气体的不断喷入，熔体内的速度越来越大，对气泡的剪切作用力也逐渐增加，气泡发生快速变形甚至最终破裂。当熔池达到稳定状态后，熔池内有少量的大气泡和大量的小气泡，熔池内部剧烈搅拌，气相与熔体进行快速传热传质，加速反应进行。

如图 10-26 所示在单氧枪底吹作用下，氧气流从氧枪口喷吹进入铜锍层，气泡逐渐变大，直至脱离氧枪进入熔体中，氧枪口的气泡会连续以一定的频率生成并脱离。气泡在上升过程中，受到不平衡力的作用，发生变形甚至破裂成微小气泡。随着熔池内部鼓入气体量的增多，熔池气含率也逐渐增加。直至第一个气泡冲破液相，而后随着液相的流动，熔池内部的气泡越来越多，且大小不一。在气

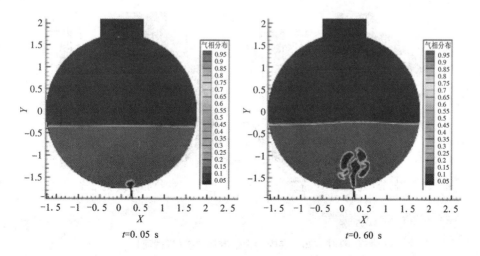

t=0.05 s　　　　　　　　　　　　　　　t=0.60 s

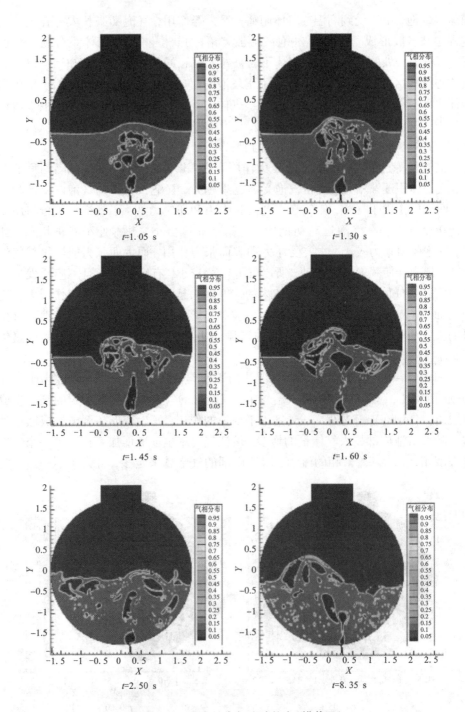

图 10 - 26 底吹炉内部流动状态(横截面)

泡不断搅拌熔池的过程中,熔池内的气泡有破裂也有聚合,但是熔池内部气含率稳定在一个范围之内。最终,整个熔炼区域达到一个动态的稳定过程。

10.2.1.2　氧气底吹炉内流线图

(1)氧气底吹炉横截面内部流线图

由于气泡的"气泡泵"作用,推动两边的液体向气泡两侧运动,液体的流动与气泡的运动方向相反。如图 10 - 27 所示,在单氧枪状态下,在气流未冲破气液界面之前,在熔池内部被气流划分为两个区域,即气流左侧和右侧区域。两侧流体均呈一个大的涡旋流动,旋涡中心位置随着气泡的上升也慢慢上移,并分别横向远离气流反向。而在双氧枪状态下(如图 10 - 28 所示),在熔池内部被两股气流划分为三个区域,即气流左侧区域、两股中间区域和右侧区域。左右两侧区域在气流未冲破液面之前,与单氧枪状态下的运动状态类似,但是中部区域由于两股气流的叠加作用,很快就变得混乱,运动更加不规则,同时对中间区域的传质也起到快速促进作用。

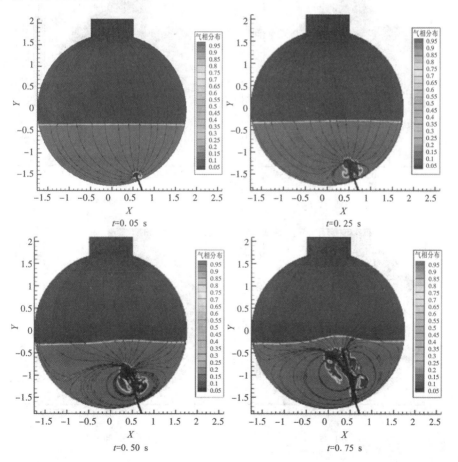

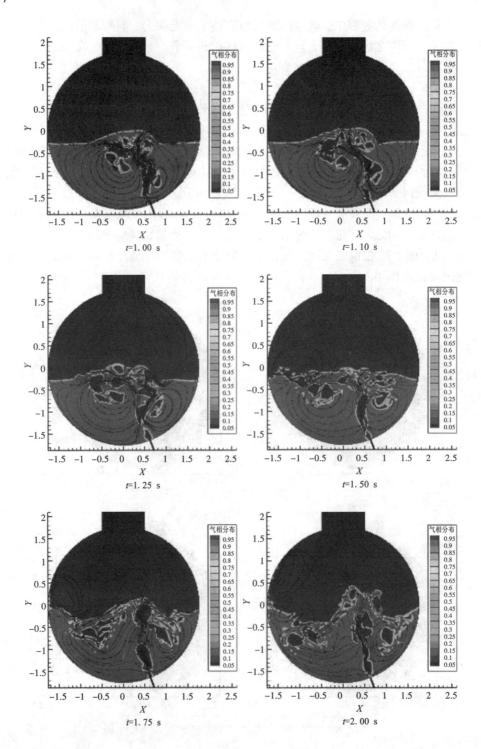

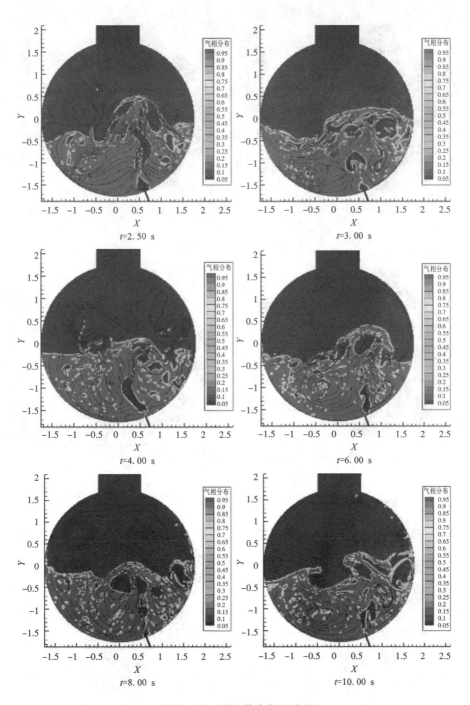

图 10 - 27　单氧枪内部流线图

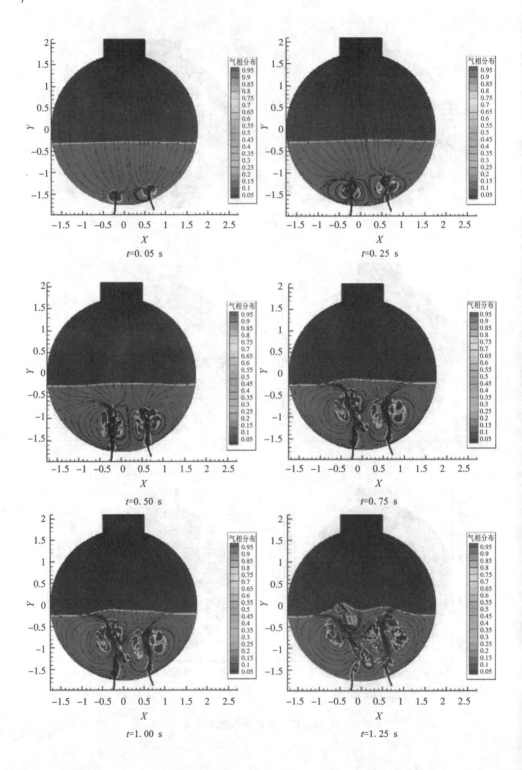

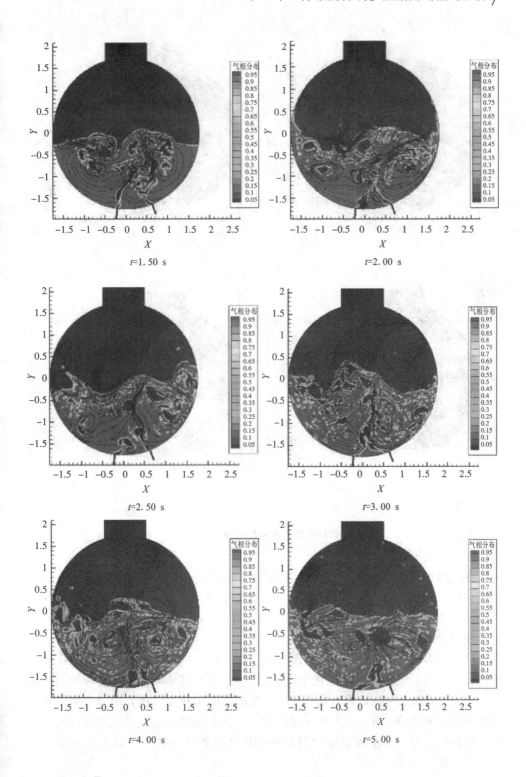

$t=1.50$ s

$t=2.00$ s

$t=2.50$ s

$t=3.00$ s

$t=4.00$ s

$t=5.00$ s

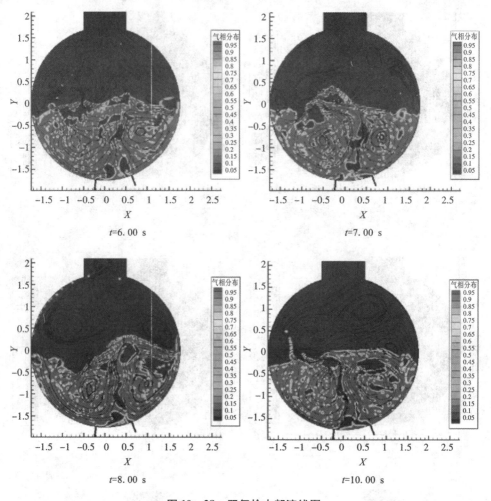

图 10 – 28　双氧枪内部流线图

　　在气泡形成期及气体未冲破液面之前，单氧枪状态和双氧枪状态对比，受到影响较小，区别不明显，但是之后气流的变化情况和运动轨迹具有很大的随机性。

　　在稳定的熔炼状态下，单氧枪时，气流股随着熔池内部的搅动，受力不平衡，左右摆动；而在双氧枪情况下，两股气流交汇，搅动熔池，使得左右两个区域的流体挤压气流股，使得气流向中间聚拢。因此，在无其他氧枪气流股干扰的情况下，底吹气流股会呈现周期性摇摆现象，此搅拌作用在穿越相界面时发生破碎性搅动范围扩展效应，进一步增强了搅拌效果。而有两对的氧枪气流股存在时气流股方向偏向内侧，会使得氧枪中间部分的炉壁被严重冲刷。但是由于气流的碰撞，双氧枪时反应剧烈，搅拌效果更好。

（2）氧气底吹纵截面内部流线图

氧气底吹炉内
纵截面状态

郭学益等[6, 134]对造锍熔炼热力学氧势 – 硫势关系图进行深入剖析，阐明造锍熔炼过程的相平衡关系，研究氧气底吹炼铜机理，然后将氧气底吹炉的纵截面划分为三个区域：反应区、分离过渡区和液相澄清区。本文通过 CFD 仿真的方法也能够将三个区域清楚地区分开来。

从图 10 – 29 可以看出，底吹气体对熔炼炉的搅动主要在氧枪口区域（即反应区）存在大量气泡。在此区域，氧枪喷入的氧气受到铜锍熔体的阻碍，破碎成为微小气泡或气流股。气泡上升时夹带周围的熔体向上运动，在气泡或气流股两侧形成两个大旋涡。从纵截面看，氧枪区域的熔体得到充分搅拌，而且氧气底吹炉的下料口在氧枪口区域的正上方，投入的固体物料进入强烈的搅拌区域，使得物料在高温及剧烈搅拌条件下快速熔化分解，并与氧气反应生成铜锍。

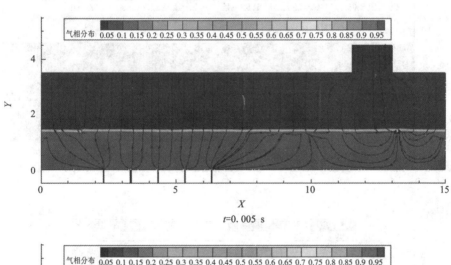

t=0.005 s

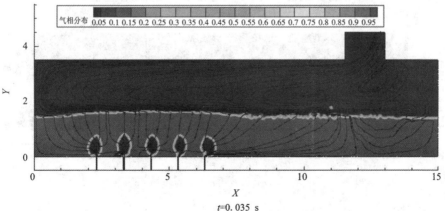

t=0.035 s

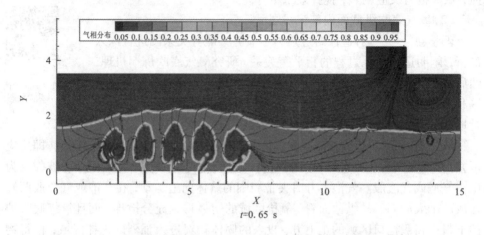

t=0. 65　s

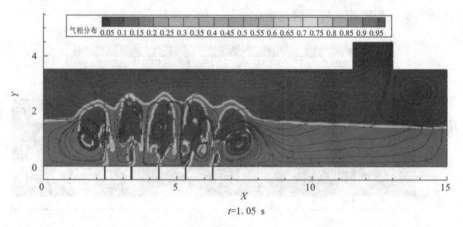

t=1. 05　s

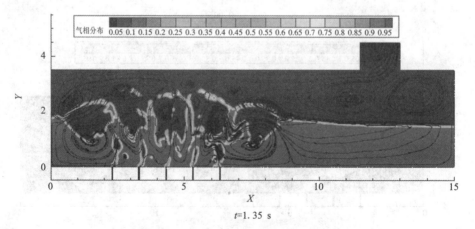

t=1. 35　s

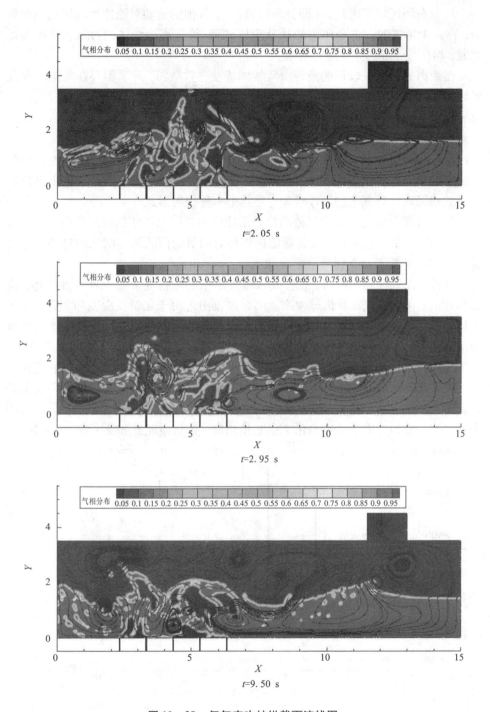

图 10 - 29　氧气底吹炉纵截面流线图

氧枪右侧区域范围较大（即分离过渡区），气泡的运动对流体扰动影响相对较弱，存在少量气泡。主要作用是从反应区到渣/锍分离澄清区的过渡，该区波动减弱，熔体较平稳，界面逐渐清晰。

在距离氧枪区域较远的液相澄清区则扰动非常微弱，几乎不存在气泡。在此区域，除液相澄清区的液面附近在轴向上有轻微的流动外，下部区域扰动较小，流速几乎为0。在此区域，锍和渣可以很好地分离。

10.2.1.3　氧枪出口处压力变化

在喷吹冶金中通常存在气泡后座现象[135]。在氧气底吹炉内，喷枪顶端的气泡后座现象导致氧枪破坏、寿命缩短，以及氧枪周围炉衬腐蚀严重。氧枪出口处压力波动可以反映气泡的后座现象，是其中一种表现形式。

气泡后座现象是气泡在氧枪出口处形成和上浮时对炉壁的反冲作用而引起氧枪出口处压力的急剧变化，使得熔池内熔体有向氧枪倒灌使其堵塞的趋势。它会使氧枪和炉壁的寿命受到严重影响和威胁。

此外，在氧气底吹炉内，靠着或者贴近炉壁的炉衬通常遭受到三种破坏：高温热冲击、化学腐蚀以及机械冲刷。而在氧枪附近由于化学反应剧烈、反应放出大量热以熔体搅拌的机械冲刷，再加上后座现象的出现会使得这三种破坏的强度和范围扩大，进而导致氧枪及其周围的炉衬腐蚀损坏和寿命短暂。

为研究气泡后座现象的出现频率，通过监测并分析氧枪出口处的压强变化情况，研究其波动情况。压强变化如图10-30所示，氧枪口处生成的气泡即将上升时，氧枪出口处压力骤减，把反应区的氧化性气体和熔体引向炉子底部，导致后座力的产生。图10-30中表明倾角7°的氧枪出口气泡后座现象出现的频率为4 Hz。

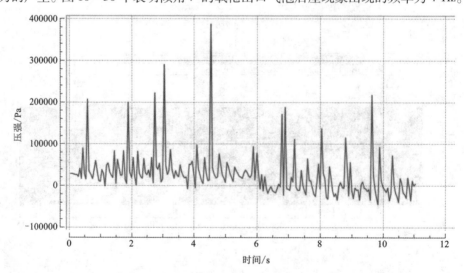

图10-30　氧枪（倾角7°）中心出口处的压强变化

10.2.1.4　氧枪出口处温度变化

氧气底吹熔池熔炼过程中,氧枪周围会结瘤,俗称蘑菇头。蘑菇头的存在使氧枪和周围的炉衬与高温熔体隔离开,有效保护了氧枪和附近的炉衬,使氧枪使用寿命延长。蘑菇头的 XRD 分析表明[136],其主要成分是磁铁矿,化学组成 Fe_3O_4。因为氧枪出口处氧势最高,处于强氧化区内[134],炉料分解产生的 FeS 被氧化脱硫生成 FeO,甚至会进一步被氧化为 Fe_3O_4,而且 Fe_3O_4 的熔点较高,为 1867.5 K。氧枪内环喷吹工业氧气,外环喷吹高速流动的空气。室温的氧气和空气通过氧枪喷入熔池,氧枪周围的高温熔体与冷的气体,析出固体,便生成了蘑菇头。

由此可见,蘑菇头的形成机理与氧枪出口处的温度密切相关,分析其温度变化与蘑菇头的形成之间的关系,从而更好地保护氧枪,延长氧枪的使用寿命。

在未考虑化学反应放热及工业氧气预热的条件下,氧枪中心出口处的温度变化如图 10 -31 所示,最低温度接近 300 K,最高温度 800 ~ 900 K,存在一个较低的温度区域。在此温度下,Fe_3O_4 以晶体的形式析出,并覆盖在氧枪周围处,形成蘑菇头,从而保护了氧枪免受熔体高温的侵害和流体流动的腐蚀。

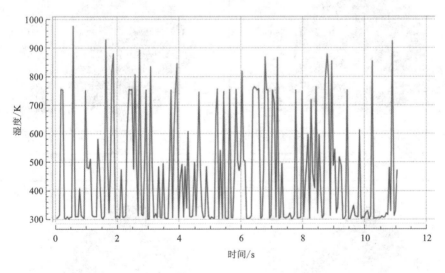

图 10 -31　氧枪(倾角 7°)中心出口处的温度变化

由于本文中未考虑化学反应,即忽略化学反应的放热,同时设置的边界条件中,氧气入口温度为 300 K。这些条件对氧枪出口处的温度影响较大,因此研究的数据结果与生产实际有所偏差,其结果只能为蘑菇头的形成机理提供定性分析。研究表明随着氧气和空气的喷入,氧枪周围温度有较大的波动,并且处于动态稳定过程,从而存在一个较低的温度区域,导致 Fe_3O_4 以晶体的形式析出。

10.2.2　气-锍-渣/物料三相流动数值模拟与分析

彩图10-32

在氧气底吹炉内，气泡或气泡流上升时在气泡周周产生涡流，从而搅拌熔池。当气泡流股到达气液交界面时，慢慢冲破渣/物料层，而后新增物料及渣层被卷吸进入熔池内部。

图10-32展示了在氧枪不断鼓入气体、气泡上升过程中，熔池内的气-锍-渣/物料三相运动状态。起初，渣/物料层被两股气泡流冲破，分为三个区域。少量渣/物料被卷入熔池，主要分布在熔池上部，并且两侧的渣层不断冲刷着炉壁。而后随着氧气的不断喷入，搅动越来越剧烈，反应区上面的物料被快速并大量卷入熔池内，均匀分散在反应区上部和下部。同时气泡与熔体剧烈碰撞，破裂明显，变成微小气泡，增大了气液接触面积。高温熔体对物料迅速进行加热和熔化，并与氧气进行高温高效反应。

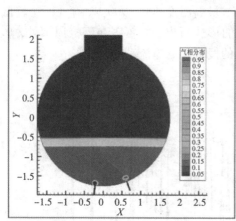

$t=0.05\ \mathrm{s}$

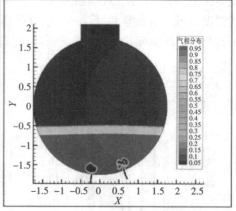

$t=0.20\ \mathrm{s}$

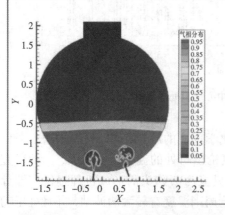

$t=0.45\ \mathrm{s}$

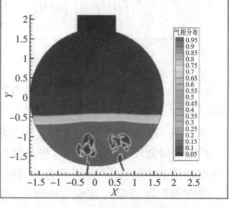

$t=0.62\ \mathrm{s}$

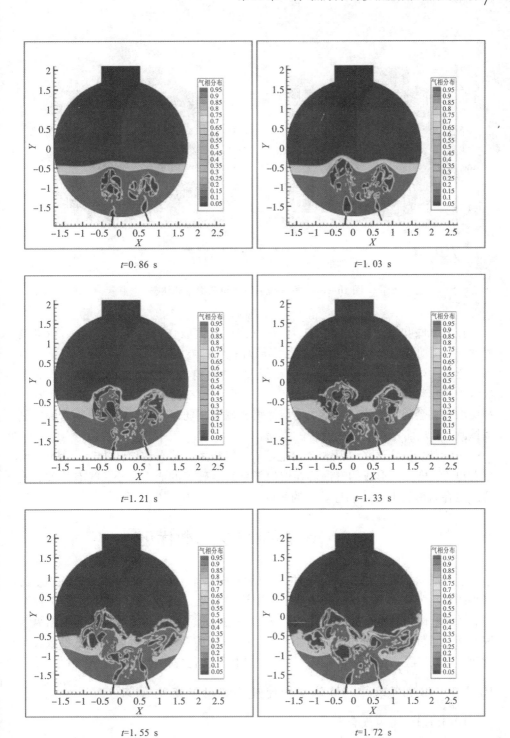

t=0.86 s

t=1.03 s

t=1.21 s

t=1.33 s

t=1.55 s

t=1.72 s

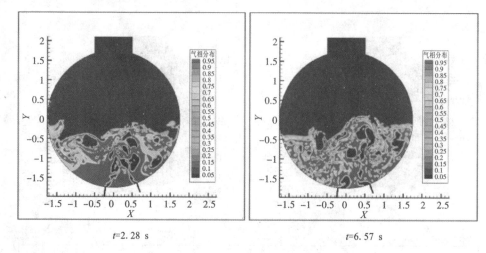

t=2.28 s　　　　　　　　　　　　　t=6.57 s

图 10 – 32　气 – 锍 – 渣物料三相运动状态

在氧气底吹熔池熔炼过程中，微小气泡或气流股在到达并穿过锍 – 渣/物料界面时，扰动渣/物料界面流场，进而导致渣/物料卷吸等情况的出现。气体入口流量越多，对锍 – 渣/物料界面的扰动越大，渣/物料卷吸发生的速度越快。新进底吹炉的物料被迅速卷入高温熔体中并分解熔化，进行化学反应。另外，渣/物料层的存在会阻碍气泡的上浮，使熔体喷溅现象减弱，熔体对底吹炉壁面的冲刷腐蚀减轻，从而延长氧气底吹炉的寿命。

不管是从反应区还是从整个熔池区看，气相主要分布在熔池上部。因此，可以看出，氧枪出口形成的气泡群在熔池下部发生破碎的概率较小，气泡的破碎主要发生在熔池的上部及靠近炉壁的区域。

10.3　氧气底吹工艺参数优化

氧气底吹熔池熔炼技术是一种具有熔炼强度高、资源回收率高、能耗低、污染小的新型强化冶炼方法，在工业生产中运用广泛。目前，氧气底吹炉的炉体结构、氧枪结构和氧枪布局还存在较严重的问题，急需解决。因此，本节根据氧气底吹熔池熔炼过程中的重要评价指标，通过 CFD 仿真，对氧气底吹工艺参数进行优化，为氧气底吹熔炼炉的结构设计、生产控制优化提供依据和指导。

10.3.1　熔池气含率、熔体平均速度和湍动能变化

10.3.1.1　熔池气含率

熔池气含率，即熔池内部气相占气液总体积的百分比，是气液两相流动的基

本参数之一。在氧气底吹炉内，氧气是参与化学反应的气体，气液接触面积越大，熔池内反应速度越快。熔池气含率随氧气喷入熔池的时间变化如图 10 – 33 所示。

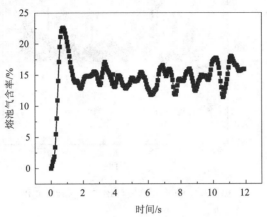

图 10 – 33　熔池气含率随时间变化

由图 10 – 33 可知，当 t 为 0.8～1.2 s 时，随着气体慢慢进入熔池内部，气泡不断增大，气体聚集在熔池中并未逸出，熔体内平均气含率快速增加，在 1.0 s 左右达到最大（23%）；当 t 为 1.2～2 s 时，第一个气泡上升至气液两相界面，开始破裂，熔体的气含率迅速下降；当 t > 2 s 时，随着气体不断鼓入熔池，气泡不断从气液两相面破裂，最终使得熔体气含率在一定范围（气含率 w 为 13%～18%）内变化，当达到 15% 时趋向稳定状态。

10.3.1.2　熔体平均速度

熔池内流体平均速度即熔体平均速度，可以直接体现熔池搅拌效果。氧气底吹炉中喷吹的氧气不仅参与冶金化学反应，也提供炉内熔体搅拌的主要动力。增大速度能够强化熔池内反应物的均匀混合。熔体平均速度随时间的变化如图 10 – 34 所示。

由图 10 – 34 可知，当 t 为 0.5～1.5 s 时，随着气体慢慢喷吹进入熔池内部，气体速度不断地传递给熔体，此时，熔体平均速度慢慢开始增加，可达到 1.0 m/s；当 t > 1.5 s 时，气体不断鼓入熔池，又不断从熔池中逸出，带走一部分能量，使得熔体的速度不再继续增加，而是在一定范围内（速度 v 为 0.8～1.2 m/s）不断变化，趋向于一个定值，即 1.0 m/s。

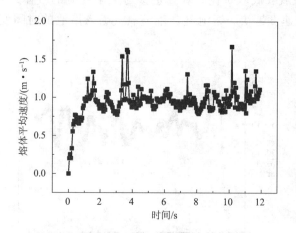

图 10-34　熔池内熔体平均速度随时间变化

10.3.1.3　熔体平均湍动能

熔体平均湍动能，体现了湍流的运动与变化，也体现了湍流的混合能力。在氧气底吹熔池内存在着强湍流流动，能够反映底吹熔池熔炼过程中熔池搅拌效果。熔体平均湍动能随时间的变化如图 10-35 所示。

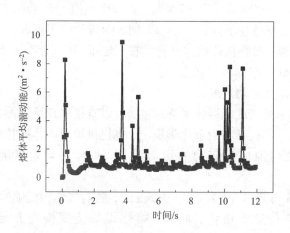

图 10-35　熔池内部熔体平均湍动能随时间变化

由图 10-35 可知，熔池内部熔体平均湍动能随着时间变化是一种不规则但有规律的稳定状态，基本上是趋向于一个定值（$k = 1.0$ m²/s²）。在某些时刻上，湍动能会突然增加，是因为气泡在熔体中慢慢上升到达气液两相界面时，气泡突然破裂会释放大量内能，但是又被气体带走，整体动能会瞬间降低，恢复到稳定状态。

因此，这三个后处理指标能直观反映液态熔池内的流动过程：熔体气含率越高，表明气体与熔体接触概率和面积越大，反应速率越大；熔体平均速度越大，熔池内冶金物料的搅拌越充分；熔体平均湍动能则体现了熔池内流体的混合能力。然而这三个因素又相互制约：熔体平均速度过大时，熔池气含率就会下降。因此可依据这三个指标进行底吹熔炼炉的综合优化。

10.3.2　熔池深度对熔池内部流动的影响分析

熔池深度是指静止状态下熔体自由界面(气液交界面)到底吹炉底部之间的垂直距离。它可以直观衡量底吹炉的冶炼能力，熔池深度太浅，导致产量不高；而根据实际工业情况，熔池深度也不宜太深，一般小于底吹炉的设计半径。对不同熔池深度以三个评价指标分别作图分析，其结果如图 10 - 36 所示。

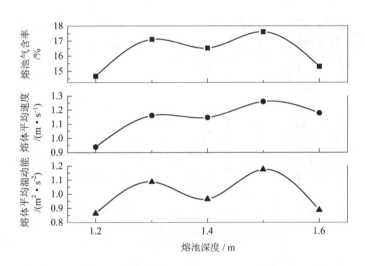

图 10 - 36　熔池内部熔池气含率、熔体平均速度、熔体平均湍动能随熔池深度变化

由图 10 - 36 可知，随着熔池深度的增加，增加了气相穿过熔池到达气液两相界面的距离，使气体在熔池中的停留时间增长，熔池气含率、熔体平均速度和熔体湍动能逐渐增大，增强了熔池熔炼的搅拌效果；但当熔池深度继续增加，尽管气体停留时间增加，但是熔体体积也在增加，使得单位体积的气体含量减少，并随着熔体深度的增加，气体的动能传送给更多的熔体分子，使得熔体平均速度和熔体平均湍动能又逐渐降低。故认为底吹炉熔池深度为 1.3 ~ 1.5 m 最佳。

10.3.3 喷吹流量对熔池内部流动的影响分析

喷吹流量是指单位时间内通过单氧枪的气体质量，也可以用气体流速表示。喷吹流量的增加会提高单位体积熔体的气体含量，增大气体与熔体的接触面积，加快传质传热；但是过量的喷吹气体，会导致气体不能完全参与反应而被浪费，且会加快氧枪的损坏，甚至还能造成严重喷溅，加速炉体的腐蚀。

由图 10-37 可知，当喷吹流量较小时，气体流速较小，延长了气体在熔池中的停留时间；随着流速增加，气体在熔体中停留时间变短，熔体与气体接触面积减小，传质传热不充分，气含率、熔体平均速度及熔体平均湍动能变小。当喷吹流量继续增加，气体流速较大，动能增加，搅拌剧烈，使得熔体平均速度和熔体平均湍动能又逐渐增加。因此适当增加喷吹流量可以提高熔池气含率等，有利于加快反应进行。

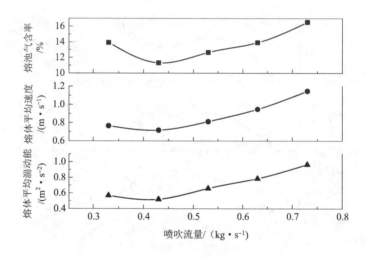

图 10-37 熔池内部熔池气含率、熔体平均速度、熔体平均湍动能随喷吹流量变化

10.3.4 氧枪倾角对熔池内部流动的影响分析

氧枪倾角是指喷枪中心线和底吹炉的纵截面之间的夹角。保持喷吹流量一致，对不同氧枪倾角以三个评价指标作图分析，其结果如图 10-38 所示。

从图 10-38 可以看出，氧枪倾角为 0°~15° 时，增加了气相穿过熔池到达气液两相界面的距离，使气体在熔池中的停留时间增长，增加了熔池内的搅拌效果；而当倾角增加，熔池气含率、熔体平均速度和熔体平均湍动能快速增加。当喷枪角度继续增加，氧枪距离气液界面较近，缩短了气体在熔池中的停留时间，

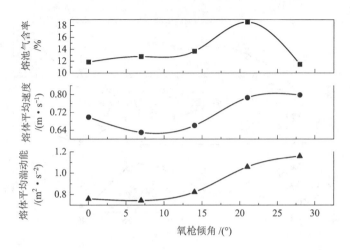

图 10 - 38　熔池内部熔池气含率、熔体平均速度、熔体平均湍动能随氧枪倾角变化

使得熔体内熔池气含率下降，气体利用率降低。故认为底吹熔炼炉氧枪角度为 18°~25°最佳。

10.3.5　氧枪直径对熔池内部流动的影响分析

氧枪直径是指喷枪内径的大小。氧枪直径决定了喷入熔池内部气流和气泡的大小。当喷吹流量一定时，氧枪直径越大，气体流速越小，氧枪根部生成的气泡类椭球形，气体动量较小，与熔体的交互作用小，熔池内部运动不剧烈，传热传质效率低下，生产量降低。若氧枪直径偏大，会导致流速过小，使得液体倒灌氧枪，发生事故。氧枪直径越小，气体流速越大，氧枪出口处形成一个喷射锥似的液相区，气体直接穿过熔体直接逸出，与熔体的接触面积小，导致气体无法充分利用。若氧枪直径偏小，流体流速过大，造成喷溅，加快炉体顶部腐蚀。

由图 10 - 39 可知，在喷吹流量不变的情况下，随着氧枪直径增加，熔池内的熔体平均速度不断下降，当氧枪直径超过 40 mm 之后，熔体平均速度增加。在氧枪直径较小时，气体喷入熔池的速度较大，因此带动熔池搅拌剧烈，熔池内的熔体平均速度随着氧枪直径增大而减小，气体的停留时间却在逐渐增大。停留时间越长，气体传递给熔体的能量越多，会使得熔池内的熔体平均速度又有所增大。当氧枪直径为 20 ~ 30 mm 时，熔体平均速度过大，使得熔池内运动更加剧烈，运动无规则且极不稳定。所以最佳的氧枪直径范围为 30 ~ 35 mm。

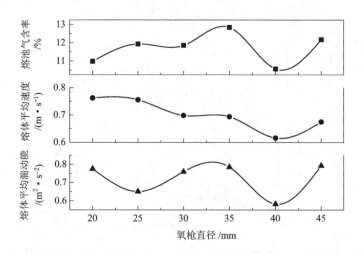

图 10 - 39 熔池内部熔池气含率、熔体平均速度、熔体平均湍动能随氧枪直径变化

10.3.6 氧枪间距对熔池内部流动的影响分析

氧枪间距是指各个氧枪中心线之间的距离。氧枪间距越小，相邻氧枪气流股间的作用越剧烈，形成的旋涡越混乱，湍流强度更大。氧枪间距增加，相邻氧枪气流股间的作用越弱，基本上就表现为单根氧枪的作用，不能达到流股相碰撞发生强烈反应的目的。若氧枪间距太小，还会造成熔炼区域变窄，熔炼能力下降。

由图 10 - 40 可知，随着氧枪间距的增加，熔池气含率、熔体平均速度和熔体

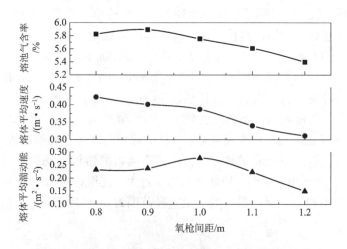

图 10 - 40 熔池内部熔池气含率、熔体平均速度、平均湍动能随氧枪间距变化

平均湍动能整体上呈现下降的趋势。氧枪间距较小时,氧枪之间的气泡距离较近,交互作用较为明显,气泡与熔体之间的碰撞较剧烈,所以熔体平均速度有下降趋势。因为初始碰撞较为剧烈,熔池气含率较小,随着间距增加,溶池气含率有增加趋势。而后气体与气泡之间碰撞概率较小,气泡不容易破裂,大气泡更容易上浮,使得熔池气含率又继续下降。氧枪间距太小会减小熔炼区域,降低产能,因此最好的氧枪间距为 $0.9 \sim 1.0$ m。

10.4　本章小结

基于 CFD 软件平台,运用所建立的物理模型和数学模型,对氧气底吹炉内气泡生长、多相流进行研究,并对底吹炉及工艺参数进行优化。

(1)对氧气底吹炉内气泡的生长进行研究。着重研究了熔池内部相分布情况、氧枪口处气泡生长规律、熔池内部气泡破裂和融合以及熔池内部的气泡直径分布规律。

(2)对恒高温工况下氧气底吹炉内气 – 锍两相流、气 – 锍 – 渣/物料三相流过程进行数值模拟,并对氧气底吹炉内非稳态流动过程进行了分析。

(3)建立简化的物理模型,使用单因素影响分析的方法,分析底吹炉内关键结构、氧枪布局及操作工艺参数对底吹炉多相流流动的影响,并对其进行优化,得到了最优影响区间,为底吹炉工艺、氧枪布局和炉型的改进提供指导。

第四篇

氧气底吹处理复杂含铜物料生产实践

第 11 章　高铅砷复杂含铜物料的底吹熔炼与吹炼

　　除铜渣是一种典型的高铅砷复杂含铜物料，主要是粗铅火法精炼的产物，产出量约为粗铅产量的 2%，一般含铅 50%~80%，铜 15%~25%，及金、银、锑、铋等有价金属。此外，除铜渣还富集了砷、锡、镉等元素，如不加以综合回收，不仅会造成二次资源的浪费，还可能造成环境污染。本文对底吹熔炼和吹炼处理铜浮渣的原料和产物中，砷的赋存状态、砷在多相间的定向分配和脱除规律、强化冶炼过程等关键问题进行研究，为除铜渣底吹熔炼 – 底吹吹炼工艺的调控和改进提供基础理论依据和技术支持。

11.1　除铜渣处理技术现状与发展

11.1.1　除铜渣的来源

　　除铜渣是粗铅精炼过程的中间产物。在铅冶炼过程中，采用各种工艺生产的粗铅均含有一定量的杂质，通常为 2%~4%，包括 Cu、Fe、Ni、Co、Zn、As、Sb、Ag、Au、S、Se、Te、Bi 等，见表 11 – 1。粗铅需经过精炼过程，除去有害杂质和回收其中的有价金属。粗铅的精炼方法有两种，一种是火法精炼，另一种是先采用火法精炼除去铜和锡后，再铸为阳极进行电解精炼。

表 11 – 1　粗铅成分示例

工厂	$w(Pb)$ /%	$w(Cu)$ /%	$w(As)$ /%	$w(Sb)$ /%	$w(Sn)$ /%	$w(Bi)$ /%	$w(S)$ /%	$\rho(Ag)$ /(g·t^{-1})	$\rho(Au)$ /(g·t^{-1})
沈阳冶炼厂	95.5 ~ 96.7	1 ~ 2	0.5	0.4 ~ 1.2	0.02 ~ 0.06	0.1 ~ 0.2	0.2 ~ 0.3	0.18 ~ 0.24	5 ~ 30
株洲冶炼厂	96 ~ 97	1 ~ 2.5	0.2 ~ 0.4	0.5 ~ 1.1	<0.2	0.2 ~ 0.4	—	0.1 ~ 0.4	—
水口山矿务局	95 ~ 97	0.2 ~ 0.9	0.1 ~ 0.2	0.8 ~ 1.5	<0.2	0.5	—	0.12 ~ 0.22	1 ~ 20

续表 11 - 1

工厂	$w(\mathrm{Pb})$ /%	$w(\mathrm{Cu})$ /%	$w(\mathrm{As})$ /%	$w(\mathrm{Sb})$ /%	$w(\mathrm{Sn})$ /%	$w(\mathrm{Bi})$ /%	$w(\mathrm{S})$ /%	$\rho(\mathrm{Ag})$ /$(\mathrm{g \cdot t^{-1}})$	$\rho(\mathrm{Au})$ /$(\mathrm{g \cdot t^{-1}})$
韶关冶炼厂	96.13	1.82	0.06	1.27	0.02	0.15	0.1	0.27	—
豫光金铅	>95	<1	0.1 ~ 0.3	0.6 ~ 1.0	0.03	<0.5	0.2	0.25	30
特雷尔厂(加)	94	1.96	—	1.42	—		1	0.42	—
育空 - k 厂(加)	91	3.25	1.25	1.5	—	0.13			
奥马哈厂(美)			0.3	1.2	0.1	0.3		0.8	30
皮里港厂(澳)	95	2.2	0.1 ~ 0.2	0.5			0.4	0.02	
播磨厂(日)	98.5	0.6	—	0.2			0.1	0.2	

目前世界上火法精炼的生产能力约占总精炼能力的 80%，采用电解精炼的有中国、日本、加拿大等国。

火法精炼的主要工序为：除铜——先熔析或凝析除铜，再加硫深度除铜；加苛性钠除碲；用氧化法或碱性精炼法除砷、锑、锡；加锌回收金银；除锌；加钙镁除铋；最终精炼铸锭得到精铅。约有 10% 的铅及绝大多数金、银、铜、铋等有价金属富集到中间产物中，因此各工序中所产渣均后续处理以回收有价元素。实际生产中可根据粗铅所含杂质种类和含量，选用部分精炼工序。如美国的赫尔和日本直岛炼铅厂仅采用除铜、除铜银、除锌和最终精炼四道工序。

火法精炼的优点是设备简单，投资少，并可按粗铅成分和市场需求采用不同工序，从而产出多种牌号的粗铅。含铋和贵金属少的粗铅最宜采用火法精炼。但火法精炼的缺点是铅直收率低，劳动条件差，工序烦琐，中间产品处理量大。

电解精炼的优点是能使铋及贵金属富集于阳极泥中，有利于综合回收，金属回收率高，劳动条件好，并产出纯度较高的精铅。但基建投资多，同时电解精炼前仍需采用火法精炼除去铜，有时还需除去锡。我国粗铅以电解精炼为主，在电解前须将粗铅中的铜、锡脱除，才能铸为电解阳极。

粗铅精炼除铜通常采用熔析除铜及硫化除铜两种方法。熔析法用于初步除铜，硫化法用于深度脱铜。粗铅精炼除铜工艺流程如图 11 - 1 所示。

11.1.1.1 熔析除铜

熔析除铜的原理是铜在铅中的溶解度随温度降低而减小，将粗铅加热到一定温度，再缓慢降温使铜析出。如 Cu - Pb 二元系相图所示(图 11 - 2)，熔析除铜应在尽可能低的温度下进行，以期将铜含量降至最低值。理论上，当温度降低至

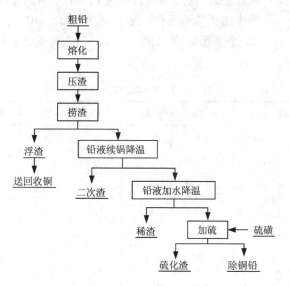

图 11 - 1　粗铅精炼除铜工艺流程图

极限值——Cu - Pb 共晶温度 326℃时，铅中理论含铜量为 0.06%。在实际生产中，粗铅中还含有 As、Sb、Sn、S 等杂质，一部分铜与杂质结合生成 Cu_3As、Cu_5As_2、Cu_2Sb 和 Cu_2S，在熔析过程中除去，当粗铅含砷、锑、硫较高时，熔析除铜能使含铜降至 0.06% 以下，甚至可降为 0.02%～0.03%。

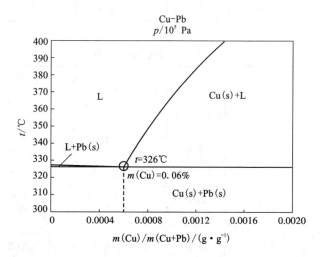

图 11 - 2　Cu - Pb 二元系相图

　　熔析过程中加入焦粉、锯木屑，能使浮渣变得疏松，从而使浮渣易与铅分离，降低浮渣含铅量。生产中熔析除铜温度一般控制为 330～340℃，熔析除铜时铜浮渣成分示例见表 11-2，杂质脱除率示例见表 11-3。可见，粗铅中 73% 左右的 As 进入了除铜渣。

表 11-2　铜浮渣成分示例　　　　　　　　　　　　　　　%

工厂名称	粗铅含铜	Pb	Cu	As	Sb	S	Fe	Ag
株冶	1～2	66～70	11～15	2.5～3.9		3.5～6	2～5	0.07
沈冶	0.8～1.5	60～70	10～20	2～3	0.5～2	1～3		
昆冶	0.3～0.4	60～80	7～11	1～3	0.1～0.4			0.08～0.16
杜伊斯堡		40～60	30～45	1.5	3.0	1.5	2	
诺尔登汉	1.5～2.3	56～65	11～21	1.4～2.7	1.6～4.8			0.06～0.32
圣加维诺	1.7	60	23	5		3		
拉奥里亚	5	57	23.2	6.3	1.9	3.7	1.8	0.24
赫尔姑兰	2	60	13			4.5	1.5	
皮里港	1.1	71	12	2.2	0.5	2.7		
特雷尔	1	45	15	6	2	4.5～7.5	3.0	0.15
特列卡尔	1.0	70～75	8～10	0.5～1	1.5～3.0	2.5～6		0.11
电锌厂	1.0	60～64	7～10	4～5	0.4～0.8	3.5～5	0.8	
诺戈尔斯克	2.5	60～64	12～13	6～7	1～1.1	2.5～3	1～1.3	0.2

表 11-3　杂质脱除率示例　　　　　　　　　　　　　　%

示例	项目	Pb	Cu	As	Sn	Sb	Bi
1	粗铅含量		2.28	0.61	2.00	2.50	0.62
	除铜铅含量		0.05	0.20	0.99	2.12	0.68
	除铜渣含量	55.10	13.10	2.70	7.20	4.30	0.30
	入除铜渣率		94.80	72.60	58.90	28.70	8.80
2	粗铅含量		2.04	0.17	0.06	0.29	0.04
	除铜铅含量		0.06	0.05	0.01	0.16	0.04
	除铜渣含量	65.40	20.60	1.40	0.50	1.60	0.10
	入除铜渣率		95.60	73.90	84.70	50.90	10.50

11.1.1.2　硫化除铜

熔析除铜后铅液中约有 0.1% 的铜，此时的粗铅可铸成阳极进行电解精炼，也可继续进行火法精炼。可采用硫化的方法进一步脱铜至铅含铜 0.001% ~ 0.003%。硫化是基于硫与铜的结合力大于铅的特性，加入硫化剂（硫磺、黄铁矿），使铜与硫生成硫化铜，以浮渣形式除去。当向铅液中加入元素硫时，因铅的浓度远大于铜的浓度，因此先形成 PbS 溶于铅中，在搅拌下，PbS 与 Cu 反应生成 Cu_2S，所生成的 Cu_2S 在除铜作业温度下不溶于铅，且密度较小，呈固体浮于铅表面形成硫化渣除去。随着反应的进行，铅液含铜浓度逐渐降低，反应达到平衡状态。硫化除铜温度一般为 330 ~ 350℃，作业温度低，可提高硫的利用率。

除铜作业一般在精炼锅中进行，火法除铜工艺均会产生一定量含铜高且含贵金属的浮渣，即为除铜渣，因此，除铜渣的处理尤为重要。

11.1.2　除铜渣处理工艺

除铜渣是粗铅火法精炼熔析除铜的产物，因捞渣方式或设备不同，除铜渣的形态和成分有较大差异，一般含 Pb 50% ~ 80%，Cu 15% ~ 25%，S 5% ~ 10% 及少量其他金属，其产量约为粗铅量的 2%。

除铜渣处理工艺分为火法、湿法两种工艺。采用气力抽取法得到的除铜渣含铜高，呈疏松细颗粒状，宜采用湿法处理工艺；用其他方法捞取的除铜渣大部分呈块状，一般宜用火法处理。

根据冶炼设备不同，火法处理工艺分为反射炉、鼓风炉、电炉、转炉、回转窑炉、真空蒸馏及底吹炉熔炼法。火法工艺多采用纯碱－铁屑法，分别将 Pb/Cu 富集在粗铅和铜锍中，达到分离回收两种金属的目的。火法处理铜浮渣的工艺流程短，易于实施，成本较低，但铅铜分离程度不高。

湿法工艺包括酸浸、碱浸、氨浸。酸浸、氨浸的原理是将铜溶入浸出液，铅留在浸出渣中；碱浸的原理是将铅溶入浸出液，铜留在浸出渣中，实现铅、铜的分离。湿法工艺铅铜分离程度高，但适用于 As 含量较低的铜浮渣，工艺流程长，还存在固液分离及污水处理问题。

目前，国内多数工厂主要采用火法工艺处理除铜渣，其中反射炉纯碱－铁屑熔炼法在国内应用最为广泛，国外工厂多采用转炉熔炼法和电炉熔炼法。鼓风熔炼法因金属回收率较低，现很少使用。真空蒸馏法处理能力较小，对设备真空度、密封性要求高，暂无工业化应用。国内外各厂除铜渣处理实例见表 11 - 4。

表 11-4　除铜渣处理方法实例

（单位：%）

除铜渣成分 Cu	Pb	As	处理方法及设备	产物种类	产物 Cu	Pb	As	应用厂别
10~20	60~70	2~4	反射炉，纯碱-铁屑法	铜锍	26~45	3~7		株洲冶炼厂
15~25	45~60		反射炉，纯碱-铁屑法	铜锍	37~45	6~8		株洲冶炼厂
20~30	50~70	1	鼓风炉，纯碱-铁屑法	铜锍	35~40	5~6		水口山三冶
10~15	60		反射炉，纯碱-铁屑法	铜锍	>40	<7		韶关冶炼厂
30~50	35~50		短窑，加铁屑，石英石	铜锍	70~75			皮里港铅厂
15~20	40		反射炉，加铁屑，不加熔剂	铜锍/砷铜锍	55	19		特雷尔
16~18			回转炉	铜锍	35	45		斯托尔贝克
25	60		短窑，加硫	铜锍/砷铜锍	60	15		圣加维诺
20~30	50~70		电炉，加 Na_2SO_4	铜锍/砷铜锍	41.5	6.2		列宁诺戈尔斯克
30~45	40~60		硫酸浸出湿冶工艺	1#电铜				杜伊斯堡
15~20	60~70		氨浸法	1#电铜/硫酸铜				科克尔-克里克
7~11	60~72	3	反射炉，纯碱-铁屑法	铜锍				豫光(反射)
13.25	81.87		转炉，纯碱-铁屑法	铜锍	21.18	24.3	4.68	
29.53	39.28	1.73	氧化焙烧-酸浸	铜浸出率	>99			
13.25	81.87		反射炉，纯碱-铅精矿	铜锍	28.7	7		
			真空蒸馏	砷铜铅合金	58.66	11.75	11.52	
14.49	63.30	3.84	碱浸-净化-沉淀-煅烧	铜锍				
17.4	47.5			铅浸出率	>90	0.05		
20~25	60~80	1~7	双底吹炉，石灰石-铁屑	黑铜锍	47	30	2	
				白铜锍	46	20	20	豫光(底吹)

11.1.2.1　纯碱 - 铁屑熔炼法

处理除铜渣的火法工艺多采用纯碱 - 铁屑法，根据除铜渣的成分配入一定量的纯碱、铁屑、氧化铅、焦炭，有时也配入少量铅精矿。纯碱 - 铁屑法工艺流程见图 11 - 3。加入纯碱的作用是降低炉渣和铜锍的熔点，形成钠铜锍，且能降低铜锍和渣中的铅，并使砷、锑形成钠盐造渣，脱除部分砷、锑。一般纯碱加入量为 6% ~ 10%，铜锍含 Na_2S 20% 左右。

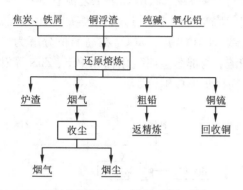

图 11 - 3　除铜渣纯碱 - 铁屑法工艺流程

添加铁屑的作用是将除铜渣中的 PbS 还原为金属铅，使铜富集在铜锍中。在一定范围内，铁屑量不超过除铜渣的 10% 时，炉料含铁增加 1%，铅回收率提高 1% ~ 2%，但铁屑过多则可能因析出铜或在铜锍表面出现黏渣而产生炉结，因此一般加铁屑量为炉料量的 6% ~ 8%。添加焦炭的作用是保证体系的还原气氛，防止硫化物氧化，调整钠在铜锍和炉渣中的分配，并有还原 PbO 的作用，一般添加量为炉料量的 1% ~ 3%。加入一定量氧化铅可使部分砷挥发，减少砷铜锍产出率，从而提高铅的回收率。

熔炼过程主要反应如下，脱砷熔剂为纯碱，熔炼体系为还原性气氛。除铜渣中的 As 与 Na_2CO_3 反应生成砷酸钠，进入炉渣。

$$4PbS + 4Na_2CO_3 =\!=\!= 4Pb + 3Na_2S + Na_2SO_4 + 4CO_2(g) \quad (11-1)$$

$$PbS + Fe =\!=\!= Pb + FeS \quad (11-2)$$

$$PbO + Fe =\!=\!= Pb + FeO \quad (11-3)$$

$$PbO + C =\!=\!= Pb + CO(g) \quad (11-4)$$

$$PbS + 2PbO =\!=\!= 3Pb + SO_2(g) \quad (11-5)$$

$$As_2O_5 + 3Na_2CO_3 =\!=\!= 2Na_3AsO_4 + 3CO_2(g) \quad (11-6)$$

$$Sb_2O_5 + 3Na_2CO_3 =\!=\!= 2Na_3SbO_4 + 3CO_2(g) \quad (11-7)$$

$$1.25O_2(g) + Cu_3As + 1.5Na_2CO_3 =\!=\!= Na_3AsO_4 + 1.5CO_2(g) + 3Cu \quad (11-8)$$

采用反射炉处理除铜渣时，铅的回收率比较高，铜锍中含铅较低，铜铅分离程度较高。而且反射炉法的原料适应性强，处理不同成分的除铜渣时都能获得较好的效果。但由于加入纯碱和铁屑形成强碱性炉渣，且在周期性操作条件下炉温波动较大，炉衬容易受损，影响炉子寿命。

11.1.2.2 底吹熔炼法

国内某底吹冶炼厂采用底吹熔池熔炼工艺处理除铜渣。原料为除铜渣、铁屑、焦炭、石灰石等。除铜渣双底吹熔炼法工艺流程如图 11 -4 所示，对比各类铜浮渣火法处理工艺与底吹处理工艺可知，在熔剂选用方面，底吹熔炼法采用石灰石($CaCO_3$)代替纯碱(Na_2CO_3)。$CaCO_3$ 在高温下分解为 CaO 与 O_2，CaO 与其他金属氧化物形成炉渣，与部分金属硫化物如 PbS、ZnS 等发生反应转化为 CaS，CaS 与其他金属硫化物聚集形成铜锍。

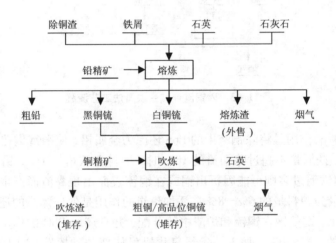

图 11 -4　除铜渣双底吹冶炼工艺流程图

添加铁屑的作用是将除铜渣中的 PbS 还原为金属铅，使铜富集在铜锍中。同时，部分铁转化为 FeO 或 Fe_2O_3 参与造渣。主要化学反应如下。

$$PbS + Fe = Pb + FeS \tag{11-9}$$

$$PbO + C = Pb + CO(g) \tag{11-10}$$

$$PbS + 2PbO = 3Pb + SO_2(g) \tag{11-11}$$

$$4PbS + 4CaCO_3 = 4Pb + 3CaS + CaSO_4 + 4CO_2(g) \tag{11-12}$$

$$CaCO_3 = CaO + CO_2(g) \tag{11-13}$$

$$MeS + CaO = MeO + CaS \tag{11-14}$$

$$2FeO + SiO_2 = 2FeO \cdot SiO_2 \tag{11-15}$$

$$xCaO + ySiO_2 = xCaO \cdot ySiO_2 \tag{11-16}$$

除铜渣底吹熔炼过程中，脱砷熔剂为 $CaCO_3$，脱砷反应在氧化气氛下进行，理论上脱砷反应如下：

$$2.5O_2(g) + 2Cu_3As \Longrightarrow As_2O_5 + 6Cu \tag{11-17}$$

$$1.5O_2(g) + 2Cu_3As \Longrightarrow As_2O_3 + 6Cu \tag{11-18}$$

$$2.5O_2(g) + 2Cu_3As + 3CaCO_3 \Longrightarrow Ca_3(AsO_4)_2 + 3CO_2(g) + 6Cu \tag{11-19}$$

其中，Cu_3As 比 As_2O_3 在热力学上更稳定，而 As_2O_5 比 As_2O_3 在热力学上更稳定，反应中更易生成稳定的 Cu_3As 和 As_2O_5，As_2O_5 易与其他金属氧化物形成固溶体，使反应(11-17)、(11-18)脱砷效果不佳。但当体系中存在 $CaCO_3$ 时，$CaCO_3$ 可与 As_2O_5 反应生成砷酸钙浮渣，使 As 脱除进渣，理论上可促进反应(11-17)、式(11-19)向右进行。但在实际生产中 $CaCO_3$ 在造渣反应和脱砷反应中的反应程度、脱砷效果还需进一步研究。

11.2　生产样品检测分析

11.2.1　底吹熔炼工艺

11.2.1.1　除铜渣

除铜渣为粗铅火法精炼除铜工序的产物，其组分含量受铅冶炼影响，成分复杂，元素含量波动较大。从国内某底吹冶炼厂采集除铜渣样品 3 个，除铜渣样品元素含量见表 11-5，除铜渣样品 XRD 物相分析结果见图 11-5~图 11-7，可知，除铜渣中 Pb 主要以 PbS、PbO 形态存在，Cu、As 以 Cu_5As_2 形态存在。所查文献中，除铜渣物相主要为 PbS、PbO、Pb、Cu_2S、Cu_3As、Cu_5As_2、Cu_2Sb。所采集样品中未检测到 Pb、Cu_2S、Cu_2Sb，是元素 S、O、Sb 含量较少所致。国内某底吹冶炼厂 2017 年统计生产数据显示，除铜渣中 Pb 含量波动范围为 50%~85%。

表 11-5　除铜渣成分(ICP)　　　　　%

编号	Pb	Cu	As	S	Sb	Zn	Fe	Ni	Ca	Bi	Al
1	52.7	20	2.86	2.34	1.05	0.5	0.38	0.18	0.14	0.12	0.11
2	58.1	20.1	1.97	2.02	1.08	0.47	0.37	0.17	0.14	0.13	0.11

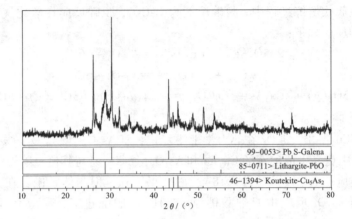

图 11 - 5　除铜渣 1#XRD 图

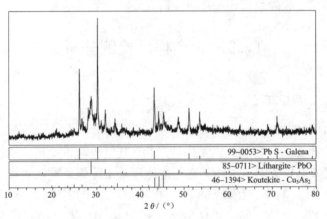

图 11 - 6　除铜渣 2#XRD 图

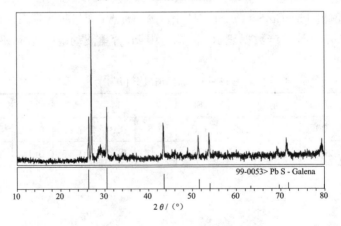

图 11 - 7　除铜渣 3#XRD 图

11.2.1.2　熔炼渣

除铜渣熔炼产物主要包括(由上至下分层)：熔炼渣、铅盖铜锍、粗铅。熔炼渣元素含量见表 11-6、表 11-7。图 11-8 至图 11-10 为熔炼渣 XRD 图。熔炼渣所含物相主要为 Fe_2SiO_4。熔炼渣基质部分如图 11-11、图 11-12 所示，为少量硅酸钙($CaSiO_3$)、铁酸钙($Fe_2O_3 \cdot CaO \cdot SiO_2$)、$Fe_3O_4$、Pb、$Fe_2O_3$。从图 11-13 可见，马蹄状 Fe_3O_4 边缘析出少量 Fe_2O_3。熔炼渣中还存在少量 Pb 单质，应为夹杂于熔炼渣中的粗铅。熔炼渣中 As 含量 ≤0.2%。

表 11-6　熔炼渣成分(ICP) %

No.	Cu	As	Pb	Sb	S	Ni	Bi	Fe	Ca	Al	Zn
1	1.42	0.075	3.34	0.045	0.83	0.0064	0.0091	23.4	11.4	4.55	2.18
2	1.71	0.065	2.35	0.035	0.92	0.0062	0.0077	22.9	11.3	4.56	2.18

表 11-7　底吹熔炼渣成分(XRF) %

Fe	O	Ca	Si	Cu	Al	Zn	Pb	Na	S	Mg	K
29.07	18.65	14.57	14.20	5.04	4.55	3.46	2.55	1.82	1.80	0.86	0.67

F	Mn	Cr	Sn	Ti	As	Ba	Ru	P	Sr	Mo	Ni
0.62	0.41	0.37	0.33	0.28	0.20	0.19	0.11	0.09	0.08	0.03	0.03

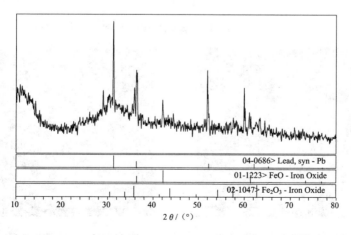

图 11-8　熔炼渣 1#XRD 图

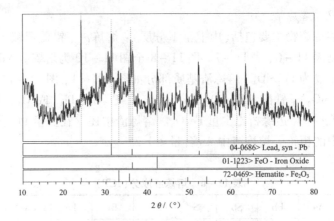

图 11-9　熔炼渣 2#XRD 图

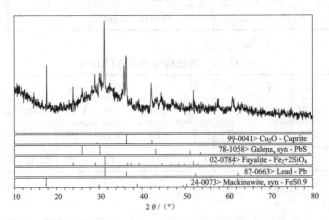

图 11-10　熔炼渣 3#XRD 图

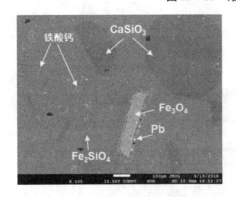

图 11-11　底吹熔炼渣显微结构
（EPMA，×100）

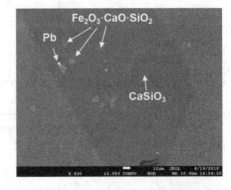

图 11-12　底吹熔炼渣显微结构，
显示硅酸钙（EPMA）

Fe3O4
Fe2O3

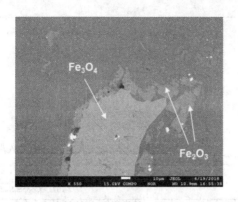

图 11-13　底吹熔炼渣显微结构，显示 Fe_3O_4 (EPMA)

11.2.1.3　铅盖铜锍

铅盖铜锍分为两层，上层为铅铜锍，呈黑色(见表 11-8 以及图 11-14、图 11-15)，下层为砷铜锍，呈白色(见表 11-9 以及图 11-16、图 11-17)。铅铜锍所含物相为 PbS、Cu_2S，砷铜锍所含物相为 Cu_3As、PbS，夹杂少量 Pb。

表 11-8　铅铜锍成分(缓冷，XRF)　　%

Cu	Pb	S	O	Fe	As	Si	Sn	Zn	Se
46.57	29.78	10.94	3.95	3.22	2.05	1.13	0.82	0.32	0.28
Al	Ti	Ca	Sb	K	Ni	Cr	Rb	Co	
0.26	0.24	0.15	0.12	0.06	0.04	0.03	0.03	0.02	

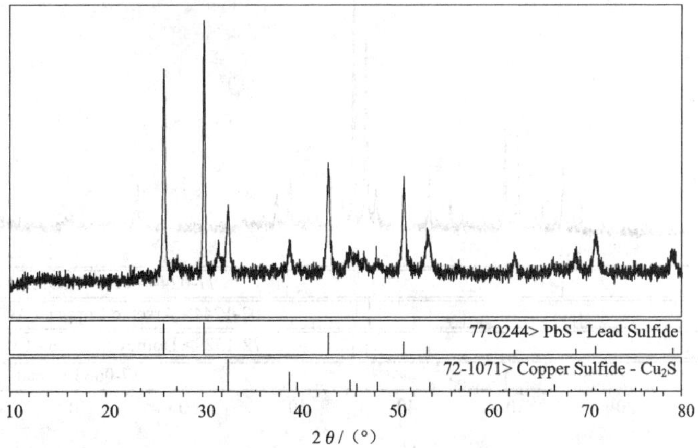

77-0244> PbS - Lead Sulfide
72-1071> Copper Sulfide - Cu2S
10
20
30
40
50
60
70
80
2θ/(°)

图 11-14　铅铜锍 1#XRD 图

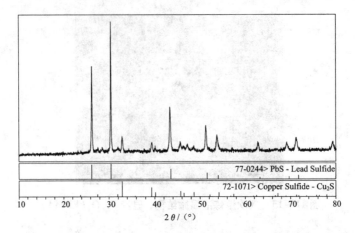

图 11 - 15 铅铜锍 2#XRD 图

表 11 - 9 砷铜锍成分(缓冷, XRF) %

Cu	As	Pb	S	Sn	O	Sb
47. 27	20. 67	18. 72	3. 70	2. 76	2. 52	1. 51
Fe	Ni	Si	Al	Ti	Co	P
1. 02	0. 97	0. 52	0. 17	0. 09	0. 08	0. 02

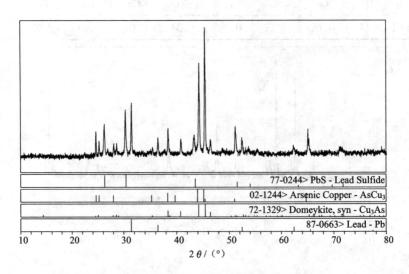

图 11 - 16 砷铜锍 1#XRD 图

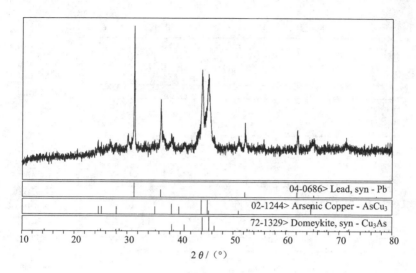

图 11 – 17　砷铜锍 2#XRD 图

　　铅盖铜锍显微结构如图 11 – 18 所示，上层铅铜锍中两种物相交织分布，下层砷铜锍中基本呈单一物相，部分铅铜锍夹杂于其中。对铅盖铜锍分层区域进行元素含量线性扫描，结果如图 11 – 19 所示。线性扫描为定性、半定量分析，检测结果只作元素相对含量分析。各种元素在铅铜锍、砷铜锍中的含量基本稳定，图中出现的大幅波动主要是由各相中的夹杂物所导致的。

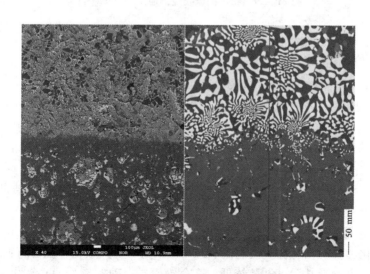

图 11 – 18　铅盖铜锍显微结构（EPMA）

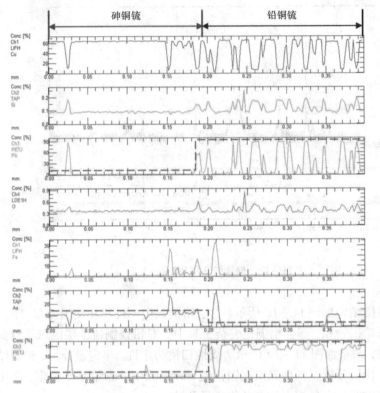

图 11-19　铅盖铜锍线性扫描结果(EPMA)

彩图11-19

铅铜锍中，Cu 以 Cu_2S 形式存在，如图 11-20、图 11-21 所示。砷铜锍中，Cu 以 Cu_3As 形式存在，如图 11-22、图 11-23 所示。铅铜锍、砷铜锍中的 Cu 元素含量基本相同，铅铜锍范围内 Cu 含量出现大幅度阶梯式波动，这是因为部分铅铜锍中含 Pb、含 Cu 的物相混合分布，检测扫描至含 Pb 物质时 Cu 元素含量便会陡降。同理，Cu 含量最低值即为 Pb 含量最大处，由图可见，铅铜锍中 Cu、Pb 线性扫描结果对称性较好。

Pb、S 主要以 PbS 形式存在于铅铜锍中，少量夹杂在砷铜锍中。因此，砷铜锍中的 Pb、S 元素含量较低，铅铜锍中 Pb、S 含量较高，Pb、S 扫描结果相吻合，含量值符合铅铜锍、砷铜锍中 Pb、S 元素 XRF 检测结果。

As 在铅铜锍、砷铜锍中均以 Cu_3As 的形式存在，由图可见，As、Cu 的线性扫描含量变化和波动相吻合。铅铜锍中的 Cu_3As 为少量夹杂物，因此，砷铜锍中 As 含量较高，铅铜锍中 As 含量较低，符合铅铜锍、砷铜锍中 As 含量 XRF 检测结果。

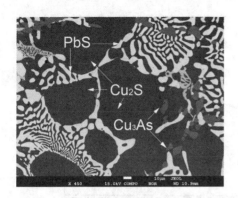

图 11-20　底吹熔炼铅铜锍
显微结构(EPMA)

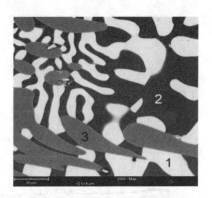

图 11-21　底吹熔炼铅铜锍
显微结构(EPMA)

1—PbS；2—Cu_2S；3—Cu_3As

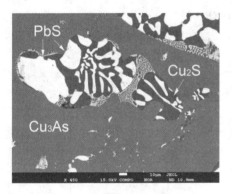

图 11-22　底吹熔炼砷铜锍
显微结构(EPMA)

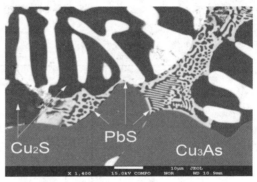

图 11-23　底吹熔炼砷铜锍
显微结构(EPMA)

Fe、O、Si 元素含量变化相吻合,可知这些元素以 Fe_2SiO_4 形态存在,是夹杂于铅盖铜锍中的熔炼渣。

11.2.1.4　粗铅

粗铅所含物相主要为 Pb,包含少量 As、Sb、Cu、Bi 等杂质(见表 11-10 以及图 11-24、图 11-25。

表 11-10　粗铅成分(ICP)　　　　　　　　　　　　　　　　%

编号	Cu	As	Pb	Sb	S	Ni	Bi	Fe	Si	Ca	Al	Zn
1	0.24	2.66	92.7	1.51	0.0082	0.0041	0.21	0.0024	0.0059	0.0081	0.002	0.0018
2	0.24	2.71	93.8	1.46	0.0075	0.0035	0.23	0.0034	0.0084	0.0051	0.0018	0.0023

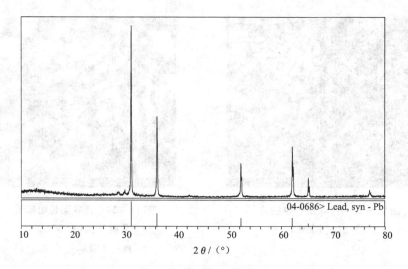

图 11 – 24 粗铅 1#XRD 图

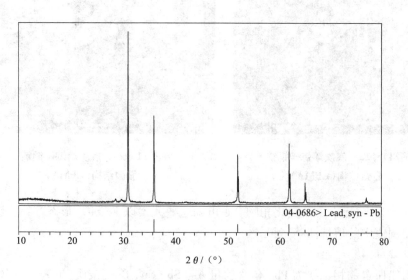

图 11 – 25 粗铅 2#XRD 图

11.2.1.5 熔炼烟灰

熔炼烟灰中主要物相为 $PbSO_4$，以及少量 PbS、ZnS、Cu_2S、As_2O_3、Fe_2O_3。生产中将锅炉烟灰、布袋收尘灰、环保烟灰混合处理，因此生产统计数据能较好地反映烟灰成分。选用典型生产数据，见表 11 – 11。由图 11 – 26 ~图 11 – 28 可知，

XRD 检测物相符合熔炼混合烟灰成分生产检测结果。其中，混合烟灰包括环保灰、锅炉灰、布袋灰。混合烟灰中布袋灰比例为 80%。环保灰中，2017 年 1—6 月 Zn 含量为 9%~13%，6—12 月 Zn 含量为 0.8%~2%。

表 11-11　熔炼烟灰成分（生产数据）　　　　　　　　%

日期	编号	Pb	Zn	Cu	Fe	SiO$_2$	Ca	S	As	Sb	In
2017/06/16	环保灰	42.47	9.01	7.99	6.9	2.87	0.83	3.04	6.32		0.046
2017/06/16	锅炉灰	50.24	1.13	8.13	1.93	1.38	0.6	8.68	2.79		0.032
2017/06/16	布袋灰	55.98	2.75	1.51	0.21	0.21	0.13	5.99	5.75		0.077
2017/06/16	混合灰	58.41	2.49	1.53	0.2	0.1	0.14	5.06	4.69		0.098
2017/09/19	环保灰	36.25	0.96	10.43	7.64	3.05	1.48	3.33	15.78	1.11	0.02
2017/09/19	锅炉灰	42.89	1.55	14.18	3.55	3.41	1.11	5.66	3	0.73	0.04
2017/09/19	布袋灰	59.67	1.7	0.94	0.18	0.56	0.13	3.82		0.18	0.17
2017/09/19	混合灰	59.44	1.65	1.48	0.09	0.1	0.12	4.09	4.7	0.27	0.2

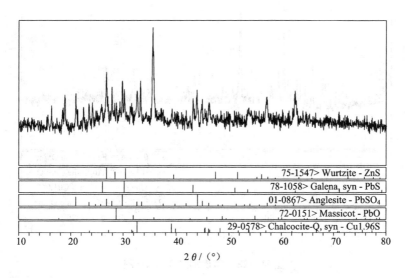

图 11-26　熔炼烟灰 1#XRD 图

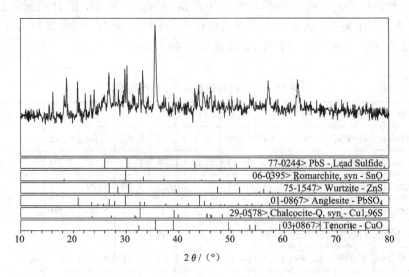

图 11−27　熔炼烟灰 2#XRD 图

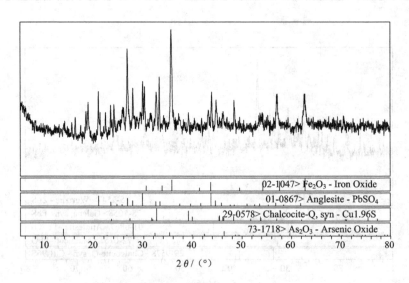

图 11−28　熔炼烟灰 3#XRD 图

11.2.2　底吹吹炼工段

吹炼工序原料为熔炼产出的铅铜锍、砷铜锍。吹炼产物为吹炼渣、吹炼烟灰、粗铜。

11.2.2.1 吹炼渣

吹炼渣缓冷样品检测结果见表 11 - 12、表 11 - 13，XRD 物相分析结果见图 11 - 29 ~图 11 - 31。吹炼渣中主要物相为 Fe_2SiO_4、PbO、Cu，及少量 PbS、SnO、Fe_3O_4。其中，Cu 为夹杂于吹炼渣中的粗铜颗粒。

表 11 - 12 吹炼渣成分(ICP) %

编号	Pb	Cu	As	S	Sb	Zn	Fe	Ni	Ca	Bi	Al
1	34.6	18.1	8.11	0.14	1.55	0.27	6.69	0.54	0.66	0.03	0.57
2	33.6	17.4	5.6	0.24	1.51	0.31	6.95	0.53	0.75	0.027	0.74

表 11 - 13 吹炼渣成分(XRF) %

Pb	Cu	O	Si	As	Fe	Sn	Al	Sb	Ca	K
29.84	18.30	15.82	11.01	9.60	7.50	1.93	1.19	1.15	0.90	0.76
Ni	Zn	S	Na	Cr	Ti	Co	Ru	Mn	Rb	P
0.54	0.40	0.36	0.21	0.20	0.09	0.07	0.06	0.03	0.03	0.02

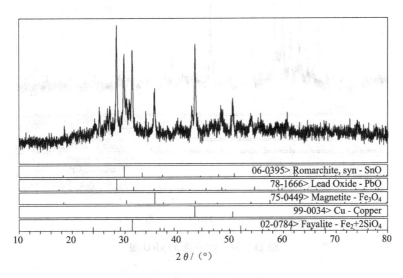

图 11 - 29 吹炼渣 1#XRD 图

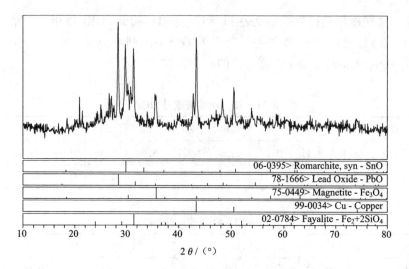

图 11 -30　吹炼渣 2#XRD 图

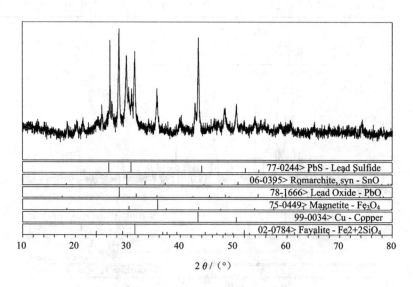

图 11 -31　吹炼渣 3#XRD 图

　　吹炼渣显微结构 EPMA 检测结果见图 11 -32、图 11 -33。吹炼渣由簇状、瓣状、针状三种形态的物质单元组成，每个结构单元中，簇状结构位于中心，次外层包裹瓣状结构，最外层环绕着针状结构。分别检测这三种物质形态组成，三种显微结构的成分含量见表 11 -14 ~表 11 -16。

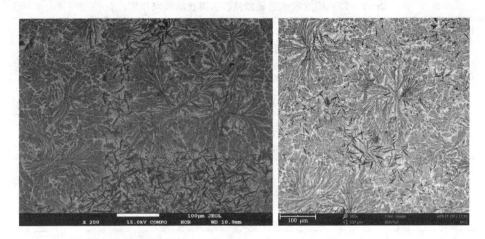

**图 11 - 32　底吹吹炼渣显微结构(EPMA，×200；SEM，×500)，
显示簇状、瓣状、针状结构**

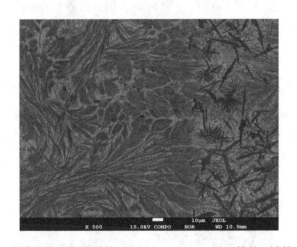

图 11 - 33　底吹吹炼渣显微结构(EPMA，×500)，显示簇状、瓣状、针状结构

表 11 - 14　底吹吹炼渣显微结构，簇状结构点扫描成分　　　　%

检测点	总计	Cu	Fe	Si	As	Ca	Pb	S	O
1	100	16.150	11.382	12.536	6.649	0.202	24.345	0.052	28.684
2	100	7.541	6.633	12.232	11.148	0.456	34.962	0.172	26.856
3	100	9.990	6.063	9.965	9.479	0.856	36.070	0.100	27.479

表 11-15 底吹吹炼渣显微结构，瓣状结构点扫描成分   %

检测点	总计	Cu	Fe	Si	As	Ca	Pb	S	O
1	100	18.015	13.680	10.401	6.083	0.113	24.042	0.051	27.615
2	100	17.113	12.528	11.276	6.436	0.062	24.532	0.055	27.998
3	100	2.283	1.599	8.029	14.027	2.500	51.867	0.215	19.479

表 11-16 底吹吹炼渣显微结构，针状结构点扫描成分   %

检测点	总计	Cu	Fe	Si	As	Ca	Pb	S	O
1	100	2.354	26.584	15.342	2.041	0.152	15.950	0.014	37.561
2	100	2.257	1.771	5.938	14.824	2.622	52.563	0.205	19.821
3	100	10.369	5.681	10.281	10.416	0.276	36.237	0.139	26.602

如图 11-34 所示，簇状结构中，黑色部分主要成分为 Fe_2SiO_4，白色部分主要成分为 PbO，黑色、白色小颗粒分别聚集为黑、白簇状结构，间隔分布。大量离散、细小的黑、白颗粒夹杂分布在两相之间。

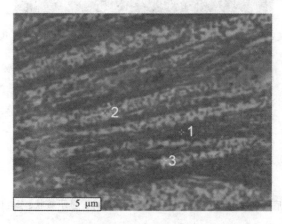

图 11-34 底吹吹炼渣显微结构(EPMA)，显示簇状结构

(1、2、3 为检测点)

如图 11-35 所示，瓣状结构分布在簇状结构周围，黑色部分主要成分为 Fe_2SiO_4，白色部分主要成分为 PbO，与簇状结构成分相同。

如图 11-36 所示，针状结构分布在瓣状结构周围，黑色针状物质主要是 Fe_2SiO_4，其中 Fe_2SiO_4 的含量显著高于簇状、瓣状结构，因此与之呈现不同的衬度。

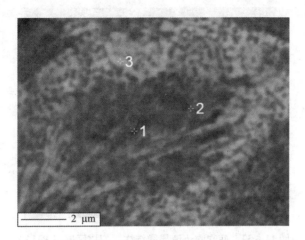

图 11 - 35　底吹吹炼渣显微结构(EPMA),显示瓣状结构
(1、2、3 为检测点)

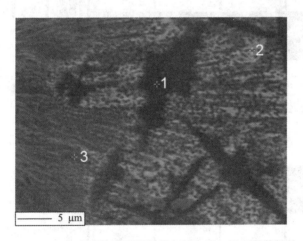

图 11 - 36　底吹吹炼渣显微结构(EPMA),显示针状结构
(1、2、3 为检测点)

　　底吹吹炼渣显微结构面扫描区域如图 11 - 37 所示,结果如图 11 - 38 所示。可知,铜在吹炼渣中主要以铜单质形式存在,Cu 主要分布在以 Fe_2SiO_4 为基质的黑色部分。As 主要以 As_2O_3 形式存在,As 在 PbO 相的含量高于 Fe_2SiO_4 相。

　　各相成分含量不均,不同成分在冷却过程中出现偏析,导致了吹炼渣中出现三种不同的形态结构。

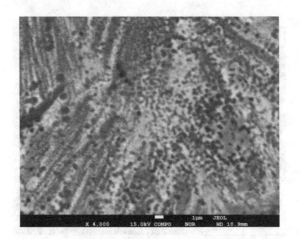

彩图11-38

图 11 - 37 底吹吹炼渣显微结构面扫描区域（EPMA）

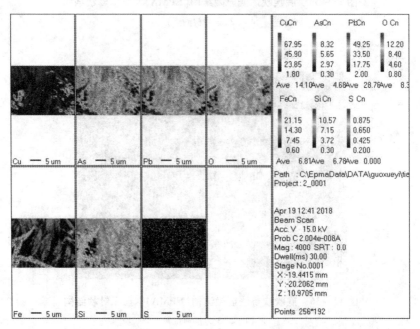

图 11 - 38 底吹吹炼渣显微结构面扫描结果（EPMA）

11.2.2.2 吹炼烟灰

吹炼电收尘烟灰中的物相主要为 $PbSO_4$，以及少量 Cu_2S、As_2O_3、Sb_2O_3、SnO。因实际生产中烟灰累积 5～7 天后收集处理、取样分析，生产检测数据能较好地反映烟灰返料的成分。生产中吹炼工段平行烟道、1#、4#电收尘烟灰数据见表 11 - 17，XRD 物相分析结果见图 11 - 39～图 11 - 41。

表 11-17　吹炼烟灰成分（生产数据）　　　　　%

编号	取样位置	Pb	Zn	Cu	Fe	SiO$_2$	Ca	S	As	Sb
1	平行烟道灰	20.11	0.11	9.18	0.29	0.64	0.16	6.54	27.79	0.82
2	1#电场	23.62	0.14	9.59	0.28	1.28	0.2	5.63	24.94	0.95
3	4#电场	26.41	0.08	7.55	0.1	0.28	0.12	3.97	22.57	1.3

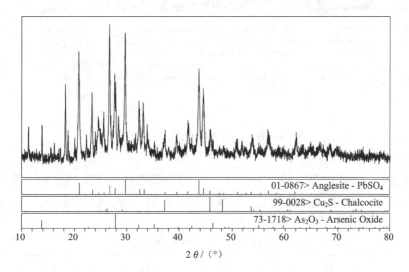

图 11-39　吹炼电收尘烟灰 1#XRD 图

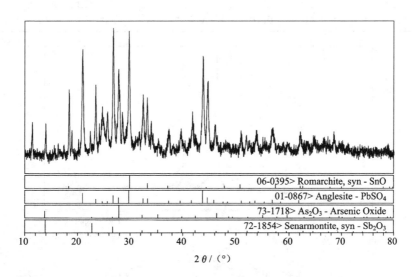

图 11-40　吹炼电收尘烟灰 2#XRD 图

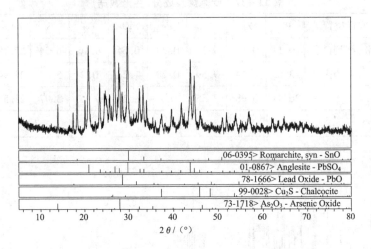

图 11 −41　吹炼电收尘烟灰 3#XRD 图

11.2.2.3　粗铜

粗铜中的主要物相为 Cu，As 以 Cu_3As 的形态弥散分布在粗铜中。粗铜中还含有部分 Pb、S、Sb 等杂质元素。粗铜成分见表 11 −18，XRD 物相分析结果见图 11 −42、图 11 −43。

表 11 −18　粗铜成分（ICP）　　　　　　　　　　　　%

编号	Cu	As	Pb	Sb	S	Ni	Bi	Fe	Si	Ca	Al
1	85.4	8.87	0.41	0.37	0.32	0.15	0.03	0.0075	0.0066	0.002	0.0007
2	85.6	9.03	0.42	0.38	0.16	0.16	0.031	0.0075	0.0052	0.0014	0.0009

图 11 −42　粗铜 1#XRD 图

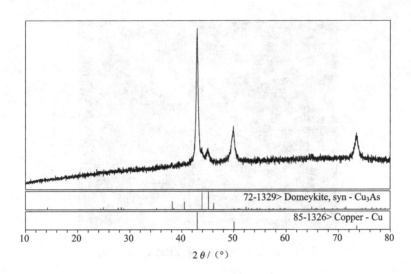

图 11 - 43　粗铜 2#XRD 图

　　粗铜样品 EPMA 检测结果见图 11 - 44 ～图 11 - 46。粗铜基质中弥散分布着 Cu_3As 相。粗铜中黑色夹杂物为 Cu_2S 颗粒，黑色颗粒中黑色部分为 Cu_2S，灰色区域物质为 Cu_3As 及少量 PbO。

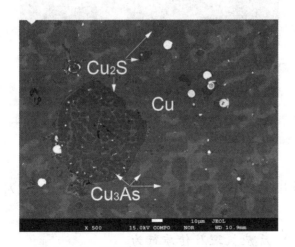

图 11 - 44　粗铜显微结构（EPMA，×500）

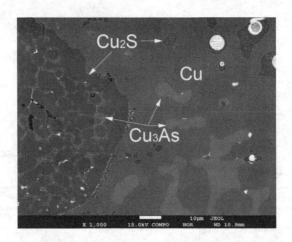

图 11-45　粗铜显微结构(EPMA, ×1000)

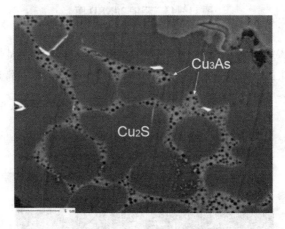

图 11-46　粗铜 EPMA

11.3　As 在除铜渣冶炼过程中的行为

11.3.1　元素 As 反应机理及传质行为

11.3.1.1　底吹熔炼过程

除铜渣在底吹熔炼阶段,其中包含的主要化合物 Pb、PbS、PbO、Cu_2S 可能发生以下化学反应,生成物各相密度不同,在重力作用下分层,从上至下分别为:炉渣层、砷铜锍、铅铜锍、粗铅。反应 $\Delta G^{\ominus}$ 由 HCS6.0 和 Factsage7.1 计算所得。

生成粗铅——分离铜、铅：

$$PbS + Fe \Longrightarrow Pb + FeS \qquad (11-20)$$

$$PbO + Fe \Longrightarrow Pb + FeO \qquad (11-21)$$

$$PbO + C \Longrightarrow Pb + CO(g) \qquad (11-22)$$

$$PbS + 2PbO \Longrightarrow 3Pb + SO_2(g) \qquad (11-23)$$

生成硅酸铁、硅酸钙炉渣：

$$2FeO + SiO_2 \Longrightarrow 2FeO \cdot SiO_2 \qquad (11-24)$$

$$2CaO + SiO_2 \Longrightarrow 2CaO \cdot SiO_2 \qquad (11-25)$$

除铜渣中 Cu_5As_2、Cu_3As 的氧化反应，生成 As_2O_3、As_2O_5：

$$2Cu_3As + 1.5O_2(g) \Longrightarrow 6Cu + As_2O_3$$
$$\Delta G^{\ominus} = -537.51 - 0.1789T \qquad (11-26)$$

$$2Cu_3As + 2.5O_2(g) \Longrightarrow 6Cu + As_2O_5$$
$$\Delta G^{\ominus} = -746.176 - 0.4069T \qquad (11-27)$$

$$Cu_5As_2 + 1.5O_2(g) \Longrightarrow 5Cu + As_2O_3$$
$$\Delta G^{\ominus} = -624.35 + 38.636T \qquad (11-28)$$

$$Cu_5As_2 + 2.5O_2(g) \Longrightarrow 5Cu + As_2O_5$$
$$\Delta G^{\ominus} = -844.25 + 55.97T \qquad (11-29)$$

As 元素被 PbO 氧化，以 As_2O_3 形式进入渣相，部分 As_2O_3 挥发进入气相：

$$2Cu_3As + 3PbO \Longrightarrow 6Cu + 3Pb + As_2O_3$$
$$\Delta G^{\ominus} = 33.355 - 8.7314T \qquad (11-30)$$

$$Cu_5As_2 + 3PbO \Longrightarrow 5Cu + 3Pb + As_2O_3$$
$$\Delta G^{\ominus} = -5.817 + 0.03548T \qquad (11-31)$$

除铜渣中 As 元素的化学反应见式(11-26)-式(11-35)，绘制不同温度下各反应的吉布斯自由能($\Delta G^{\ominus}$)图，见图 11-47。可知，反应(11-30)在 300℃以

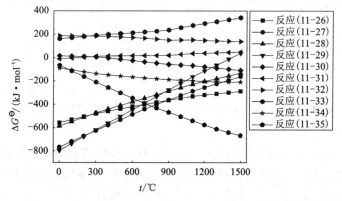

图 11-47　反应(11-26)~反应(11-35)的吉布斯自由能与温度关系图

上才能自发进行，反应(11-31)、反应(11-32)、(11-33)在0~1500℃下，$\Delta G^{\ominus}$ > 0，均不能自发进行。表明在熔炼条件反应(900~1200℃)，不添加其他反应物时，Cu_5As_2 不能与PbO反应直接生成 As_2O_3、As_2O_5，Cu_3As 被PbO氧化，仅能生成 As_2O_3，不能生成 As_2O_5。除此之外，其他反应均能自发进行。

$$2Cu_3As + 5PbO = 6Cu + 5Pb + As_2O_5$$
$$\Delta G^{\ominus} = 194.4 - 3.6764T \tag{11-32}$$

$$Cu_5As_2 + 5PbO = 5Cu + 5Pb + As_2O_5$$
$$\Delta G^{\ominus} = 163.56 + 3.2034T \tag{11-33}$$

As_2O_3、As_2O_5 与脱砷熔剂 $CaCO_3$ 反应，生成 $Ca(AsO_2)_2$、$Ca_3(AsO_4)_2$ 进渣相：

$$As_2O_3 + CaCO_3 = Ca(AsO_2)_2 + CO_2(g)$$
$$\Delta G^{\ominus} = -78.322 - 16.437T \tag{11-34}$$

$$As_2O_5 + 3CaCO_3 = Ca_3(AsO_4)_2 + 3CO_2(g)$$
$$\Delta G^{\ominus} = -12.284 - 53.302T \tag{11-35}$$

$CaCO_3$ 的加入，促进了 Cu_3As、Cu_5As_2 向 As_2O_3、As_2O_5 的转化。将反应(11-26)~(11-33)与反应(11-34)、(11-35)的化学方程式加和，可得反应式(11-36)~(11-41)。绘制不同温度下反应(11-36)~(11-41)吉布斯自由能图，见图11-48，这些反应在900~1200℃下 $\Delta G^{\ominus}$ < 0，均能自发进行。

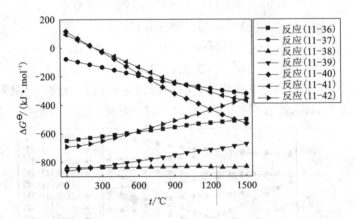

图11-48　反应(11-36)~(11-42)吉布斯自由能与温度关系图

As元素与 $CaCO_3$ 反应生成 $Ca(AsO_2)_2$，O_2、PbO 均起氧化作用：

$$2Cu_3As + 1.5O_2(g) + CaCO_3 = Ca(AsO_2)_2 + CO_2(g) + 6Cu$$
$$\Delta G^{\ominus} = -663.27 + 11.299T \tag{11-36}$$

$$2Cu_3As + 3PbO + CaCO_3 = 6Cu + 3Pb + Ca(AsO_2)_2 + CO_2(g)$$

$$\Delta G^{\ominus} = -50.497 - 23.325T \qquad (11-37)$$

As 元素与 $CaCO_3$ 反应生成 $Ca_3(AsO_4)_2$，O_2、PbO 均起氧化作用：

$$2Cu_3As + 2.5O_2(g) + 3CaCO_3 = Ca_3(AsO_4)_2 + 3CO_2(g) + 6Cu$$
$$\Delta G^{\ominus} = -837.82 + 0.0284T \qquad (11-38)$$

$$Cu_5As_2 + 2.5O_2(g) + 3CaCO_3 = Ca_3(AsO_4)_2 + 3CO_2(g) + 5Cu$$
$$\Delta G^{\ominus} = -875.39 + 11.387T \qquad (11-39)$$

$$2Cu_3As + 5PbO + 3CaCO_3 = 6Cu + 5Pb + Ca_3(AsO_4)_2 + 3CO_2(g)$$
$$\Delta G^{\ominus} = 182.11 - 56.977T \qquad (11-40)$$

$$Cu_5As_2 + 5PbO + 3CaCO_3 = 5Cu + 5Pb + Ca_3(AsO_4)_2 + 3CO_2(g)$$
$$\Delta G^{\ominus} = 149.38 - 47.027T \qquad (11-41)$$

可见，熔炼体系加入 $CaCO_3$ 后，改变了某些反应的微观反应路径，使不能自发进行的反应，结合添加剂后，反应生成目标产物。如反应(11-31)，加入反应物 $CaCO_3$ 后，在 900～1200℃ 下可自发进行反应，生成 $Ca_3(AsO_4)_2$，即反应 (11-41)。

当体系中脱砷熔剂 $CaCO_3$ 含量较低，或参与脱砷反应的 $CaCO_3$ 量较少时，少量 As_2O_3 将与 Cu_2S 反应再次生成 Cu_3As。但因体系 Cu_3As 含量较高，该反应进行的限度较低。

$$6Cu_2S + 2As_2O_3(g) + 3O_2(g) = 4Cu_3As + 6SO_2(g)$$
$$\Delta G^{\ominus} = -740.3 + 23.476T \qquad (11-42)$$

图 11-49 为 900℃、1000℃、1100℃、1200℃ 四种温度条件下 As-S-O 系平衡状态图。由图可知，As 在不同氧势、硫势条件下的存在形式不同，可通过调节体系的反应条件，实现 As 的定向分配，具体机制为：

(1)将 As 氧化为 As_2O_3，使其挥发进入气相，或加入脱砷熔剂，与 As 的氧化物反应形成浮渣。

(2)将 As 硫化为易挥发的硫化物，使之进入气相。

图 11-49 中虚线框区域为实际冶炼过程的氧势、硫势范围，可知，在实际生产气氛条件下，As 元素以单质 As 和 As_2O_3 形式存在，体系氧势、硫势较低，不足以将 As 氧化为 As_2O_5，或硫化为高价硫化物。因此，除铜渣冶炼过程中，冶炼炉内的反应体系不会生成 As_2O_5，仅有单质 As 和 As_2O_3 生成。

基于以上理论反应行为，分析除铜渣生产数据。由生产样品检测可知，铜渣底吹熔炼产物中，未检测到 As_2O_5、$Ca(AsO_2)_2$、$Ca_3(AsO_4)_2$，仅在熔炼渣中检测到少量 As_2O_3，大量 As 与 Cu 结合生成稳定的固溶体 Cu_3As，构成砷铜锍相。

以上结果表明，除铜渣底吹熔炼条件下，Cu 是良好的 As 捕集剂，Cu 与 As 稳定结合，只有少量 Cu_3As、Cu_5As_2 反应生成了 As_2O_3。添加的脱砷熔剂 $CaCO_3$ 参与了造渣反应，未实现脱砷功能。熔炼过程为还原性气氛，体系内氧势较低，

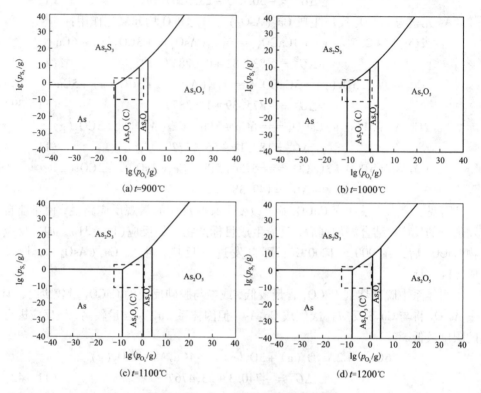

图 11-49　As-S-O 系平衡状态图

仅将少量 As 元素氧化为 As_2O_3，难以实现 As 向熔炼渣或烟气中的定向脱除。

11.3.1.2　底吹吹炼过程

底吹吹炼过程中，以熔炼产出的铅铜锍、砷铜锍为原料，添加石英、焦末为熔剂。铅铜锍、砷铜锍在吹炼过程中发生以下反应：

铅铜锍主要成分为 PbS、Cu_2S，PbS 被氧化为 PbO、$PbSO_4$，PbO 主要进入吹炼渣，少量 PbO 进入吹炼烟气，$PbSO_4$ 进入吹炼烟气。

$$PbS + O_2 =\!=\!= PbO + SO \qquad (11-43)$$

$$PbS + 2O_2 =\!=\!= PbSO_4 \qquad (11-44)$$

铅铜锍中的 Cu_2S 发生氧化反应、交互反应生成粗铜：

$$Cu_2S + 1.5O_2 =\!=\!= Cu_2O + SO_2 \qquad (11-45)$$

$$Cu_2S + 2Cu_2O =\!=\!= 6Cu + SO_2 \qquad (11-46)$$

砷铜锍主要成分为 Cu_3As，Cu_3As 被氧化为 As_2O_3、As_2O_5，进入吹炼渣和吹炼烟气，部分 Cu_3As 夹杂进入吹炼渣，部分 Cu_3As 溶于粗铜中。

$$2Cu_3As + 3PbO =\!=\!= 6Cu + 3Pb + As_2O_3 \qquad (11-47)$$

$$2Cu_3As + 1.5O_2 \longrightarrow 6Cu + As_2O_3 \qquad (11-48)$$

铁、钙等杂质进渣：

$$2FeO + SiO_2 \longrightarrow 2FeO \cdot SiO_2 \qquad (11-49)$$

$$2CaO + SiO_2 \longrightarrow 2CaO \cdot SiO_2 \qquad (11-50)$$

吹炼产物为吹炼炉渣、吹炼烟气及粗铜。粗铜中 As 含量为 4%～9%，As 以 Cu_3As 形式存在，粗铜中 Cu_3As 含量约为 32%。吹炼渣中夹杂大量粗铜颗粒及 Pb、Sb、Bi 等有价金属，有待进一步回收处理。

11.3.2　As 在除铜渣火法处理过程中的分布

砷元素在底吹炉、反射炉、电炉等三种除铜渣冶炼过程中各相分配比例如图 11-50 所示。底吹炉熔炼中，砷元素在炉渣相中的分配比例为 0.3%～1.0%，低于反射炉熔炼的 9%～25%；在气相中的分配比例为 4%～6%，低于反射炉熔炼的 11%～24%，与电炉熔炼基本相同（电炉为 5.8%）。

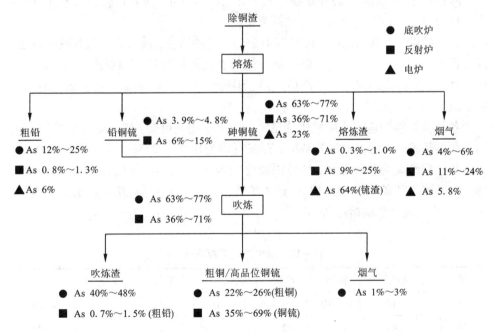

图 11-50　除铜渣冶炼过程中 As 分布特性

底吹炉熔炼中，砷元素在粗铅中的分配比例为 12%～15%，高于反射炉熔炼的 0.8%～1.3%，也高于电炉熔炼的 6%。但在砷铜锍中的分配比例为 63%～77%，略高于反射炉的 36%～71%，远高于电炉的 23%。

底吹炉熔炼中,砷元素在铅铜锍中的分配比例为3.9%～4.8%,略低于反射炉的6%～15%。根据文献数据,电炉熔炼中,砷元素在熔炼渣及铅铜锍中总分配比例为64%,高于底吹炉熔炼与反射炉熔炼(铅铜锍+熔炼渣)。

在吹炼阶段,底吹吹炼中,砷元素在吹炼渣中的分配比例为40%～48%,主要以 As_2O_3 及夹杂的 Cu_3As 形式存在。在粗铜中的分配比例为22%～26%,在烟气中的分配比例为1%～3%。砷在吹炼渣中分配比例较大的原因是,以单位质量的吹炼原料为基准,吹炼渣量是粗铜产量的3倍。吹炼渣产量大,因此其中砷总量和所占分配比也较大。

某铅冶炼厂采用反射炉纯碱－铅精矿熔炼法处理砷铜锍,产出粗铅、铜锍及渣。其中,As 在粗铅中的分配率为0.7%～1.5%,在铜锍中的分配率为35%～69%,铜锍还需进行吹炼、精炼等后续处理。

可见,吹炼粗铜/铜锍中 As 含量较高,吹炼过程脱砷难度大,应尽量在吹炼之前的工序中脱砷。

除铜渣中 As 元素在各种处理工艺中分配行为差异,主要归因于以下方面。

11.3.2.1　纯碱与石灰石脱砷效果差异

采用纯碱、石灰石除砷、锑已有半个多世纪的历史,被认为是较有效的方法。纯碱比石灰石脱砷效果更好,而石灰石能更有效地脱除锑。纯碱产生的 Na_2O 渣流动性好,但价格昂贵。CaO 渣熔点高,但流动性差。熔剂加入量一般为砷、锑含量的5～7倍。

各种除铜渣熔炼工艺配料成分见表11－19,由表可知,底吹炉熔炼采用石灰石为脱砷熔剂,以除铜渣量为基准,石灰石添加比例为2.53。反射炉、转炉、电炉熔炼法以纯碱为脱砷熔剂,纯碱添加比例为6～11,熔剂用量显著多于底吹熔炼法,可结合更多 As 元素,使 As 进入炉渣。因此,这些熔炼法产出的熔炼渣中, As 分配比例高于底吹熔炼法。

表 11－19　熔炼工艺配料成分比例

除铜渣	纯碱	铁屑	焦炭	氧化铅	铅精矿	石英	工艺
100	6～10	6～10	1.5～2.5	0～10			反射炉
100	5.9		2		22		反射炉
100	9～11	5～7	5				转炉
100			4～5		0.018～0.02 (硫酸钠)		电炉
100	2.53(石子)	1.69	6.75			2.17	底吹炉

11.3.2.2 熔炼氧势差异

熔炼条件下,体系氧势升高有利于 As 元素氧化为 As_2O_3,并挥发进气相或与脱砷熔剂造渣除去。

熔炼中常采用焦炭作为还原剂,维持炉内的还原性气氛,防止硫化物氧化,以保证造锍过程有足够的硫,并有还原 PbO 的作用。部分反射熔炼工艺用氧化铅作为氧化剂,可使部分砷挥发,减少砷铜锍的产生,提高铅回收率,当原料含砷、硫低时可以不加 PbO。

对比表 11 - 19 中各种工艺还原剂和氧化剂用量,可见,底吹熔炼法中还原剂焦炭的用量为其他熔炼法的 1.3 ~ 3 倍,且未添加氧化剂,熔炼体系还原性气氛较强,不利于 As 的氧化脱除。因此,底吹熔炼法产出的熔炼渣、烟气中,As 分配比例低于其他熔炼法。

底吹熔炼过程强还原性气氛中,As 更多地以稳定的 Cu_3As 形式存在,并富集形成砷铜锍。

11.3.2.3 操作精细程度

生产中操作制度、熔剂加入时间和熔剂加入方式会影响脱砷效果。

(1)操作制度

反射炉操作周期与温度控制操作工序见表 11 - 20,反射炉操作过程较为精细,除铜渣、纯碱、焦炭、铁屑等原料按比例配料后,分两次加入炉内,第一次加 2/3,熔化后再加剩余部分。分批次进料熔化、分段扒渣等操作,可实现多次造渣、多次扒渣的功能,可维持炉渣较低的杂质含量,提高除砷效果。

表 11 - 20 反射炉操作周期与温度控制示例

项目	时间	温度/℃
第一次进料	20 min	1200
熔化	6 ~ 8 h	1200
第二次进料	20 min	1200
熔化	6 ~ 8 h	1200
扒渣	30 min	1200
加铁屑	2 h	1200
扒渣	30 min	1200
沉淀分离	40 min	1100
放铜锍	1 h 30 min	1000
出铅	30 min	800 ~ 900
每炉操作时间	19 h 20 min	

（2）熔剂加入时间

脱砷熔剂全部在配料工序混合进炉料，一次性加入炉内时，其不可避免地参与造渣反应，且炉料中砷含量比例较低，脱砷熔剂与砷的接触概率低，反应程度低，脱砷效果较差，且导致碱性脱砷熔剂消耗量大，炉衬损蚀程度增大。

控制熔剂加入时间，在熔炼过程中分阶段添加脱砷熔剂，在入炉前通过配料将部分脱砷熔剂与除铜渣充分混合，提高脱砷动力学条件，剩余脱砷熔剂可在扒渣以后加入，以进一步脱除铜锍、粗铅中的砷，提高脱砷效果。

（3）熔剂加入方式

熔剂的加入方式有两种，一种方式是由加料口加在熔池表面，缺点是未反应的熔剂会漂浮在液面上，熔入炉渣中，熔剂被炉渣稀释，反应速度变慢，对金属熔体中的砷脱除效果差。

另一种方式是通过喷枪或风口将熔剂颗粒喷入熔池内部，增大熔剂与砷杂质的接触面积和反应机会；熔剂不会被炉渣稀释，能保持较高浓度，可加快反应速度和效果。

11.4　生产实践方案

11.4.1　氧化脱砷

氧气底吹除铜渣处理工艺中，砷在原料中主要以 Cu_5As_2、Cu_3As 的形式存在，在造锍熔炼和吹炼过程中，期望通过添加石灰的方式，使砷被氧化造渣除去。反应式如下：

$$2Cu_5As_2 + 3O_2 =\!=\!=\!= 10Cu + 2As_2O_3 \tag{11-51}$$

$$2Cu_3As + 1.5O_2 =\!=\!=\!= 6Cu + As_2O_3 \tag{11-52}$$

$$O_2 + As_2O_3 =\!=\!=\!= As_2O_5 \tag{11-53}$$

$$As_2O_3 + CaO =\!=\!=\!= Ca(AsO_2)_2 \tag{11-54}$$

$$As_2O_5 + 3CaO =\!=\!=\!= Ca_3(AsO_4)_2 \tag{11-55}$$

但是由于受石灰添加量、添加方式、石灰粒度等原因影响，加入的脱砷熔剂并未与 As_2O_3、As_2O_5 反应，而是与炉渣中的 SiO_2 发生如下反应：

$$CaO + SiO_2 =\!=\!=\!= CaSiO_3 \tag{11-56}$$

导致氧化生成的部分 As_2O_3 在 Cu_2S 作用下，重新生成 Cu_3As 化合物：

$$2As_2O_3 + 6Cu_2S + 3O_2 =\!=\!=\!= 4Cu_3As + 6SO_2 \tag{11-57}$$

通过以上分析，解释了熔炼和吹炼过程中砷为何难以脱除，以及砷为何主要以 Cu_3As 化合物的形式存在。若要实现氧化脱砷，可以采取以下措施。

（1）控制石灰加入量

石灰不可避免地与炉内 FeO 和 SiO_2 反应，增加了石灰消耗，但过量的石灰会损坏耐火材料，因此应控制合理的石灰加入量。

（2）控制石灰加入时机

石灰应分阶段添加，在入炉前通过配料将部分脱砷熔剂与除铜渣充分混合，提高脱砷动力学条件，剩余石灰应在扒渣以后加入，避免石灰与 FeO 和 SiO_2 反应。

（3）控制石灰粒度

在避免升高烟尘率的前提下，适当减小石灰粒度，提高脱砷反应效率。

11.4.2　硫化脱砷

通过分析氧化脱砷工艺特点可知，其存在脱砷熔剂消耗量大、脱砷反应效率低、脱砷不彻底、对耐火材料有害等缺点，而采用硫化脱砷的方法，使原料、铜锍中的砷以硫化物 AsS 的形式挥发进入烟气，则避免了上述问题。

通过炉底喷入含硫物质，如单质硫（S）、硫化氢（H_2S）等，使 Cu_3As 化合物发生如下反应：

$$Cu_3As + S \rule[0.5ex]{1.5em}{0.4pt} 3Cu + AsS \tag{11-58}$$

$$2Cu_3As + 2H_2S + O_2 \rule[0.5ex]{1.5em}{0.4pt} 6Cu + 2AsS + 2H_2O \tag{11-59}$$

$$2Cu_3As + 2CH_4 + 4O_2 \rule[0.5ex]{1.5em}{0.4pt} 6Cu + As_2 + 4H_2O + 2CO_2 \tag{11-60}$$

计算上述反应在不同温度下的标准反应吉布斯自由能，如图 11-51 所示，由图可知，反应在熔炼温度下标准吉布斯自由能均为负值，即反应能自发进行，证明了硫化脱砷可行性。

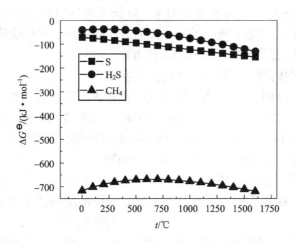

图 11-51　反应（11-57）~（11-59）吉布斯自由能与温度关系图

11.4.3　真空预处理

真空蒸馏是利用各物质饱和蒸气压和挥发速度的差别，在挥发或冷凝过程中将各组分分离。利用真空蒸馏法直接处理除铜渣，由于 Cu、As 化合物结合紧密，蒸馏产物中砷未挥发除尽，会造成 Cu_2S 损失。通过向除铜渣中添加硫，利用 Cu 与 S 的亲和力较大的特点，破坏除铜渣中 Cu_3As 化合物，生成 Cu_2S 和 As 单质，当硫富余时，As 单质被继续硫化为硫化物。由于产物中 As 和 AsS 的饱和蒸气压较大，而 Cu_2S 的饱和蒸气压相对较小，在真空状态下很容易实现 Cu 与 As 的分离，蒸馏产物 Cu_2S 纯度较高，可直接进行熔炼。

除铜渣中含有大量的含 Pb 化合物，在蒸馏时会与 As 一起大量挥发，为分离 Pb、As 两种物质，可以采用以下两种方法。

（1）两段真空蒸馏

利用除铜渣中含 Pb 化合物挥发性较强，而 Cu_3As 结合紧密、不易挥发的特点，进行一段真空蒸馏，在冷凝物中回收 Pb。然后向残留物添加硫进行二段真空蒸馏，在冷凝物中回收 As。

（2）一段真空蒸馏，分级冷凝

通过向残留物中添加硫，进行真空蒸馏，使 Pb 和 As 的化合物一起挥发。然后利用挥发物中化合物熔点不同，其冷凝先后顺序不同的原理，实现熔点高的化合物先冷凝、熔点低的金属后冷凝。最后通过设置分级冷凝器，实现挥发物在冷凝过程中的分离。

11.5　本章小结

本章以氧气底吹处理除铜渣为对象，分析了冶炼原料及产物中砷元素的含量、物相组成、赋存状态，研究了砷在除铜渣底吹熔炼、底吹吹炼过程中的演变历程及传质过程，提出砷的定向开路调控方法。

（1）除铜渣中的砷主要以砷化铜的形式存在。

（2）在熔炼过程中大部分仍以砷化铜的形式进入砷铜锍，部分以氧化物的形式挥发进入烟气，熔炼中添加的脱砷熔剂 $CaCO_3$ 主要参与了造渣反应，未实现脱砷功能。且熔炼过程为还原性气氛，体系内氧势较低，仅将少量 As 元素氧化为 As_2O_3，难以实现 As 向熔炼渣或烟气中的定向脱除。

（3）吹炼过程中，部分砷通过氧化造渣，进入吹炼炉渣，小部分挥发进入烟气中，绝大部分 As 进入粗铜或高品位铜锍。吹炼的脱砷能力十分有限，低于熔炼的脱砷能力。

（4）脱砷熔剂的种类和用量、加入时间、加入方式等操作制度均会影响脱砷效果。

第 12 章　底吹熔炼处理复杂物料过程中的物料与热量平衡

随着原生矿产资源不断开采，优质高品位铜矿逐渐枯竭，而复杂多金属铜资源大量存在，亟待清洁处理。

氧气底吹熔池熔炼具有较强的原料适应性，是清洁处理复杂资源的有效方法。但处理复杂原料时，底吹熔炼入炉物料的成分配比会有一定的波动，对生产过程产生影响。

为了明确不同配比的复杂物料对熔炼过程的影响，本章选取了两种不同配比的原料，进行底吹熔炼过程元素平衡以及热量平衡计算，以指导生产实践。

12.1　基本计算条件与参数

两种物料均按年处理 55 万吨矿的条件计算。

表 12 - 1 是富氧底吹熔炼炉处理复杂物料的元素平衡及热量平衡计算条件与参数。

图 12 - 1 是基于 METSIM 铜富氧底吹熔炼工艺流程图。

表 12 - 1　富氧底吹熔炼炉处理复杂物料的元素平衡及热量平衡计算条件与参数

序号	名称	单位	数值	序号	名称	单位	数值
				底吹炉计算条件与参数			
1	年工作日	d/a	330	4	熔炼炉渣中铁硅比		1.7
2	日工作时	h/d	23	5	熔炼炉渣含铜	%	3.0
3	鼓风富氧浓度	%	73	6	铜锍品位	%	73

续表 12-1

序号	名称	单位	数值	序号	名称	单位	数值
底吹炉计算条件与参数							
7	烟尘率	%	2	15	精矿含水率	%	9
8	反应用氧系数		1.01	16	漏风氧利用率	%	0.95
9	加料口漏风量	m^3/h	3000	17	入炉空气温度	℃	30
10	烟道口漏风量	m^3/h	10000	18	入炉氧气温度	℃	30
11	入炉料温度	℃	30	19	烟气出炉温度(含尘)	℃	1185
12	熔炼炉铜锍出炉温度	℃	1240	20	余热锅炉入炉水温度	℃	30
13	熔炼炉炉渣出炉温度	℃	1220	21	电炉渣含铜	%	0.8
14	返料比	%	18	22	SO_3 转换率	%	1
电炉计算条件与参数							
1	年工作日	d/a	330	6	日工作时	h/d	23
2	电炉漏风量	m^3/h	6500	7	电极糊消耗量	t/d	0.35
3	电炉铜锍出炉温度	℃	1220	8	电炉炉渣出炉温度	℃	1240
4	电炉烟气温度	℃	800	9	电炉处理返料量	t/a	33000
5	返料比	%	18				

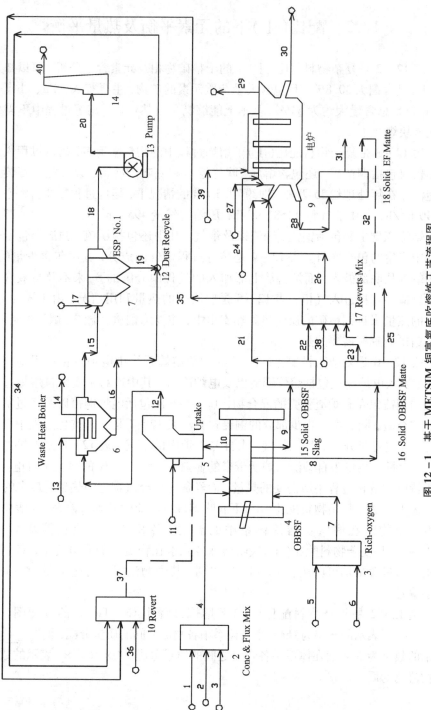

图 12 - 1　基于 METSIM 铜富氧底吹熔炼工艺流程图

12.2　配比(Ⅰ)下的元素平衡及热量平衡

　　表12-2是复杂物料配比(Ⅰ)下的干精矿物相及元素含量分析,可以知道物料(Ⅰ)是含铜为30.8%,且包含大量杂质元素的矿物,主要有As、Zn、Pb等;其中Fe和S总含量大约为54%,基本上能够满足自热熔炼,熔炼过程中不需要额外配入块煤。

　　表12-3是复杂物料配比(Ⅰ)下熔炼过程中的物料平衡表,熔炼过程入炉物料不仅仅包括铜精矿,还包含熔炼、吹炼返尘和底吹炉冷料,以及配入石英石进行造渣。在年处理约55万吨,即约72.5 t/h的情况下,熔炼过程需要富氧空气量17540 m^3/h,其中氧气量12581 m^3/h,压缩空气量4959 m^3/h,富氧浓度73%左右。熔炼产物主要包括铜锍、铜渣以及烟气,其中还包括铜锍、铜渣经包子转运过程中产生的包壳冷料。表12-4是熔炼过程烟气的成分,其中包含少量的S_2。因为氧气从底部鼓入,而炉料从上部加入的过程中分解的S_2来不及与氧气充分接触反应而直接进入气相。表12-5是底吹炉的热量利用情况,由于零配煤率,大量的热量来自铜精矿的反应热。热支出中,主要为铜锍、铜渣、烟气带走的热,以及精矿分解所需要的热。

　　表12-6是复杂物料配比(Ⅰ)下底吹炉熔炼系统中电炉贫化过程物料平衡表,主要入电炉物质包括熔炼铜渣以及电炉冷料,其中冷料主要来自熔炼过程中产生的铜锍包壳和炉渣包壳的混合物,其主要产出包括电炉铜锍以及经过贫化后的电炉弃渣,同时会产生少部分的铜锍包壳。表12-7是电炉贫化过程中烟气的成分,其主要成分是氧气和氮气,来自漏入炉内的空气。表12-8是电炉的热平衡表,大量的热量来自炉渣入炉所带来的显热,大约有27%的热量来自电热,用来维持电炉贫化过程中所需要的热量,而经贫化后弃渣带走的热量是最多的。

　　表12-9是复杂物料配比(Ⅰ)下底吹熔炼各物流的基本参数表,从表中可以获取每个物流在底吹炉熔炼体系中的温度、各相的质量流量等基本参数。表12-10是复杂物料配比(Ⅰ)底吹熔炼各元素在物流中的质量流量,各物流中元素的质量含量均可以从表12-10获取到,其中物流编号对应于图12-1内的数字编号。

　　图12-2是复杂物料配比(Ⅰ)下熔炼过程中 Cu、Fe、S 的分配图,其中"××××"表示的数字为 Cu 元素在体系中各物流之间的质量分配,而"<u>××××</u>"表示的数字为 S 元素在体系中各物流之间的质量分配,"××××"表示的数字为各物流总的质量流量。

表 12-2　复杂物料配比（Ⅰ）下的干精矿物相及元素含量分析

合理组成／物相组成	精矿成分/%												合计
	Cu	Fe	S	Zn	Pb	As	SiO_2	CaO	MgO	Al_2O_3	CO_2	其他	
$CuFeS_2$	19.70	17.31	19.87										56.88
FeS_2		5.43	6.23										11.66
Cu_5FeS_4	3.98	0.70	1.60										6.28
CuS	1.32		0.67										1.99
Cu_2S	4.88		1.23										6.11
Cu_3AsS_4	0.21		0.14			0.08							0.43
Cu_3As	0.64					0.25							0.89
Fe_3O_4		0.12										0.05	0.17
ZnS			0.11	0.22									0.33
PbS			0.03		0.20								0.23
Cu_2O	0.13											0.02	0.15
SiO_2							7.33						7.33
CaO								1.62					1.62
Al_2O_3										2.96			2.96
$MgCO_3$									0.33		0.39		0.72
$CaCO_3$								0.40			0.32		0.72
其他												1.53	1.53
合计	30.86	23.56	29.89	0.22	0.20	0.33	7.33	2.02	0.33	2.96	0.71	1.60	100

表12-3 复杂物料配比(Ⅰ)底吹炉熔炼物料平衡表

名称	数量		Cu		Fe		S		Zn		Pb		As		SiO₂		CaO		MgO		Al₂O₃	
	t/a	t/h	%	t/h	%	t/h	%	t/h	%	t/h	%	t/h	%	t/h	%	t/h	%	t/h	%	t/h	%	t/h
加入																						
铜精矿	549971.40	72.46	30.86	22.36	23.56	17.07	29.88	21.65	0.22	0.16	0.20	0.14	0.33	0.24	7.33	5.31	2.02	1.46	0.33	0.24	2.96	2.14
返熔炼尘	8507.64	1.12	13.30	0.15	27.31	0.31	8.60	0.10	0.55	0.01	1.16	0.01	0.28	0.00	15.77	0.18	2.08	0.02	0.53	0.01	3.46	0.04
返吹炼尘	3572.30	0.47	25.00	0.12	14.99	0.07	4.00	0.02	0.00	0.00	0.00	0.00	0.00	0.00	12.06	0.06	0.00	0.00	0.00	0.00	0.00	0.00
返底吹冷料	95805.51	12.62	30.43	3.84	28.75	3.63	8.33	1.05	0.19	0.02	0.16	0.02	0.07	0.01	15.96	2.01	1.62	0.20	0.42	0.05	2.69	0.34
石英石	33775.50	4.45													95.00	4.23	2.00	0.09	2.00	0.09	1.00	0.04
水分	55331.10	7.29																				
富氧及漏风	324230.14	42.72																				
合计	1071193.59	141.13		26.46		21.08		22.83		0.19		0.18		0.25		11.79		1.54		0.40		2.56
产出																						
熔炼铜锍	213771.82	28.16	72.96	20.55	4.41	1.24	20.05	5.58	0.11	0.03	0.25	0.07	0.10	0.03	1.04	0.25	0.14	0.04	0.04	0.01	0.23	0.06
熔炼铜渣	275052.34	36.24	2.94	1.07	43.60	15.80	0.78	0.28	0.31	0.11	0.12	0.04	0.06	0.02	25.57	9.27	3.35	1.21	0.86	0.31	5.55	2.01
熔炼铜锍冷料	46345.46	6.11	72.96	4.45	4.41	0.27	20.05	1.22	0.11	0.01	0.25	0.02	0.10	0.01	1.04	0.06	0.14	0.01	0.04	0.00	0.23	0.01
熔炼铜渣冷料	60371.68	7.95	2.94	0.23	43.60	3.47	0.78	0.06	0.31	0.02	0.12	0.01	0.06	0.00	25.57	2.03	3.35	0.27	0.86	0.07	5.55	0.44
熔炼尘	8507.64	1.12	13.30	0.15	27.31	0.31	8.60	0.10	0.55	0.01	1.16	0.01	0.28	0.01	15.77	0.18	2.08	0.01	0.53	0.01	3.46	0.04
熔炼烟气(包括开路尘)	467181.39	61.55	0.00	0.00	0.00	0.00	25.20	15.51	0.01	0.01	0.04	0.02	0.31	0.19	0.00	0.00	0.00	0.00	0.00	0.00	0.00	0.00
合计	1071230.34	141.13		26.45		21.08		22.75		0.19		0.17		0.25		11.79		1.55		0.40		2.56

表 12-4　复杂物料配比(Ⅰ)底吹炉烟气量及烟气成分

名称		烟气成分							烟气量/(m³·h⁻¹)	烟气温度/℃
		CO_2	SO_2	S_2	SO_3	H_2O	O_2	N_2		
底吹炉出口烟气	m³/h	162.04	9476.62	688.80	30.24	9106.54	155.06	7198.46	26842.27	1181.81
	%	0.60	35.34	2.57	0.11	33.96	0.58	26.84		
进锅炉烟气	m³/h	161.87	10705.28	68.81	30.21	9097.03	811.74	15327.35	36224.83	1234.63
	%	0.45	29.57	0.19	0.08	25.13	2.24	42.34		

表 12-5　复杂物料配比(Ⅰ)底吹炉熔炼系统热平衡

序号	热收入项	热量/(MJ·h⁻¹)	比例/%	序号	热支出项	热量/(MJ·h⁻¹)	比例/%
1	铜精矿反应热	215339.10	96.36	1	熔炼铜锍显热	27634.24	12.37
2	造渣热	5509.51	2.47	2	熔炼铜渣显热	62868.24	28.13
3	炉料显热(包括返料和水分)	1920.32	0.86	3	精矿分解热	27654.49	12.37
4	反应鼓风及漏风显热	713.63	0.32	4	炉料水分吸热	17811.17	7.97
				5	熔炼烟气显热(含干路尘)	18911.57	8.46
				6	熔炼炉散热	8959.00	4.01
				7	余热锅炉带走热	59624.99	26.68
				8	熔炼尘显热	18.87	0.01
	合计	223482.56	100.00		合计	223482.56	100.00

表 12-6　复杂物料配比（I）电炉物料平衡表

名称	数量 t/a	数量 t/h	Cu %	Cu t/h	Fe %	Fe t/h	S %	S t/h	Zn %	Zn t/h	Pb %	Pb t/h	As %	As t/h	SiO₂ %	SiO₂ t/h	CaO %	CaO t/h	MgO %	MgO t/h	Al₂O₃ %	Al₂O₃ t/h
加入																						
底吹铜渣	274982.66	36.23	2.94	1.07	43.60	15.80	0.78	0.28	0.31	0.11	0.12	0.04	0.06	0.02	25.57	9.26	3.35	1.21	0.86	0.31	5.55	2.01
电极糊	115.50	0.02	0.00	0.00	0.89	0.00	0.51	0.00	0.00	0.00	0.00	0.00	0.00	0.00	4.32	0.00	1.20	0.00	0.00	0.00	2.50	0.00
电炉冷料	33000.00	4.35	30.44	1.32	28.75	1.25	8.34	0.36	0.19	0.01	0.16	0.01	0.07	0.00	15.96	0.69	1.62	0.07	0.42	0.02	2.69	0.12
块煤	3184.09	0.42	0.00	0.00	0.00	0.00	0.00	0.00	0.00	0.00	0.00	0.00	0.00	0.00	10.41	0.04	0.54	0.00	0.12	0.00	0.12	0.00
漏风	63315.76	8.34																				
合计	374598.01	49.35		2.39		17.05		0.64		0.12		0.05		0.02		10.00		1.28		0.33		2.13
产出																						
电炉铜锍	17414.58	2.29	72.97	1.67	4.42	0.10	20.03	0.46	0.11	0.00	0.25	0.01	0.10	0.00	1.07	0.02	0.14	0.00	0.04	0.00	0.23	0.01
电炉弃渣	265502.36	34.98	0.80	0.28	45.46	15.90	0.19	0.07	0.32	0.11	0.12	0.04	0.06	0.02	26.79	9.37	3.44	1.20	0.89	0.31	5.70	1.99
电炉铜锍包壳	3822.71	0.50	72.97	0.37	4.42	0.02	20.03	0.10	0.11	0.00	0.25	0.00	0.10	0.00	1.07	0.01	0.14	0.00	0.04	0.00	0.23	0.00
熔炼烟气（包括开路尘）	87858.25	11.58	0.59	0.07	8.81	1.02	0.16	0.02	0.06	0.01	0.01	0.00	0.01	0.00	5.18	0.60	0.67	0.08	0.17	0.02	1.10	0.13
合计	374597.91	49.35		2.39		17.04		0.65		0.12		0.05		0.02		10.00		1.28		0.33		2.13

表 12 – 7　复杂物料配比（I）电炉烟气量及烟气成分

名称		烟气成分			烟气量/(m³·h⁻¹)	烟气温度/℃
		O_2	CO_2	N_2		
进钢炉烟气	m³/h	914.26	695.84	5274.58	6884.68	800.70
	%	13.28	10.11	76.61		

表 12 – 8　复杂物料配比（I）电炉热平衡表

序号	热收入项	热量/(MJ·h⁻¹)	比例/%	序号	热支出项	热量/(MJ·h⁻¹)	比例/%
1	熔炼铜渣显热	49980.17	71.19	1	电炉铜锍显热	2248.71	3.20
2	冷料显热	402.35	0.57	2	电炉弃渣显热	51823.72	73.82
3	电极糊和块煤显热	4.05	0.01	3	电炉烟气显热(含开路尘)	10150.96	14.46
4	漏风显热	44.97	0.06	4	电炉散热	5576	7.94
5	反应热	765.17	1.09	5	电炉铜锍冷料显热	49.32	0.07
6	电热	19008	27.08	6	冷却散热	356	0.51
	合计	70204.71	100		合计	70204.71	100

表 12 - 9　复杂物料配比（Ⅰ）底吹熔炼各物流的基本参数表

Stream no. 编号		1	2	3	4	5	6	7	8	9	10
Description 描述说明		精矿	熔剂	入炉漏风	精矿和熔剂混合	纯氧	空气	富氧	熔炼铜锍	熔炼铜渣	熔炼烟气
Mass Flow /(t·h⁻¹)	SOLIDS 固体	72.460	4.450	0.000	76.910	0.000	0.000	0.000	0.000	0.000	1.242
	AQUEOUS 液体	7.170	0.120	0.000	7.290	0.000	0.000	0.000	0.000	0.000	0.000
	MATTE 铜锍	0.000	0.000	0.000	0.000	0.000	0.000	0.000	32.590	1.647	0.087
	SLAG 铜渣	0.000	0.000	0.000	0.000	0.000	0.000	0.000	1.332	42.536	0.533
	GAS 气体	0.000	0.000	3.850	3.850	17.835	6.364	24.199	0.000	0.000	46.143
	TOTAL 总计	79.630	4.570	3.850	88.050	17.835	6.364	24.199	33.922	44.182	48.004
Temperature /℃ 温度		30.000	30.000	30.000	30.000	50.000	50.000	50.000	1240.659	1219.427	1181.810
Enthalpy /(kJ·h⁻¹) 显热		417346.280	15475.086	20756.458	453577.824	438156.671	171692.380	609849.051	27634235.802	62868234.892	57252051.586
Gas /(m³·h⁻¹) 气体体积流量		0.000	0.000	3000.000	3000.000	12581.868	4958.426	17540.294	0.000	0.000	26734.385

续表 12-9

Stream no. 编号		11	12	13	14	15	16	17	18	19	20
Description 描述说明		烟道漏风	余热锅炉入口烟气	余热锅炉入口水	余热锅炉蒸汽	余热锅炉出口烟气	余热锅炉尘	电收尘漏风	电收尘出口烟气	电收尘	制酸烟气
Mass Flow /(t·h⁻¹)	SOLIDS 固体	0.000	1.242	0.000	0.000	0.108	0.434	0.000	0.005	0.103	0.243
	AQUEOUS 液体	0.000	0.000	19.676	0.000	0.000	0.000	0.000	0.000	0.000	0.000
	MATTE 铜锍	0.000	0.087	0.000	0.000	0.000	0.079	0.000	0.000	0.000	0.000
	SLAG 铜渣	0.000	0.533	0.000	0.000	0.000	0.505	0.000	0.000	0.000	0.000
	GAS 气体	12.834	58.977	0.000	19.676	59.712	0.000	2.567	62.278	0.000	62.041
	TOTAL 总计	12.834	60.838	19.676	19.676	59.820	1.018	2.567	62.284	0.103	62.284
Temperature /℃		30.000	1234.630	30.000	300.000	343.000	343.000	30.000	329.245	329.245	330.268
Enthalpy /(kJ·h⁻¹)		69188.193	772147491.745	410809.797	10353890.703	18911160.074	257604.635	13837.639	18911568.041	13429.672	18982108.697
Gas /(m³·h⁻¹) 气体体积流量		10000.000	36116.952	0.000	24479.937	36197.376	0.000	2000.000	38197.376	0.000	38183.942

续表 12-9

Stream no. 编号	21	22	23	24	25	26	27	28	29	30
Description 描述说明	进电炉铜渣	熔炼铜渣冷料	熔炼铜锍冷料	入电炉块煤	熔炼铜锍	进电炉冷料	电炉漏风	电炉铜锍	电炉烟气	电炉铜渣
SOLIDS 固体	0.000	0.000	0.000	0.419	0.000	0.000	0.000	0.000	0.000	0.000
AQUEOUS 液体	0.000	0.000	0.000	0.000	0.000	0.000	0.000	0.000	0.000	0.000
MATTE 铜锍	1.350	0.296	5.866	0.000	26.724	1.738	0.000	2.687	0.086	0.315
SLAG 铜渣	34.879	7.656	0.240	0.000	1.092	2.610	0.000	0.111	2.220	34.666
GAS 气体	0.000	0.000	0.000	0.000	0.000	0.000	8.342	0.000	9.269	0.000
TOTAL 总计	36.230	7.953	6.106	0.419	27.816	4.348	8.342	2.798	11.576	34.981
Temperature /°C 温度	1180.880	30.000	30.000	30.000	1197.580	30.000	30.000	1220.338	800.702	1241.530
Enthalpy /(kJ·h^{-1}) 显热	49980174.072	673931.648	595112.483	4046.444	21950228.811	402352.665	44972.325	2248593.857	10150961.808	52229591.468
Gas /(m³·h^{-1}) 气体体积流量	0.000	0.000	0.000	0.000	0.000	0.000	6500.000	0.000	6883.487	0.000

续表 12-9

Stream no. 编号		31	32	33	34	35	36	37	38
Description 描述说明		电炉铜锍	电炉铜锍冷料	熔炼返尘	返熔炼冷料	吹炼返尘	熔炼返料	吹炼渣	电极糊
Mass Flow /(t·h⁻¹)	SOLIDS 固体	0.000	0.000	0.537	0.000	0.471	1.007	0.000	0.015
	AQUEOUS 液体	0.000	0.000	0.000	0.000	0.000	0.000	0.000	0.000
	MATTE 铜锍	2.203	0.484	0.079	5.043	0.000	5.122	0.135	0.000
	SLAG 铜渣	0.091	0.020	0.505	7.572	0.000	8.077	2.265	0.000
	GAS 气体	0.000	0.000	0.000	0.000	0.000	0.000	0.000	0.000
	TOTAL 总计	2.294	0.504	1.121	12.615	0.471	14.206	2.400	0.015
Temperature /℃ 温度		1220.000	30.000	30.000	30.000	30.000	30.000	30.000	30.000
Enthalpy /(kJ·h⁻¹) 显热		1843387.212	49322.729	18866.950	1167371.052	581.280	1186819.282	251356.858	2.909
Gas /(m³·h⁻¹) 气体体积流量		0.000	0.000	0.000	0.000	0.000	0.000	0.000	0.000

表12-10　复杂物料配比(I)底吹熔炼各元素在物流中的质量流量

Stream no. 编号	1	2	3	4	5	6	7	8	9	10	11	12	13
Description 描述说明	精矿	熔剂	入炉漏风	精矿和熔剂混合	纯氧	空气	富氧	熔炼铜锍	熔炼铜渣	熔炼烟气	烟道漏风	余热锅炉入口烟气	余热锅炉入口水
H	0.802	0.013	0.000	0.816	0.000	0.000	0.000	0.000	0.000	0.816	0.000	0.816	2.202
N	0.000	0.000	3.042	3.042	0.892	5.027	5.919	0.000	0.000	8.961	10.139	19.099	0.000
O	10.933	2.440	0.809	14.181	16.944	1.336	18.280	0.437	13.961	20.731	2.695	23.426	17.474
Mg	0.150	0.054	0.000	0.204	0.000	0.000	0.000	0.007	0.229	0.004	0.000	0.004	0.000
Al	1.135	0.024	0.000	1.159	0.000	0.000	0.000	0.041	1.298	0.021	0.000	0.021	0.000
Si	2.483	1.976	0.000	4.459	0.000	0.000	0.000	0.165	5.257	0.083	0.000	0.083	0.000
S	21.660	0.000	0.000	21.660	0.000	0.000	0.000	6.801	0.344	15.610	0.000	15.610	0.000
Ca	0.880	0.064	0.000	0.943	0.000	0.000	0.000	0.033	1.056	0.017	0.000	0.017	0.000
Fe	17.071	0.000	0.000	17.071	0.000	0.000	0.000	1.495	19.263	0.307	0.000	0.307	0.000
Cu	22.355	0.000	0.000	22.355	0.000	0.000	0.000	24.748	1.301	0.150	0.000	0.150	0.000
Zn	0.160	0.000	0.000	0.160	0.000	0.000	0.000	0.036	0.139	0.015	0.000	0.015	0.000
As	0.241	0.000	0.000	0.241	0.000	0.000	0.000	0.035	0.026	0.192	0.000	0.192	0.000
Pb	0.144	0.000	0.000	0.144	0.000	0.000	0.000	0.086	0.054	0.036	0.000	0.036	0.000

Mass Flow /(t·h^{-1})

续表 12-10

Stream no. Description	14 余热锅炉蒸汽	15 余热锅炉出口烟气	16 余热锅炉尘	17 电收尘漏风	18 电收尘出口烟气	19 电收尘	20 制酸烟气	21 进电炉铜渣	22 熔炼铜渣冷料	23 熔炼铜锍冷料	24 入电炉块煤	25 熔炼铜锍	26 进电炉冷料
H	2.202	0.816	0.000	0.000	0.816	0.000	0.816	0.000	0.000	0.000	0.000	0.000	0.000
N	0.000	19.099	0.000	2.028	21.127	0.000	21.127	0.000	0.000	0.000	0.000	0.000	0.000
O	17.474	23.232	0.194	0.539	23.762	0.009	23.762	11.448	2.513	0.079	0.024	0.359	0.830
Mg	0.000	0.001	0.003	0.000	0.000	0.001	0.000	0.187	0.041	0.001	0.000	0.006	0.011
Al	0.000	0.001	0.020	0.000	0.000	0.001	0.000	1.064	0.234	0.007	0.000	0.033	0.062
Si	0.000	0.006	0.077	0.000	0.000	0.006	0.000	4.311	0.946	0.030	0.020	0.135	0.323
S	0.000	15.529	0.081	0.000	15.513	0.015	15.513	0.282	0.062	1.224	0.000	5.576	0.362
Ca	0.000	0.003	0.013	0.000	0.000	0.003	0.000	0.866	0.190	0.006	0.002	0.027	0.050
Fe	0.000	0.013	0.294	0.000	0.001	0.012	0.001	15.796	3.467	0.269	0.000	1.226	1.250
Cu	0.000	0.017	0.133	0.000	0.001	0.016	0.001	1.067	0.234	4.455	0.000	20.294	1.324
Zn	0.000	0.009	0.006	0.000	0.009	0.000	0.009	0.114	0.025	0.006	0.000	0.030	0.008
As	0.000	0.189	0.003	0.000	0.189	0.000	0.189	0.021	0.005	0.006	0.000	0.028	0.003
Pb	0.000	0.024	0.013	0.000	0.023	0.000	0.023	0.044	0.010	0.015	0.000	0.070	0.007

Mass Flow /(t·h⁻¹)

续表 12 – 10

Stream no.	27	28	29	30	31	32	33	34	35	36	37	38
Description	电炉漏风	电炉铜锍	电炉烟气	电炉铜渣	电炉铜锍	电炉铜锍冷料	熔炼返尘	返熔炼冷料	吹炼返尘	熔炼返料	吹炼渣	电极糊
Mass Flow /(t·h^{-1}) H	0.000	0.000	0.000	0.000	0.000	0.000	0.000	0.000	0.000	0.000	0.000	0.000
N	6.590	0.000	6.590	0.000	0.000	0.000	0.000	0.000	0.000	0.000	0.000	0.000
O	1.752	0.035	3.003	11.016	0.029	0.006	0.203	2.408	0.057	2.669	0.640	0.001
Mg	0.000	0.001	0.012	0.186	0.000	0.000	0.004	0.032	0.000	0.035	0.000	0.000
Al	0.000	0.003	0.068	1.055	0.003	0.001	0.021	0.180	0.000	0.200	0.000	0.000
Si	0.000	0.014	0.279	4.361	0.011	0.003	0.082	0.937	0.026	1.045	0.281	0.000
S	0.000	0.560	0.018	0.066	0.460	0.101	0.096	1.052	0.019	1.167	0.027	0.000
Ca	0.000	0.003	0.055	0.860	0.002	0.000	0.017	0.146	0.000	0.163	0.000	0.000
Fe	0.000	0.124	1.020	15.902	0.101	0.022	0.306	3.626	0.071	4.003	1.117	0.000
Cu	0.000	2.042	0.068	0.280	1.674	0.368	0.149	3.840	0.118	4.107	0.108	0.000
Zn	0.000	0.003	0.007	0.112	0.002	0.001	0.006	0.024	0.000	0.030	0.000	0.000
As	0.000	0.003	0.001	0.020	0.002	0.001	0.003	0.008	0.000	0.012	0.000	0.000
Pb	0.000	0.007	0.003	0.041	0.006	0.001	0.013	0.020	0.000	0.033	0.000	0.000

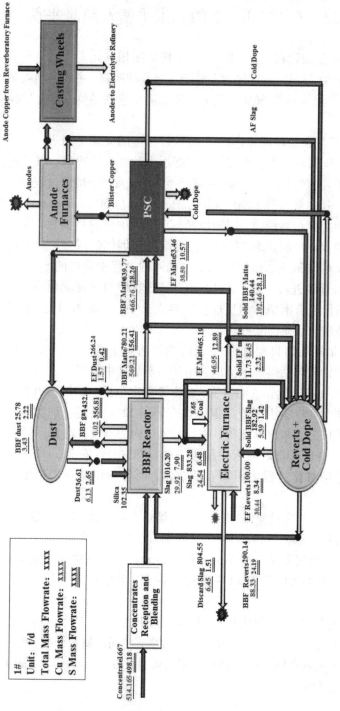

图 12 - 2　复杂物料配比（I）下熔炼过程中 Cu、Fe、S 的分配图

12.3　配比(Ⅱ)下的元素平衡及热量平衡

表 12 - 11 是复杂物料配比(Ⅱ)下的干精矿物相及元素含量分析,可以知道物料(Ⅱ)是含铜为 27.4%,且包含大量杂质元素的矿物,主要有 As、Zn、Pb 等;其中 Fe 和 S 总含量大约为 56%,基本上能够满足自热熔炼,熔炼过程中不需要额外配入块煤。

表 12 - 12 是复杂物料配比(Ⅱ)下熔炼过程中的元素平衡表,熔炼过程入炉物料不仅仅包括铜精矿,还包含熔炼、吹炼返尘和底吹炉冷料,以及配入石英石进行造渣。在年处理约 55 万吨,即约 72.5 t/h 的情况下,熔炼过程需要富氧空气量 17985 m^3/h,其中氧气量 12901 m^3/h,压缩空气量 5084 m^3/h,富氧浓度 73% 左右。熔炼产物主要包括铜锍、铜渣以及烟气,其中还包括铜锍、铜渣经包子转运过程中产生的包壳冷料。表 12 - 13 是熔炼过程烟气的成分,其中包含少量的 S_2。因为氧气从底部鼓入,而炉料从上部加入的过程中分解的 S_2 来不及与氧气充分接触反应而直接进入气相。表 12 - 14 是底吹炉的热量利用情况,由于零配煤率,大量的热量来自铜精矿的反应热。热支出中,主要为铜锍、铜渣、烟气带走的热,以及精矿分解所需要的热。

表 12 - 15 是复杂物料配比(Ⅱ)下底吹炉熔炼系统电炉贫化过程物料平衡表,主要入电炉物质包括熔炼铜渣以及电炉冷料,其中冷料主要来自熔炼过程中产生的铜锍包壳和炉渣包壳的混合物,其主要产出包括电炉铜锍以及经过贫化后的电炉弃渣,同时会产生少部分的铜锍包壳。表 12 - 16 是电炉贫化过程中烟气的成分,其主要成分是氧气和氮气,来自漏入炉内的空气。表 12 - 17 是电炉的热平衡表,大量的热量来自炉渣入炉所带来的显热,大约有 26.4% 的热量来自电热,用来维持电炉贫化过程中所需要的热量,而经贫化后弃渣带走的热量是最多的。

表 12 - 18 是复杂物料配比(Ⅱ)下底吹熔炼各物流的基本参数表,从表中可以获取每个物流在底吹炉熔炼体系中的温度、各相的质量流量等基本参数。表 12 - 19 是复杂物料配比(Ⅱ)下底吹熔炼各元素在物流中的质量流量,各物流中元素的质量含量均可以从表 12 - 19 中获取到,其中物流编号对应于图 12 - 1 内的数字编号。

图 12 - 3 是复杂物料配比(Ⅱ)下熔炼过程中 Cu、Fe、S 的分配图,其中 "××××"表示的数字为 Cu 元素在体系中各物流之间的质量分配,而"××××"表示的数字为 S 元素在体系中各物流之间的质量分配,"××××"表示的数字为各物流总的质量流量。

表 12-11　复杂物料配比 (Ⅱ) 下的干精矿物相及元素含量分析

合理组成	精矿成分/%												合计
	Cu	Fe	S	Zn	Pb	As	SiO_2	CaO	MgO	Al_2O_3	CO_2	其他	
$CuFeS_2$	20.46	17.98	20.64										59.08
FeS_2		6.78	7.79										14.57
Cu_5FeS_4	2.70	0.48	1.09										4.27
CuS	0.32		0.16										0.48
Cu_2S	2.88		0.73										3.61
Cu_3AsS_4	0.19		0.13			0.07							0.39
Cu_3As	0.75					0.30							1.05
Fe_3O_4		0.26										0.10	0.36
ZnS			0.13	0.27									0.4
PbS			0.03		0.21								0.24
Cu_2O	0.13											0.02	0.15
SiO_2							7.83						7.83
CaO								1.03					1.03
Al_2O_3										3.15			3.15
$MgCO_3$									0.31		0.33		0.64
$CaCO_3$								0.08			0.06		0.14
其他												2.61	2.61
合计	27.43	25.50	30.70	0.27	0.21	0.37	7.83	1.11	0.31	3.15	0.39	2.73	100

表 12-12　复杂物料配比（Ⅱ）底吹炉熔炼物料平衡表

名称	数量		Cu		Fe		S		Zn		Pb		As		SiO₂		CaO		MgO		Al₂O₃	
	t/a	t/h	%	t/h	%	t/h	%	t/h	%	t/h	%	t/h	%	t/h	%	t/h	%	t/h	%	t/h	%	t/h
加入																						
铜精矿	549971.40	72.46	27.43	19.88	25.50	18.48	30.70	22.24	0.27	0.19	0.21	0.15	0.37	0.27	7.83	5.67	1.11	0.80	0.31	0.22	3.15	2.28
返熔炼尘	8986.97	1.18	11.22	0.13	28.16	0.33	8.26	0.10	0.24	0.00	1.15	0.01	0.30	0.00	15.47	0.23	1.33	0.02	0.46	0.01	3.48	0.04
返吹炼尘	3572.30	0.47	25.00	0.12	14.99	0.07	4.00	0.02	0.00	0.00	0.00	0.00	0.00	0.00	12.06	0.06	0.00	0.00	0.00	0.00	0.00	0.00
返底吹冷料	94580.06	12.46	27.91	3.48	30.75	3.83	7.53	0.94	0.23	0.03	0.17	0.02	0.06	0.01	16.56	2.06	1.11	0.14	0.39	0.06	2.89	0.36
石英石	33775.50	4.45													95.00	4.23	2.00	0.09	2.00	0.09	1.00	0.04
水分	55331.10	7.29																				
富氧及漏风	334449.55	44.06																				
合计	1080666.89	142.38		23.61		22.71		23.30		0.22		0.18		0.28		12.25		1.05		0.38		2.72
产出																						
熔炼铜锍	188460.46	24.83	70.23	18.12	4.26	1.06	19.76	4.90	0.14	0.04	0.30	0.07	0.10	0.03	1.21	0.30	0.10	0.03	0.04	0.01	0.27	0.07
熔炼铜渣	292574.13	38.55	2.95	1.14	44.85	17.29	0.77	0.30	0.35	0.13	0.12	0.05	0.05	0.02	24.89	9.59	2.13	0.82	0.74	0.29	5.54	2.14
熔炼铜锍冷料	41383.81	5.45	70.23	3.98	4.26	0.23	19.76	1.08	0.14	0.01	0.30	0.01	0.10	0.01	1.21	0.07	0.10	0.01	0.04	0.00	0.27	0.01
熔炼铜渣冷料	64223.59	8.46	2.95	0.25	44.85	3.79	0.77	0.07	0.35	0.03	0.12	0.01	0.05	0.01	24.89	2.11	2.13	0.18	0.74	0.06	5.54	0.47
熔炼尘	8986.97	1.18	11.22	0.13	28.16	0.33	8.26	0.10	0.24	0.00	1.15	0.01	0.30	0.00	15.47	0.18	1.33	0.02	0.46	0.01	3.48	0.04
熔炼烟气（包括开腾尘）	485023.39	63.90	0.00	0.00	0.00	0.00	26.39	16.86	0.02	0.02	0.04	0.02	0.35	0.22	0.00	0.00	0.00	0.00	0.00	0.00	0.00	0.00
合计	1080652.35	142.37		23.62		22.71		23.31		0.23		0.18		0.28		12.25		1.06		0.37		2.73

表 12 – 13　复杂物料配比(Ⅱ)底吹炉烟气量及烟气成分

名称		烟气成分							烟气量 /(m³·h⁻¹)	烟气温度 /℃
		CO_2	SO_2	S_2	SO_3	H_2O	O_2	N_2		
底吹炉出口烟气	m³/h	146.68	9448.43	1183.75	23.68	9113.35	160.38	7324.75	27427.10	1182.42
	%	0.54	34.48	4.32	0.09	33.26	0.59	26.73		
进锅炉烟气	m³/h	146.51	11492.11	154.95	23.65	9102.60	0.00	15457.50	36403.38	1423.99
	%	0.40	31.59	0.43	0.07	25.02	0.00	42.49		

表 12 – 14　复杂物料配比(Ⅱ)底吹炉熔炼系统热平衡

序号	热收入项	热量/(MJ·h⁻¹)	比例/%	序号	热支出项	热量/(MJ·h⁻¹)	比例/%
1	铜精矿反应热	232114.50	96.83	1	熔炼铜锍显热	24645.23	10.28
2	造渣热	5048.60	2.11	2	熔炼铜渣显热	65969.81	27.51
3	炉料显热(包括返料和水分)	1826.13	0.76	3	精矿分解热	29622.28	12.36
4	反应鼓风及漏风显热	729.13	0.30	4	炉料水分吸热	17811.17	7.43
				5	熔炼烟气显热(含开路尘)	19222.55	8.02
				6	熔炼炉散热	8962.00	3.74
				7	余热锅炉带走热	73465.41	30.65
				8	熔炼尘显热	19.91	0.01
	合计	239718.36	100.00		合计	239718.36	100.00

表12-15 复杂物料配比(Ⅱ)电炉物料平衡表

名称	数量 t/a	数量 t/h	Cu %	Cu t/h	Fe %	Fe t/h	S %	S t/h	Zn %	Zn t/h	Pb %	Pb t/h	As %	As t/h	SiO₂ %	SiO₂ t/h	CaO %	CaO t/h	MgO %	MgO t/h	Al₂O₃ %	Al₂O₃ t/h
加入																						
底吹铜渣	292574.13	38.55	2.95	1.14	44.85	17.29	0.77	0.30	0.35	0.13	0.12	0.05	0.05	0.02	24.89	9.59	2.13	0.82	0.74	0.29	5.54	2.14
电极糊	115.50	0.02	0.00	0.00	0.89	0.00	0.51	0.00	0.00	0.00	0.00	0.00	0.00	0.00	4.32	0.00	1.20	0.00	0.00	0.00	2.50	0.00
电炉冷料	33000.00	4.35	27.93	1.21	30.74	1.34	7.54	0.33	0.23	0.01	0.17	0.01	0.06	0.00	16.55	0.72	1.11	0.05	0.39	0.02	2.88	0.13
块煤	3589.57	0.47	0.00	0.00	0.00	0.00	0.00	0.00	0.00	0.00	0.00	0.00	0.00	0.00	10.41	0.05	0.54	0.00	0.12	0.00	0.12	0.00
漏风	63315.76	8.34	0.00		0.00		0.00		0.00		0.00		0.00		0.00		0.00		0.00			
合计	392594.96	51.73		2.35		18.63		0.63		0.14		0.06		0.02		10.36		0.87		0.31		2.27
产出																						
电炉铜锍	16914.85	2.23	73.26	1.63	4.12	0.09	19.82	0.44	0.14	0.00	0.29	0.01	0.10	0.00	1.14	0.03	0.10	0.00	0.03	0.00	0.25	0.01
电炉苄渣	282176.23	37.18	0.79	0.29	46.80	17.40	0.18	0.07	0.35	0.13	0.12	0.04	0.05	0.02	26.12	9.71	2.19	0.82	0.77	0.28	5.70	2.12
电炉铜锍包壳	3713.02	0.49	73.26	0.36	4.12	0.02	19.82	0.10	0.14	0.00	0.29	0.00	0.10	0.00	1.14	0.01	0.10	0.00	0.03	0.00	0.25	0.00
熔炼烟气(包括开路尘)	89790.87	11.83	0.57	0.07	9.43	1.12	0.15	0.02	0.07	0.01	0.02	0.00	0.01	0.00	5.26	0.62	0.44	0.05	0.15	0.02	1.15	0.14
合计	392594.96	51.73		2.35		18.63		0.63		0.14		0.05		0.02		10.37		0.87		0.30		2.27

表 12 - 16　复杂物料配比(II)电炉烟气量及烟气成分

名称		烟气成分			烟气量/(m³·h⁻¹)	烟气温度/℃
		O_2	CO_2	N_2		
进锅炉烟气	m³/h	874.39	784.49	5274.66	6933.54	793.24
	%	12.61	11.31	76.07		

表 12 - 17　复杂物料配比(II)电炉热平衡表

序号	热收入项	热量/(MJ·h⁻¹)	比例/%	序号	热支出项	热量/(MJ·h⁻¹)	比例/%
1	熔炼铜渣显热	52424.12	71.84	1	电炉铜锍显热	2175.99	2.98
2	冷料显热	373.56	0.51	2	电炉弃渣显热	54385.07	74.53
3	电极糊和块煤显热	4.57	0.02	3	电炉烟气显热(含开路尘)	10249.29	14.05
4	漏风显热	44.97	0.06	4	电炉散热	5768	7.90
5	反应热	862.49	1.18	5	电炉铜锍冷料显热	46.36	0.07
6	电热	19260	26.39	6	冷却散热	345.00	0.47
	合计	72969.71	100		合计	72969.71	100

表 12-18 复杂物料配比（Ⅱ）底吹熔炼各物流的基本参数表

Stream no. 编号		1	2	3	4	5	6	7	8	9	10
Description 描述说明		精矿	熔剂	入炉漏风	精矿和熔剂混合	纯氧	空气	富氧	熔炼铜锍	熔炼铜渣	熔炼烟气
Mass Flow /(t·h⁻¹)	SOLIDS 固体	72.460	4.450	0.000	76.910	0.000	0.000	0.000	0.000	0.000	1.444
	AQUEOUS 液体	7.170	0.120	0.000	7.290	0.000	0.000	0.000	0.000	0.000	0.000
	MATTE 铜锍	0.000	0.000	0.000	0.000	0.000	0.000	0.000	28.859	1.749	0.077
	SLAG 铜渣	0.000	0.000	0.000	0.000	0.000	0.000	0.000	1.417	45.260	0.567
	GAS 气体	0.000	0.000	3.850	3.850	18.288	6.525	24.814	0.000	0.000	47.599
	TOTAL 总计	79.630	4.570	3.850	88.050	18.288	6.525	24.814	30.276	47.009	49.686
Temperature /℃ 温度		30.000	30.000	30.000	30.000	50.000	50.000	50.000	1240.098	1219.686	1182.419
Enthalpy /(kJ·h⁻¹) 显热		422531.273	15475.086	20756.458	458762.817	449289.327	176054.729	625344.056	24645230.258	65969809.190	58329598.477
Gas /(m³·h⁻¹) 气体体积流量		0.000	0.000	3000.000	3000.000	12901.548	5084.409	17985.957	0.000	0.000	27296.466

续表 12 – 18

Stream no. 编号	Description 描述说明		11 烟道漏风	12 余热锅炉入口烟气	13 余热锅炉入口水	14 余热锅炉蒸汽	15 余热锅炉出口烟气	16 余热锅炉尘	17 电收尘漏风	18 电收尘出口烟气	19 电收尘	20 制酸烟气
Mass Flow /(t·h^{-1})	SOLIDS 固体		0.000	1.444	0.000	0.000	0.114	0.456	0.000	0.006	0.108	0.282
	AQUEOUS 液体		0.000	0.000	24.382	0.000	0.000	0.000	0.000	0.000	0.000	0.000
	MAITTE 铜锍		0.000	0.077	0.000	0.000	0.000	0.073	0.000	0.000	0.000	0.000
	SLAG 铜渣		0.000	0.567	0.000	0.000	0.000	0.546	0.000	0.000	0.000	0.000
	GAS 气体		12.834	60.433	0.000	24.382	61.330	0.000	2.567	63.897	0.000	63.621
	TOTAL 总计		12.834	62.520	24.382	24.382	61.445	1.076	2.567	63.903	0.108	63.903
Temperature /℃	温度		30.000	1423.992	30.000	300.000	343.000	343.000	30.000	329.409	329.409	330.588
Enthalpy /(kJ·h^{-1})	显热		69188.193	91382834.925	509073.266	12830485.053	19149377.573	268190.286	13837.639	19150561.965	12653.247	1923877.364
Gas /(m^3·h^{-1})	气体积流量		10000.000	36272.747	0.000	30335.405	36373.350	0.000	2000.000	38373.350	0.000	38357.674

续表 12-18

Stream no. 编号	21	22	23	24	25	26	27	28	29	30
Description 描述说明	进电炉铜渣	熔炼铜渣冷料	熔炼铜锍冷料	入电炉块煤	熔炼铜锍	进电炉冷料	电炉漏风	电炉铜锍	电炉烟气	电炉铜渣
SOLIDS 固体	0.000	0.000	0.000	0.473	0.000	0.000	0.000	0.000	0.000	0.000
AQUEOUS 液体	0.000	0.000	0.000	0.000	0.000	0.000	0.000	0.000	0.000	0.000
Mass Flow /(t·h⁻¹) MATTE 铜锍	1.434	0.315	5.195	0.000	23.664	1.582	0.000	2.600	0.084	0.332
SLAG 铜渣	37.113	8.147	0.255	0.000	1.162	2.766	0.000	0.118	2.359	36.846
GAS 气体	0.000	0.000	0.000	0.000	0.000	0.000	8.342	0.000	9.386	0.000
TOTAL 总计	38.547	8.462	5.450	0.473	24.826	4.348	8.342	2.718	11.830	37.177
Temperature /℃ 温度	1180.880	30.000	30.000	30.000	1197.580	30.000	30.000	1219.698	793.239	1240.643
Enthalpy /(kJ·h⁻¹) 显热	52424124.336	632915.270	512831.442	4561.884	19581089.385	373557.546	44972.325	2175879.489	10249298.969	54776105.327
Gas /(m³·h⁻¹) 气体体积流量	0.000	0.000	0.000	0.000	0.000	0.000	6500.000	0.000	6932.222	0.000

续表 12 - 18

Stream no. 编号		31	32	33	34	35	36	37	38
Description 描述说明		电炉铜锍	电炉铜锍冷料	熔炼返尘	返熔炼冷料	吹炼返尘	熔炼返料	吹炼渣	电极糊
Mass Flow /(t·h⁻¹)	SOLIDS 固体	0.000	0.000	0.565	0.000	0.471	1.035	0.000	0.015
	AQUEOUS 液体	0.000	0.000	0.000	0.000	0.000	0.000	0.000	0.000
	MATTE 铜锍	2.132	0.468	0.073	4.531	0.000	4.604	0.135	0.000
	SLAG 铜渣	0.097	0.021	0.546	7.922	0.000	8.468	2.265	0.000
	GAS 气体	0.000	0.000	0.000	0.000	0.000	0.000	0.000	0.000
	TOTAL 总计	2.229	0.489	1.184	12.453	0.471	14.107	2.400	0.015
Temperature /°C 温度		1220.000	30.000	30.000	30.000	30.000	30.000	30.000	30.000
Enthalpy /(kJ·h⁻¹) 显热		1784620.752	46363.696	19908.918	1069909.676	581.280	1090399.874	251356.858	2.909
Gas /(m³·h⁻¹) 气体体积流量		0.000	0.000	0.000	0.000	0.000	0.000	0.000	0.000

表12-19 复杂物料配比(Ⅱ)底吹熔炼各元素在物流中的质量流量

Stream no. 编号	1	2	3	4	5	6	7	8	9	10	11	12	13
Description 描述说明	精矿	熔剂	入炉漏风	精矿和熔剂混合	纯氧	空气	富氧	熔炼铜锍	熔炼铜渣	熔炼烟气	烟道漏风	余热锅炉入口烟气	余热锅炉入口水
Mass Flow /(t·h⁻¹) H	0.802	0.013	0.000	0.816	0.000	0.000	0.000	0.000	0.000	0.816	0.000	0.816	2.728
N	0.000	0.000	3.042	3.042	0.914	5.155	6.069	0.000	0.000	9.111	10.139	19.250	0.000
O	11.074	2.440	0.809	14.322	17.374	1.370	18.744	0.461	14.708	20.669	2.695	23.365	21.654
Mg	0.134	0.054	0.000	0.187	0.000	0.000	0.000	0.007	0.210	0.003	0.000	0.003	0.000
Al	1.208	0.024	0.000	1.232	0.000	0.000	0.000	0.043	1.379	0.022	0.000	0.022	0.000
Si	2.652	1.976	0.000	4.628	0.000	0.000	0.000	0.170	5.443	0.085	0.000	0.085	0.000
S	22.248	0.000	0.000	22.248	0.000	0.000	0.000	5.981	0.363	16.959	0.000	16.959	0.000
Ca	0.574	0.064	0.000	0.638	0.000	0.000	0.000	0.022	0.714	0.011	0.000	0.011	0.000
Fe	18.475	0.000	0.000	18.475	0.000	0.000	0.000	1.290	21.083	0.334	0.000	0.334	0.000
Cu	19.881	0.000	0.000	19.881	0.000	0.000	0.000	22.090	1.385	0.134	0.000	0.134	0.000
Zn	0.194	0.000	0.000	0.194	0.000	0.000	0.000	0.044	0.163	0.018	0.000	0.018	0.000
As	0.268	0.000	0.000	0.268	0.000	0.000	0.000	0.032	0.024	0.224	0.000	0.224	0.000
Pb	0.151	0.000	0.000	0.151	0.000	0.000	0.000	0.090	0.057	0.038	0.000	0.038	0.000

续表 12 – 19

Stream no. 编号 Description 描述说明	14 余热锅炉蒸汽	15 余热锅炉出口烟气	16 余热锅炉尘	17 电收尘漏风	18 电收尘出口烟气	19 电收尘	20 制酸烟气	21 进电炉铜渣	22 熔炼铜渣冷料	23 熔炼铜锍冷料	24 入电炉块煤	25 熔炼铜锍	26 进电炉冷料
H	2.728	0.816	0.000	0.000	0.816	0.000	0.816	0.000	0.000	0.000	0.000	0.000	0.000
N	0.000	19.250	0.000	2.028	21.277	0.000	21.277	0.000	0.000	0.000	0.000	0.000	0.000
O	21.654	23.161	0.204	0.539	23.692	0.008	23.692	12.061	2.647	0.083	0.027	0.378	0.874
Mg	0.000	0.001	0.003	0.000	0.000	0.001	0.000	0.172	0.038	0.001	0.000	0.005	0.010
Al	0.000	0.001	0.021	0.000	0.000	0.001	0.000	1.130	0.248	0.008	0.000	0.035	0.066
Si	0.000	0.005	0.080	0.000	0.000	0.005	0.000	4.463	0.980	0.031	0.023	0.140	0.335
S	0.000	16.877	0.082	0.000	16.861	0.016	16.861	0.297	0.065	1.077	0.000	4.905	0.328
Ca	0.000	0.002	0.009	0.000	0.000	0.002	0.000	0.585	0.128	0.004	0.002	0.018	0.034
Fe	0.000	0.014	0.320	0.000	0.001	0.013	0.001	17.288	3.795	0.232	0.000	1.058	1.337
Cu	0.000	0.015	0.118	0.000	0.001	0.015	0.001	1.136	0.249	3.976	0.000	18.114	1.214
Zn	0.000	0.016	0.003	0.000	0.016	0.000	0.016	0.134	0.029	0.008	0.000	0.036	0.010
As	0.000	0.221	0.003	0.000	0.221	0.000	0.221	0.020	0.004	0.006	0.000	0.026	0.003
Pb	0.000	0.025	0.014	0.000	0.024	0.000	0.024	0.047	0.010	0.016	0.000	0.074	0.007

Mass Flow /(t·h^{-1})

续表 12-19

Stream no.	27	28	29	30	31	32	33	34	35	36	37	38
Description	电炉漏风	电炉铜锍	电炉烟气	电炉铜渣	电炉铜锍	电炉铜锍冷料	熔炼返尘	返熔炼冷料	吹炼返尘	熔炼返料	吹炼渣	电极糊
H	0.000	0.000	0.000	0.000	0.000	0.000	0.000	0.000	0.000	0.000	0.000	0.000
N	6.590	0.000	6.590	0.000	0.000	0.000	0.000	0.000	0.000	0.000	0.000	0.000
O	1.752	0.037	3.108	11.569	0.030	0.007	0.212	2.503	0.057	2.772	0.640	0.001
Mg	0.000	0.001	0.011	0.171	0.000	0.000	0.003	0.029	0.000	0.032	0.000	0.000
Al	0.000	0.004	0.072	1.122	0.003	0.001	0.022	0.190	0.000	0.212	0.000	0.000
Si	0.000	0.014	0.289	4.518	0.012	0.003	0.085	0.959	0.026	1.071	0.281	0.000
S	0.000	0.539	0.018	0.069	0.442	0.097	0.098	0.938	0.019	1.055	0.027	0.000
Ca	0.000	0.002	0.037	0.582	0.002	0.000	0.011	0.098	0.000	0.110	0.000	0.000
Fe	0.000	0.112	1.115	17.397	0.092	0.020	0.333	3.828	0.071	4.232	1.117	0.000
Cu	0.000	1.991	0.067	0.292	1.633	0.358	0.133	3.478	0.118	3.728	0.108	0.000
Zn	0.000	0.004	0.009	0.131	0.003	0.001	0.003	0.028	0.000	0.031	0.000	0.000
As	0.000	0.003	0.001	0.018	0.002	0.001	0.004	0.008	0.000	0.011	0.000	0.000
Pb	0.000	0.008	0.003	0.043	0.007	0.001	0.014	0.021	0.000	0.034	0.000	0.000

Mass Flow /(t·h⁻¹) 对应上表各行数值

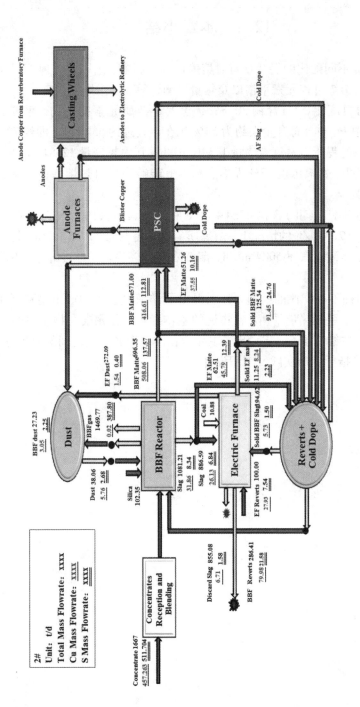

图 12 – 3 复杂物料配比（Ⅱ）下熔炼过程中 Cu，Fe，S 的分配图

12.4 本章小结

本章为明确不同配比的复杂物料对熔炼过程的影响,选取了两种不同配比的原料,进行底吹熔炼过程元素平衡以及热量平衡计算,以指导生产实践。

(1)复杂物料配比(Ⅰ)含铜30.8%,含大量杂质元素的矿物,主要有 As、Zn、Pb 等,其中 Fe 和 S 总含量大约为54%。在年处理约55万吨,即约72.5 t/h 的情况下,熔炼过程所需富氧空气量17540 m^3/h,其中氧气量12581 m^3/h,压缩空气量4959 m^3/h,富氧浓度73%左右,基本上能够满足自热熔炼,熔炼过程中不需要额外配煤。

(2)复杂物料配比(Ⅱ)含铜27.4%,Fe 和 S 总含量大约为56%。在年处理约55万吨,即约72.5 t/h 的情况下,熔炼所需富氧空气量17985 m^3/h,其中氧气量12901 m^3/h,压缩空气量5084 m^3/h,富氧浓度73%左右,自热熔炼,不需额外配煤。

(3)针对两种不同配比的物料,分别得出了详细的投入和产出物料平衡、烟气量及烟气成分、系统热量平衡、各物流的基本参数、各元素在物流中的质量流量等详细数据,并绘制了 Cu、Fe、S 等主元素在体系中各物流之间的质量分配图,研究结果可直接指导生产实践及工程设计。

参考文献

[1] 陈淑萍, 伍赠玲, 蓝碧波, 等. 火法炼铜技术综述[J]. 铜业工程, 2010(4): 44 – 49.

[2] 徐凯, 徐慧. 世界铜冶炼发展趋势及我国铜工业发展对策[J]. 有色金属工程, 2003, 55 (2): 129 – 131.

[3] 刘志宏. 中国铜冶炼节能减排现状与发展[J]. 有色金属科学与工程, 2014(5): 1 – 12.

[4] 朱祖泽, 贺家齐. 现代铜冶金学[M]. 北京: 科学出版社, 2003.

[5] 陈知若. 底吹熔池炼铜技术的应用[J]. 中国有色冶金, 2009(5): 16 – 22.

[6] 郭学益, 王亲猛, 廖立乐, 等. 铜富氧底吹熔池熔炼过程机理及多相界面行为[J]. 有色金属科学与工程, 2014(5): 28 – 34.

[7] 申殿邦. 氧气底吹炼铜新工艺[EB/OL]. http://www.cmra.cn/a/33333/2012/0131/228221.html, 2012 – 01 – 31.

[8] 中华人民共和国工业和信息化部. 铜冶炼行业规范条件[S]. 2014.

[9] 蒋继穆. 氧气底吹技术在有色冶金的研发与应用[N]. 科技日报, 2016 – 03 – 09.

[10] 刘梦飞, 李兵. 中国恩菲: 氧气底吹冶炼技术擎起"中国创新"的旗帜[J]. 中国有色金属, 2015(22): 28 – 34.

[11] 赵体茂, 吴艳新. 双底吹连续炼铜工艺装备及产业化应用[J]. 世界有色金属, 2015 (12): 16 – 21.

[12] Wang Z, Cui Z, Wei C, et al. Two – step copper smelting process at dongying fangyuan[M]. Springer International Publishing, 2017.

[13] 崔志祥, 王智, 魏传兵, 等. 方圆两步炼铜新工艺与生产实践[C]//全国底吹冶炼技术、装备创新与发展研讨会论文集, 2016.

[14] 崔志祥, 申殿邦, 王智, 等. 富氧底吹熔池炼铜的理论与实践[J]. 中国有色冶金, 2010, 39(6): 21 – 26.

[15] 郭学益, 王亲猛, 田庆华, 等. 氧气底吹铜熔炼工艺分析及过程优化[J]. 中国有色金属学报, 2016, 26(3): 689 – 698.

[16] 崔志祥, 申殿邦, 王智, 等. 低碳经济与氧气底吹熔池炼铜新工艺[J]. 有色冶金节能, 2011, 27(1): 17 – 20.

[17] 梁帅表, 陈知若. 氧气底吹炼铜技术的应用与发展[J]. 有色冶金节能, 2013, 29 (2): 16 – 19.

[18] 吴卫国. 铜闪速熔炼多相平衡数模研究与系统开发[D]. 赣州: 江西理工大学, 2007.

[19] 鲍镇, 赵辉, 孙凤来. 铜闪速冶炼冰铜品位在线控制数学模型应用[J]. 铜业工程, 2012 (5): 23 – 24.

［20］涂延安，刘建群. 贵冶闪速熔炼冶金数模控制系统的应用［J］. 有色金属（冶炼部分），2011（2）：38 - 41.

［21］郭先健. 铜精矿富氧自热熔炼动态热平衡数学模型［J］. 有色金属，1991（4）：56 - 60.

［22］胡志坤，桂卫华，彭小奇，等. 铜锍吹炼过程操作参数优化决策模型研究［J］. 有色冶金设计与研究，2003（s1）：124 - 128，138.

［23］吴扣根，洪新，杨慧振，等. 冰铜富氧吹炼工艺的模型开发与应用［J］. 有色金属，1999（2）：42 - 46.

［24］鄢锋，桂卫华，李勇刚，等. 铜转炉吹炼过程剩余热组合预测模型及应用［J］. 计算机测量与控制，2007，15（8）：997 - 999.

［25］Chamveha P, Chaichana K, Chuachuensuk A, et al. Performance analysis of a smelting reactor for copper production process［J］. Industrial and Engineering Chemistry Research, 2009, 48 (3): 1120 - 1125.

［26］Kandiner H J, Brinkley S R. Calculation of complex equilibrium relations［J］. Industrial and Engineering Chemistry, 1950, 42(5): 850 - 855.

［27］Shimpo R, Goto S, Ogawa O, et al. A study on the equilibrium between copper matte and slag ［J］. Canadian Metallurgical Quarterly, 1986, 25(2): 113 - 121.

［28］Goto S. The application of thermodynamic calculations to converter practice［J］. Copper and Nickel Converters, 1979: 33 - 35.

［29］黄克雄，黎书华，尹爱君，等. 贵溪闪速炉造锍熔炼过程计算机模拟［J］. 中南工业大学学报，1996（2）.

［30］谭鹏夫，张传福. 富氧对铜熔炼中伴生元素行为和能耗的影响［J］. 中南工业大学学报，1997（5）：437 - 439.

［31］谭鹏夫，张传福. 铜闪速熔炼过程中渣含铜的研究——计算机模拟［J］. 中国有色冶金，1996（6）：58 - 60.

［32］程利平，朱祖泽，柏海寰. 云南铜业股份有限公司艾萨炉熔炼过程热力学计算模拟［J］. 昆明理工大学学报（自然科学版），2001，26（2）：16 - 19.

［33］White W B, Johnson S M, Dantzig G B. Chemical equilibrium in complex mixtures［J］. Journal of Chemical Physics, 1958, 28(5): 751 - 755.

［34］童长仁，刘道斌，杨凤丽，等. 基于元素势的多相平衡计算及在铜冶炼中的应用［J］. 过程工程学报，2008（s1）.

［35］童长仁，吴卫国，周小雪. 铜闪速熔炼多相平衡数模的建立与应用［J］. 有色冶金设计与研究，2006，27（6）：6 - 9.

［36］Rossi C C R S, Berezuk M E, Cardozo - Filho L, et al. Simultaneous calculation of chemical and phase equilibria using convexity analysis［J］. Computers and Chemical Engineering, 2011, 35(7): 1226 - 1237.

［37］Néron A, Lantagne G, Marcos B. Computation of complex and constrained equilibria by minimization of the Gibbs free energy ［J］. Chemical Engineering Science, 2012, 82: 260 - 271.

[38] Nagamori M, Errington W J, Mackey P J, et al. Thermodynamic simulation model of the Isasmelt process for copper matte[J]. Metallurgical and Materials Transactions B, 1994, 25 (6): 839 – 853.

[39] 凌玲, 沈剑韵, 陆金忠, 等. 镍闪速熔炼过程的平衡计算[J]. 有色金属工程, 2000, 52(4): 71 – 73.

[40] 周俊. 铜闪速熔炼贫化电炉渣含铜的线性回归分析[J]. 矿冶, 2003, 12(2): 58 – 62.

[41] 马英奕, 周子民, 郑忻. 利用规划求解工具实现闪速炉在线冶金数模系统的验证[J]. 自动化博览, 2014(1): 78 – 81.

[42] 马英奕, 周子民, 郑忻. 利用规划求解工具验证在线冶金数模系统[J]. 铜业工程, 2013(6): 53 – 57.

[43] 喻寿益, 王吉林, 彭晓波. 基于神经网络的铜闪速熔炼过程工艺参数预测模型[J]. 中南大学学报(自然科学版), 2007, 38(3): 523 – 527.

[44] 谢永芳, 夏巨龙, 刘建华, 等. 基于 DLSSVM 的铜闪速熔炼过程工艺参数预测[J]. 中国科技论文, 2012, 7(1): 52 – 57.

[45] 胡志坤, 桂卫华, 阳春华, 等. 铜转炉吹炼过程熔剂加入量的模糊操作模式挖掘方法 [J]. 控制与决策, 2010, 25(11): 1689 – 1692.

[46] 张晓龙, 尧世文, 胡建杭, 等. 铜冶炼节能参数优化学习模型研究[C]//过程控制会议论文集, 2012.

[47] 桂卫华, 阳春华, 陈晓方, 等. 有色冶金过程建模与优化的若干问题及挑战[J]. 自动化学报, 2013, 39(3): 197 – 207.

[48] 桂卫华, 阳春华. 复杂有色冶金生产过程智能建模、控制与优化[M]. 北京: 科学出版社, 2010.

[49] 阳春华, 谢明, 桂卫华, 等. 铜闪速熔炼过程冰铜品位预测模型的研究与应用[J]. 信息与控制, 2008, 37(1): 28 – 33.

[50] 杜玉晓, 吴敏, 桂卫华. 面向生产目标的铅锌烧结过程智能集成建模与优化控制技术 [J]. 中国有色金属学报, 2004, 14(1): 142 – 148.

[51] 王春生, 吴敏, 曹卫华, 等. 铅锌烧结配料过程的智能集成建模与综合优化方法[J]. 自动化学报, 2009, 35(5): 605 – 612.

[52] 张湜, 陈士贤, 张中秋, 等. 化工过程半经验模型的求取及回归方法和 ANN 方法的联合应用[J]. 石油化工自动化, 1999(5): 26 – 29, 37.

[53] Castillo J, Grossmann I E. Computation of phase and chemical equilibria[J]. Computers and Chemical Engineering, 1981, 5(2): 99 – 108.

[54] Capitani C D, Brown T H. The computation of chemical equilibrium in complex systems containing non-ideal solutions [J]. Geochimica Et Cosmochimica Acta, 1987, 51 (10): 2639 – 2652.

[55] Han G, Rangaiah G P. A method for multiphase equilibrium calculations[J]. Computers and Chemical Engineering, 1998, 22(7 – 8): 897 – 911.

[56] 徐辉林. 多相平衡的状态方程一步算法研究[D]. 北京: 清华大学, 2001.

[57] 谭鹏夫, 张传福. 铜熔炼中熔炼温度对伴生元素分配行为的影响[J]. 有色金属工程, 1998(2): 58 – 62.

[58] 谭鹏夫, 张传福, 李作刚, 等. 在铜熔炼过程中第 VA 族元素分配行为的计算机模型[J]. 中南工业大学学报, 1995(4): 479 – 483.

[59] 韦钦胜, 胡仰栋, 安维中, 等. 多相多组分体系相平衡计算的改进 τ 因子法[J]. 化学工程, 2007, 35(12): 38 – 41.

[60] 林金清, 李浩然, 韩世钧. 应用遗传算法求解含化学反应体系的相平衡[J]. 化工学报, 2002, 53(6): 616 – 620.

[61] Lee Y P, Rangaiah G P, Luus R. Phase and chemical equilibrium calculations by direct search optimization[J]. Computers and Chemical Engineering, 1999, 23(9): 1183 – 1191.

[62] 梅炽. 有色冶金炉窑仿真与优化[M]. 北京: 冶金工业出版社, 2001: 1 – 4.

[63] 梅炽. 有色冶金炉窑仿真与优化[J]. 有色设备, 1998(6): 1 – 4.

[64] 朱苗勇. 冶金反应器内流动和传热过程的数学物理模拟[D]. 沈阳: 东北大学, 1994.

[65] 雷鸣, 王周勇, 张捷宇, 等. 多相流模型模拟熔融还原炉内流体流动[J]. 过程工程学报, 2009, 9(s1): 420 – 425.

[66] 陈鑫, 鲁传敬, 李杰, 等. VOF 和 Mixture 多相流模型在空泡流模拟中的应用[C]//全国水动力学研讨会论文集. 2009.

[67] 王仕博. 艾萨炉顶吹熔池流动与传热过程数值模拟研究[D]. 昆明: 昆明理工大学, 2013.

[68] 闫红杰, 刘方侃, 张振扬, 等. 氧枪布置方式对底吹熔池熔炼过程的影响[J]. 中国有色金属学报, 2012(8): 2393 – 2400.

[69] 刘方侃. 底吹炼铅熔炼炉内多相流动数值模拟与优化[D]. 长沙: 中南大学, 2013.

[70] Li B, Yin H, Zhou C Q, et al. Modeling of three-phase flows and behavior of slag/steel interface in an argon gas stirred ladle[J]. Transactions of the Iron and Steel Institute of Japan, 2008, 48(12): 1704 – 1711.

[71] 张贵, 朱荣, 韩丽辉, 等. 70 t 电弧炉炼钢集束射流氧枪流场的数值模拟及应用[J]. 特殊钢, 2006, 27(5): 46 – 48.

[72] 来飞. 转炉氧枪聚合射流的数值模拟[D]. 太原: 太原科技大学, 2014.

[73] 刘威, 李京社, 杨宏博, 等. 供氧压力对顶吹转炉内流场影响数值模拟[J]. 中国冶金, 2014, 24(12): 19 – 22.

[74] Bisio G, Rubatto G. Process improvements in iron and steel industry by analysis of heat and mass transfer[J]. Energy Conversion and Management, 2002, 43(2): 205 – 220.

[75] Xia J L, Ahokainen T, Holappa L. Modelling of flows in a ladle with gas stirred liquid Wood's metal[C]//Proceedings of the second international conference on CFD in the minerals and process industries. CSIRO, Melbourne, 1999.

[76] 张振扬, 闫红杰, 刘方侃, 等. 富氧底吹熔炼炉内氧枪结构参数的优化分析[J]. 中国有色金属学报, 2013(5): 1471 – 1478.

[77] 张振扬, 陈卓, 闫红杰, 等. 富氧底吹熔炼炉内气液两相流动的数值模拟[J]. 中国有色

金属学报, 2012, 22(6): 1826 - 1834.

[78] 刘柳. 垂直上升管中气泡动力学特性实验研究[D]. 长沙: 中南大学, 2013.

[79] 詹树华, 欧俭平, 赖朝彬, 等. 2 种浸入式侧吹模式下的熔池搅拌现象[J]. 中南大学学报(自然科学版), 2005, 36(1): 49 - 54.

[80] 詹树华, 赖朝斌, 萧泽强. 侧吹金属熔池内的搅动现象[J]. 中南大学学报(自然科学版), 2003, 34(2): 148 - 151.

[81] Dijkhuizen W, Hengel E I V V D, Deen N G, et al. Numerical investigation of closures for interface forces acting on single air - bubbles in water using Volume of Fluid and Front Tracking models[J]. Chemical Engineering Science, 2005, 60(22): 6169 - 6175.

[82] Haury J. Numerical simulation of 3D bubbles rising in viscous liquids using a front tracking method[J]. Journal of Computational Physics, 2008, 227(6): 3358 - 3382.

[83] Yang G Q, Du B, Fan L S. Bubble formation and dynamics in gas-liquid-solid fluidization—A review[J]. Chemical Engineering Science, 2007, 62(1): 2 - 27.

[84] Li Y, Yang G Q, Zhang J P, et al. Numerical studies of bubble formation dynamics in gas-liquid-solid fluidization at high pressures[J]. Powder Technology, 2001, 116(2): 246 - 260.

[85] Annaland M V S, Deen N G, Kuipers J A M. Numerical simulation of gas bubbles behaviour using a three - dimensional volume of fluid method[J]. Chemical Engineering Science, 2005, 60(11): 2999 - 3011.

[86] Liu F, Zhu R, Dong K, et al. Flow field characteristics of coherent jet with preheating oxygen under various ambient temperatures[J]. Isij International, 2016, 56(9).

[87] Liu F, Zhu R, Dong K, et al. Effect of ambient and oxygen temperature on flow field characteristics of coherent jet[J]. Metallurgical and Materials Transactions B, 2015, 47(1): 1 - 16.

[88] Chen C W, Liu S H. A mathematical model of fluid flow phenomena for the liquid bath in smelting reduction processes[J]. ISIJ International, 2003, 43(7): 990 - 996.

[89] 雷鸣, 王周勇, 张捷宇, 等. 铁浴式熔融还原炉侧吹的数学模拟研究[C]//冶金反应工程学术会议论文集, 2008.

[90] 雷鸣, 张捷宇, 王周勇, 等. 侧顶吹对铁浴熔融还原炉内流体流动的影响[C]//全国冶金物理化学学术会议专辑, 2008.

[91] Liu F, Zhu R, Dong K, et al. Simulation and application of bottom - blowing in electrical arc furnace steelmaking process[J]. ISIJ International, 2015, 55(11): 2365 - 2373.

[92] 卢帝维, 朱荣, 黄标彩, 等. 三钢 100 t 转炉氧枪的数值模拟优化设计[C]//全国炼钢学术会议论文集, 2008.

[93] Lai Z, Xie Z, Zhong L. Influence of bottom tuyere configuration on bath stirring in a top and bottom combined blown converter[J]. ISIJ International, 2008, 48(6): 793 - 798.

[94] 蓝海鹏, 温治, 刘训良, 等. 基于 CFD 的喷吹气流对底吹炉熔池的搅拌作用[J]. 冶金能源, 2014(6): 24 - 27.

[95] 邵品, 张廷安, 刘燕, 等. 底吹冰铜吹炼炉中气 - 液流动状况的数学模拟[J]. 东北大学

学报(自然科学版), 2012, 33(9): 1303 - 1306.

[96] 张永震, 韩振为. 计算流体力学在搅拌混合过程模拟中的应用[J]. 科技通报, 2005, 21(3): 332 - 336.

[97] 曹晓畅, 张廷安, 赵秋月, 等. 管式搅拌反应器停留时间分布的数值模拟[J]. 过程工程学报, 2008, 8(s1): 94 - 97.

[98] 赵连刚, 朱苗勇, 肖泽强. 柱坐标系下圆筒型反应器内三维湍流流动的数值模拟[J]. 金属学报, 1997, 32(1): 46 - 50.

[99] Sahle-Demessie E, Bekele S, Pillai U R. Residence time distribution of fluids in stirred annular photoreactor[J]. Catalysis Today, 2003, 88(1 - 2): 61 - 72.

[100] 樊俊飞, 刘俊江, 卢金雄, 等. 等离子加热六流连铸中间包底吹气过程数值模拟优化研究[J]. 宝钢技术, 2007(5): 67 - 70.

[101] 耿佃桥, 雷洪, 陈芝会, 等. RH 真空精炼过程数值模拟的研究现状及展望[J]. 过程工程学报, 2010, 10(s1): 276 - 281.

[102] Kitamura T, Miyamoto K, Tsujino R, et al. Mathematical model for nitrogen desorption and decarburization reaction in vacuum degasser[J]. ISIJ international, 1996, 36(4): 395 - 401.

[103] 赖朝彬. 深侧吹氩氧精炼炉熔池流动状态的数学模拟分析[J]. 江西冶金, 2004, 24(4): 28 - 35.

[104] Al-Harbi M, Atkinson H V, Gao S. Simulation of molten steel refining in a gas - stirred ladle using a coupled CFD and thermodynamic model[J]. TMS, 2006.

[105] Tan P, Zhang C. Computer model of copper smelting process and distribution behaviors of accessory elements[J]. Journal of Central South University, 1997, 4(1): 36 - 41.

[106] Nagamori M, Mackey P J. Thermodynamics of copper matte converting: Part I. Fundamentals of the noranda process[J]. Metallurgical Transactions B, 1978, 9(2): 255 - 265.

[107] Nagamori M, Mackey P J. Thermodynamics of copper matte converting: Part II. distribution of Au, Ag, Pb, Zn, Ni, Se, Te, Bi, Sb and As between copper, matte and slag in the noranda process[J]. Metallurgical Transactions B, 1978, 9(4): 567 - 579.

[108] Kennedy J. Encyclopedia of machine learning[M]. Springer, 2011: 760 - 766.

[109] Yeniay O. Penalty function methods for constrained optimization with genetic algorithms[J]. Mathematical and Computational Applications, 2005, 10(1): 45 - 56.

[110] Cheng B, Chen D Z. Complex phase equilibrium computation based on hybrid particle swarm optimization[J]. Journal of Chemical Engineering of Chinese Universities, 2008, 22(2): 320 - 324.

[111] Paquet U, Engelbrecht A P. Particle swarms for linearly constrained optimisation [J]. Fundamenta Informaticae, 2007, 76(1 - 2): 147 - 170.

[112] Aguirre A H, Zavala A M, Diharce E V, et al. COPSO: constrained optimization via PSO algorithm[J]. Center for Research in Mathematics (CIMAT). Technical report No. I - 07 - 04/22 - 02 - 2007, 2007.

[113] Liu H, Cai Z, Wang Y. Hybridizing particle swarm optimization with differential evolution for

constrained numerical and engineering optimization [J]. Applied Soft Computing, 2010, 10(2): 629 – 640.

[114] Voglis C, Piperagkas G S, Parsopoulos K E, et al. Mempsode: comparing particle swarm optimization and differential evolution within a hybrid memetic global optimization framework [C]//Proceedings of the 14th annual conference companion on Genetic and evolutionary computation, ACM, 2012.

[115] Zhou X, Yang C, Gui W. State transition algorithm [J]. arXiv preprint arXiv: 1205. 6548, 2012.

[116] Schutte J F, Groenwold A A. A study of global optimization using particle swarms[J]. Journal of Global Optimization, 2005, 31(1): 93 – 108.

[117] Runarsson T P, Yao X. Stochastic ranking for constrained evolutionary optimization [J]. Evolutionary Computation, IEEE Transactions on evolutionary computation, 2000, 4(3): 284 – 294.

[118] 萧泽强. 冶金中单元过程和现象的研究[M]. 北京: 冶金工业出版社, 2006.

[119] 廖斌, 陈善群. 基于 CLSVOF 方法的三维单个上升气泡运动的数值模拟[J]. 水动力学研究与进展 A 辑, 2012, 27(3): 275 – 283.

[120] Buwa V V, Gerlach D, Durst F, et al. Numerical simulations of bubble formation on submerged orifices: period-1 and period-2 bubbling regimes [J]. Chemical Engineering Science, 2007, 62(24): 7119 – 7132.

[121] Hua J, Lou J. Numerical simulation of bubble rising in viscous liquid [J]. Journal of Computational Physics, 2007, 222(2): 769 – 795.

[122] Liovic P, Rudman M, Liow J L. Numerical modelling of free surface flows in metallurgical vessels[J]. Applied Mathematical Modelling, 2002, 26(2): 113 – 140.

[123] Grace J R. Shapes and velocities of single drops and bubbles moving freely through immiscible liquids[J]. Trans. Instn. Chem. Engrs, 1976, 54(3): 167 – 173.

[124] 郭烈锦. 两相与多相流动力学[M]. 西安: 西安交通大学出版社, 2002.

[125] 王惠. 旋转脉冲吹气法精炼过程气泡的形成及分布[D]. 哈尔滨: 哈尔滨工业大学, 2012.

[126] 汤小丹, 梁红兵, 哲凤屏, 等. 计算机操作系统[M]. 西安: 西安电子科技大学出版社, 2007.

[127] 叶大伦, 胡建华. 实用无机物热力学数据手册. 第 2 版[M]. 北京: 冶金工业出版社, 2002.

[128] Chen C, Zhang L, Jahanshahi S. Thermodynamic modeling of arsenic in copper smelting processes[J]. Metallurgical and Materials Transactions B, 2010, 41(6): 1175 – 1185.

[129] Chaubal P C, Sohn H Y, George D B, et al. Mathematical modeling of minor – element behavior in flash smelting of copper concentrates and flash converting of copper mattes[J]. Metallurgical Transactions B, 1989, 20(1): 39 – 51.

[130] 李玉虎. 有色冶金含砷烟尘中砷的脱除与固化[D]. 长沙: 中南大学, 2012.

[131] 舍克里. 冶金中的流体流动现象[M]. 北京：冶金工业出版社，1985.

[132] 卢作伟，崔桂香，张兆顺. 气泡在液体中运动过程的数值模拟[J]. 计算力学学报，1997，14(2)：125-133.

[133] Kumar R，Kuloor N K. The formation of bubbles and drops[J]. Advances in Chemical Engineering，1970，8(08)：255-368.

[134] 郭学益，王亲猛，田庆华，等. 基于区位氧势硫势梯度变化下铜富氧底吹熔池熔炼非稳态多相平衡过程[J]. 中国有色金属学报，2015(4)：1072-1079.

[135] 李远洲，黄永兴，何玉平，等. 喷吹冶金中的气泡后座和涡旋现象[J]. 安徽工业大学学报(自然科学版)，1984(3)：47-68.

[136] 刘柳，闫红杰，周子民，等. 氧气底吹铜熔池熔炼过程的机理及产物的微观分析[J]. 中国有色金属学报，2012，22(7)：2116-2124.